职业教育校企合作创新示范教材

电子产品工艺与电子技术实训

鲁晓阳　主编

包　红　汪衍伟　卢　望　王一群　参编

金国砥　沈柏民　俞　艳　陈子猛

来见坤　金文建　吴国良　陈　虹

鲁奇银

中国铁道出版社有限公司
CHINA RAILWAY PUBLISHING HOUSE CO., LTD.

内 容 简 介

本书根据《中华人民共和国职业技能鉴定规范——无线电装接工》（初级、中级）为依据，以中等职业学校电子信息类学生所必备的电子技能为主线，按“以情蹊径、图文并茂、深入浅出、知识够用、突出技能”的思路编写，以职业活动为导向，以职业技能为本位，理论联系实际，将技能训练融合在各知识点中，以满足实际应用需求。全书共分为电子产品装接基本操作、电子元器件识读与选用技能、常用仪器仪表操作、电子产品整机的装接操作、电子产品典型电路装接训练、表面组装技术操作、电子产品实训课题操作等7个项目31个任务，采用“菜单式”（模块）结构编写，增加了教材的可读性。

本书适合作为职业学校电子信息类各专业电子实训教材，也可作为无线电装接工职业技能鉴定的培训教材和自学用书。

图书在版编目（CIP）数据

电子产品工艺与电子技术实训/鲁晓阳主编. —北京：中国铁道出版社，2012.9 （2021.7重印）
职业教育校企合作创新示范教材
ISBN 978-7-113-14603-0

Ⅰ.①电… Ⅱ.①鲁… Ⅲ.①电子产品-生产工艺-职业教育-教材②电子技术-职业教育-教材 Ⅳ.①TN

中国版本图书馆CIP数据核字（2012）第084218号

书　　名： 电子产品工艺与电子技术实训
作　　者： 鲁晓阳

策　　划： 蔡家伦　　**编辑部电话：**（010）83527746
责任编辑： 鲍　闻
封面设计： 刘　颖
封面制作： 白　雪
责任印制： 樊启鹏

出版发行： 中国铁道出版社有限公司（100054，北京市西城区右安门西街8号）
网　　址： http://www.tdpress.com/51eds/
印　　刷： 北京建宏印刷有限公司
版　　次： 2012年9月第1版　　2021年 7 月第3次印刷
开　　本： 787mm×1092mm　1/16　　**印张：** 15.75　**字数：** 374千
书　　号： ISBN 978-7-113-14603-0
定　　价： 36.00元

职业教育校企合作创新示范教材

编审委员会

主　任：金国砥

副主任：严晓舟　黄华圣

委　员：（按姓氏笔画排序）

马旭洲	王　伟	王圣潮	王建生
王建林	包　红	伍湘彬	孙锦全
严加强	杜德昌	李　明	杨志良
杨晓光	吴友明	吴启红	何永香
汪　坚	沈柏民	宋金伟	张仕平
张建军	陈鑫云	金湖庭	周兴林
俞　艳	祝良荣	姚建平	姚锡禄
聂辉海	龚跃明	董扬德	韩广兴
程　周	游金兴	鲍加农	薛　杰

序

PREFACE

职业技术教育的根本属性是它的实践性，其质量主要表现在学生专业技能技巧的熟练程度上。因此，实践教育是职业技术教育必不可缺的一种教学形式，加强学生操作技能的训练，在动手实践中练就过硬的本领，是缩短由学生到从业者之间距离的一个重要途径。

近年来，职业教育坚持“以服务为宗旨，以就业为导向”的办学方针，面向社会、面向市场办学，大力推进校企合作、工学结合、定岗实习的人才培养模式，确立了为社会主义事业培养数以亿计的高素质劳动者和技能型人才的目标。为进一步深化教学改革，加强学生职业技能，提高人才培养质量，特组织编写了“职业教育校企合作创新示范教材”丛书。

本丛书操作性很强，它紧扣职业院校培养目标和专业特点，在编写中，注重理论联系实际，突出学习（或培训）人员的能力本位、理论联系实际的要求，强化操作项目的权重，避免冗长乏味的叙述，行文简练、通俗易懂，以“实训项目”为核心重构理论和实践知识，让学生在真实的情景中，在动手做的过程中去感知、体验和领悟相关技能专业知识，从而提高学习兴趣，充分体现了“以学生为主体”的教学思想。

本丛书在编写过程中还力求突出以下几方面：

（1）依托实操载体，突出教材编写风格。丛书结合专业实训装置的优势，将教学思想和教改模式融于教材中，突出了职业教育的特色，凸显了实践能力的培养。编写中坚持“依托实体、图文并茂、深入浅出、知识够用、突出技能”20字方针。

（2）依据项目教学，突出应用性和实践性。丛书根据职业院校的教学实际，精简工作原理介绍，避免繁杂的教学推导和理论分析，打破以学科为中心，以知识为本位的教材体系，突出专业实用性，设置了情景导入、项目目标、知识链接、任务实施、任务评价、任务拓展，以及思考与练习等栏目。它不仅仅是传授知识，更为重要的是教会学生在工作场合如何运用所学的知识去解决实际的问题，充分体现“做中学”的职教特色。

（3）降低教学难度，提出职业技术教学的新方法。增加技术更新与产业升级带来的新知识、新技术、新材料、新工艺，使教学内容具有时代性和应用性。

（4）整合编写队伍，专业教师和工程人员共同参与。丛书由来自职业院校有丰富教学经验和实践能力的专业教师、工程技术人员共同完成。本丛书适合作为职业院校相关专业的教材用书，也可作为相关专业的继续教育培训用书。

衷心祝愿本丛书成为职业院校相关专业学生学习的良师益友，能够受到广大读者的欢迎和青睐。

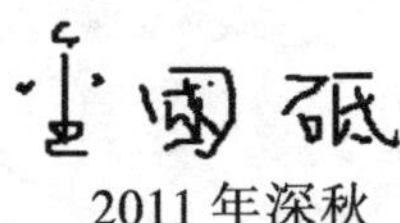

2011年深秋

序

职业技术教育的根本属性是它的实践性，其质量主要表现在学生专业技能技巧的熟练程度上。因此，实践教育是职业技术教育不可缺少的一种教学形式，加强学生操作技能的训练，在动手实践中练就过硬的本领，是缩短由学生到企业之间距离的一个重要途径。

近年来，职业教育坚持"以服务为宗旨，以就业为导向"的办学方针，面向社会、面向市场办学，大力推进校企合作、工学结合、顶岗实习的人才培养模式，确立了为社会主义建设培养数以亿计的高素质劳动者和技能型人才的目标。为进一步深化教学改革，加强学生职业技能，提高人才培养质量，特组织编写了"职业教育校企合作创新示范教材"丛书。

本丛书具有鲜明的特色，它紧扣职业院校培养目标和专业特点，在编写中，注重理论联系实际，突出学习（就业岗位）人员的能力本位，理论联系实际的要求，强化教学项目的[illegible]上，通过几个整体的设计，[illegible]问题，理论够用，以"实训项目"为核心的理论和实践知识，让学生在真实的情景中，在动手做的过程中去感知、体验和领悟相关技能专业知识，从而提高学习兴趣，充分体现了"以学生为主体"的教学思想。

本丛书在编写过程中还力求突出以下几方面：

（1）设计实践案例，突出技术[illegible]。从实践出发，将职业岗位[illegible]的优势，将教学和教改实践融于教材中，突出了职业教育的特色，凸显了实践能力的培养。编写中坚持"依托实体，图文并茂、深入浅出，通俗易用，突出技能"20字方针。

（2）依据项目教学，突出应用性和实践性。以任务训练为教学实例，[illegible]工作过程分解，把教学中的教学推导和理论分析，打破以学科为中心、以知识为本位的教材体系，突出专业实用性，设置了情景导入、项目目标、知识链接、任务实施、任务评价、任务拓展、以及思考与练习等栏目，[illegible]使学生在工作场合中[illegible]实际问题，充分体现"做中学"的职教特色。

（3）降低教学难度，提出职业技术教学的新方法，增加技术更新与产业发展带来的新知识、新技术、新材料、新工艺，使教学内容具有时代性和应用性。

（4）整合编写队伍，专业教师和工程人员共同参与。丛书由来自职业院校有丰富教学经验和实践能力的专业教师、工程技术人员共同完成。本丛书适合作为职业院校相关专业的教材用书，也可作为相关专业的继续教育培训用书。

衷心祝愿本丛书成为职业院校相关专业学生学习的良师益友，能够受到广大读者的欢迎和喜爱。

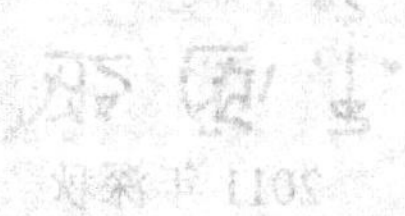

2011年春秋

前言

FOREWORD

中等职业学校的毕业生是生产一线的技能型人才，能够掌握从事某一职业或承担某项工作所需的基本技能和相应的职业知识即可。因此我们按照岗位需求、课程目标，本着知识内容“必需、够用”的原则选择教学内容，对接职业标准，易学易懂;充分考虑学生的认知水平和已有的知识、技能、经验和兴趣，降低理论教学的难度，简化以学科知识体系为背景的知识要点的陈述，强化知识的应用性、可操作性；理论联系实际，将技能训练融合在各知识点中；删除了与相关学科间相互交叉、重复和陈旧过时的内容，充分反映了时代发展中的新知识、新技术、新工艺、新方法，让学生及时了解、掌握本专业领域的最新技术动态及相关技能，以拓宽学生的视野，激发学生的学习兴趣，培养学生的创新精神，满足现代化生产对学生职业能力的需要，为学生提供适应劳动力市场需要和有职业发展前景的、模块化知识结构的学习资源。

本教材根据《中华人民共和国职业技能鉴定规范——无线电装接工》（初级、中级）为依据，以中等职业学校电子信息类学生所必备的电子技能为主线，全书共分为电子产品装接基本操作、电子元器件识读与选用技能、常用仪器仪表操作、电子产品整机的装接操作、电子产品典型电路装接训练、表面组装技术操作、电子产品实训课题操作等7个项目31个任务，每个任务采用“菜单式”（模块）编写结构，按“情景模拟、基础知识、操作分析、任务总结、知识拓展”几个模块编写，增强教材的可读性。

情境模拟：以生产、生活中常见的实际问题设计一个具体的情境，引出课题内容，以激发学习兴趣，引发学习动机，诱发探究欲望。

基础知识：以“必需够用”为原则，围绕任务，把有关的知识串联起来，呈现给读者，激活读者的知识储备。

操作分析：按技能操作的步骤，让读者实际动手操作，在实践中掌握操作技能。

任务总结：评价学习成果，反馈提高，使习得的技能熟练化、综合化。

知识拓展：提出相关的探究性、研究性、开放性问题，开发潜能，实现知识和技能的迁移。

本课程建议教学总学时为126～144学时，各学校可根据教学实际灵活安排。各部分内容的学时分配见下表。

学时分配表

课程内容	分配学时		
	理论	实践	合计
项目1　电子产品装接基本操作	3	5	8
项目2　电子元器件识读与选用	6	6	12
项目3　常用仪器仪表操作	7	8	15
项目4　电子产品整机的装接操作	9	15	24

续表

课程内容	分配学时		
	理论	实践	合计
项目5　电子产品典型电路装接训练	8	16	24
项目6　表面组装技术(SMT)的操作——贴片收音机的生产	4	9	13
项目7　电子产品实训课题	6	30	36
机　动	5	7	12
合　计	48	96	144

本书由鲁晓阳担任主编，包红、王衍伟、卢望、王一群、金国砥、沈柏民、俞艳、陈子猛、来见坤、金文建、吴国良、陈虹、鲁奇银参编，杭州师范大学美术学院金成负责全书插图。在本书的编写过程中，得到了杭州市中策职业学校、杭州第一技师学院、杭州市萧山区第一中等职业学校、千岛湖职业中学、浙江天煌科技有限公司、杭州再灵科技电子科技有限公司、杭州五强电子有限公司领导和老师的大力支持，在此表示诚挚的谢意！

由于编者水平有限，书中难免存在不妥之处，恳请使用本书的读者批评指正，以期不断提高。

编　者

2012年3月

目 录

CONTENTS

目录

CONTENTS

项目 1

电子产品装接基本操作

通常人们把用电子学原理制成的设备、装置、仪器、仪表等称为电子产品。随着电子技术的飞速发展，电子产品广泛应用于通信、广播、导航、无线电定位、自动控制、遥控遥测和计算机技术等方面。电子设备出现问题时，是电子设备维修人员大显身手的时候。那么，作为电子设备维修人员应该学会哪些基本操作呢？

通过本项目的理论学习和实践操作，了解安全用电常识，学会正确处理电气意外，学会正确使用万用表，能够识别常用的基本电子装接工具。

项目目标

- 了解常见的电气意外，熟悉安全用电常识。
- 熟悉万用表表盘的识读。
- 认识基本焊接、钳口、剪切、紧固等常用电子装接工具。
- 会正确处理触电、电气火灾等常见电气意外。
- 会正确使用万用表测量电压、电流、电阻。
- 能正确使用常用电子装接工具。

任务 1　用电安全及防护急救

情景模拟

小忠在家电维修部实习已经有一段时间了，在修理部车师傅那里学到了不少知识和技能。一天，小忠看到了触目惊心的一幕：在修理 LED 大屏幕彩电时，带电维修的维修工小哲突然“啊”的一声，然后就倒在地上了。“糟糕，触电了！马上切断电源”，车师傅喊了一声，立即跑到电源插座处拔下电视机的电源插头，然后迅速跑到小哲身边，进行现场急救。幸运的是，等到医生赶到时，小哲已经能睁开眼睛了。

你想知道修理部的车师傅是如何正确处理电气意外的吗？让我们一起来学一学，做一做！

基础知识

知识链接 1：触电

1. 触电的形式

触电是一种因人体接触或接近带电体所引起的局部受伤或死亡的现象。触电的形式主要有单相触电、两相触电和跨步电压触电 3 种，三者区别见表 1-1。

表 1-1　3 种触电形式的区别

触电形式	单相触电	两相触电	跨步电压触电
示意图			
区　别	指人体的某一部位碰到相线或绝缘性能不好的电气设备外壳时，电流由相线经人体流入大地的触电现象	指人体的不同部位分别接触到同一电源的两根不同相位的相线，电流由一根相线经人体流到另一根相线的触电现象	指电气设备相线外壳接地，或带电导线直接触地时，人体虽没有接触带电设备外壳或带电导线，但是跨步行走在电位分布曲线的范围内而造成的触电现象

2. 电流对人体的伤害

电流对人体有电击和电伤两种类型的伤害。

（1）电击：电击指电流通过人体，造成人体内部组织的破坏，使人出现痉挛、窒息、心颤、心跳骤停，乃至死亡的伤害。电击往往是致命的。

（2）电伤：电伤指电流对人体外部造成的局部伤害，包括电弧烧伤、熔化的金属渗入皮肤等伤害。电伤往往在人的肌体上留下伤痕，一般是非致命的。

电击和电伤可能同时发生，这在高压触电事例中是常见的。生产过程中的大量事故证明，绝大部分触电事故都是由电击造成的，所以，触电又称电击。

3. 人体对电的承受能力

人体对电的承受能力与以下因素有关：

（1）电流的大小和通电的时间。通过人体的电流越大，人体的生理反应就越明显，感觉也就越强烈，生命的危险性就越大。一般情况下，低于 50 mA 的直流电流流过人体，不会对人体造成伤害。通电的时间越长，一方面可使能量积累越多，另一方面可使人体电阻下降，导致通过人体的电流进一步增加，其危险性也就越大。

（2）通过人体的电流路径。电流流过头部，会使人昏迷；电流流过心脏，会引起心脏颤动；电流流过中躯神经系统，会引起呼吸停止、四肢瘫痪等。由此可见，电流流过要害部位，对人都有严重的危害。

（3）电流的种类。通过人体的电流，以工频（25～300 Hz）电流对人体最严重。我国广泛使用的50 Hz交流电，虽然对设计电气设备来说比较合理，但对人体触电的危害不容忽视。50 mA以下的直流电流通过人体，人可以自己摆脱电源；但对于工频电流，按照通过人体的电流大小的不同，通电时间长短的不同，人体可呈现出不同状态，见表1–2。

表1–2　工频电流对人体作用的分析

电流范围	电流/mA	通电时间	人的生理反应
0	0～0.5	连续通电	没有感觉
A1	0.5～5	连续通电	开始有感觉，手指、手腕等处有痛感，没有痉挛，可以摆脱带电体
A2	5～30	数分钟以内	痉挛，不能摆脱带电体，呼吸困难，血压升高，是可以忍受的极限
A3	30～50	数秒钟到数分钟	心脏跳动不规则，昏迷，血压升高，强烈痉挛，时间过长即引起心室颤动
B1	50～数百	低于心脏搏动周期	受到强烈冲击，但未发生心室颤动
		超过心脏搏动周期	昏迷，心室颤动，接触部位留有电流通过的痕迹
B2	超过数百	低于心脏搏动周期	在心脏搏动特定的相位触电时，发生心室颤动、昏迷，接触部位留有电流通过的痕迹
		超过心脏搏动周期	心脏停止跳动，昏迷，可能致命的电击伤

注：“0”是没有感知的范围，“A”是感知的范围，“B”是容易致命的范围。

（4）电压的高低。触电电压越高，对人体的危险越大。根据欧姆定理，电阻不变时电压越高，电流就越大。因此，人体触及带电体的电压越高，流过人体的电流就越大，受到的危害就越大。这就是高压触电比低压触电更危险的原因。根据电力部门规定：凡设备对地电压在250 V以上者为高压，对地电压在250 V以下者为低压。而不高于36 V的电压则称安全电压（一般情况下对人体无危险）。凡工作场所潮湿或在安全金属容器内、隧道内、矿井内的手提式电动用具或照明灯，均应采用12 V的安全电压。

（5）人体的电阻。人体对电流有一定的阻碍作用，这种阻碍作用表现为人体电阻，而人体电阻主要来自皮肤表层。起皱和干燥的皮肤有着相当高的电阻。但是皮肤潮湿或接触点的皮肤遭到破坏时，电阻就会突然减小，并且人体电阻将随着接触电压的升高而迅速下降。

一般情况下，人体的电阻可按1 000～2 000 Ω考虑。在安全程度要求较高时，人体电阻应以不受外界因素影响的体内电阻500 Ω计算。

知识链接2：触电急救

发现有人触电应立即抢救。抢救的要点：及时让触电者脱离电源，正确进行现场诊断和抢救。触电处理的基本原则是动作迅速、救护得法。触电处理知识主要包括触电现场的诊断法、口对口人工呼吸抢救法、人工胸外挤压抢救法和现场抢救注意事项，以及相关拓展知识等。

1. 触电现场的诊断法

当发生触电时，应迅速将触电者撤离电源，除及时拨打“120”，联系医疗部门外，还应进行必要的现场诊断和抢救，直至救护人员到达。对触电者进行现场诊断的方法，如图1–1所示。

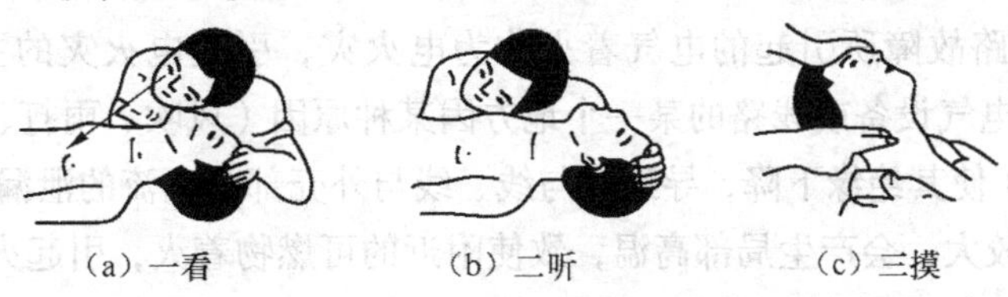

（a）一看　（b）二听　（c）三摸

图1–1　触电现场诊断方法

2. 口对口人工呼吸抢救法

当触电者呼吸停止，还有心跳时，应采用口对口人工呼吸抢救法，如图 1–2 所示。

（a）清除口腔杂物　（b）舌根抬起气通道　（c）深呼吸后紧贴嘴吹气　（d）放松嘴鼻换气

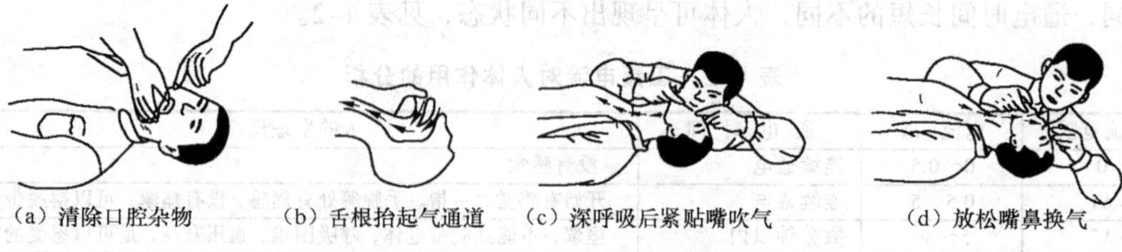

图 1–2　口对口人工呼吸抢救法

3. 人工胸外挤压抢救法

当触电者虽有呼吸但心跳停止，应采用人工胸外挤压抢救法，如图 1–3 所示。

（a）找准位置　（b）挤压姿势　（c）向下挤压　（d）突然松手

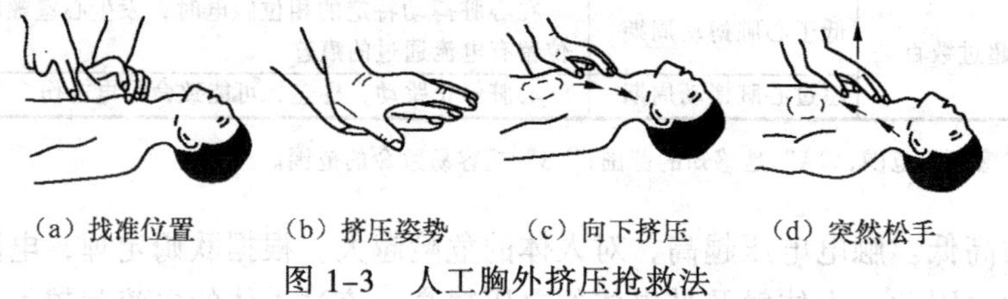

图 1–3　人工胸外挤压抢救法

当触电者伤势严重，呼吸和心跳都停止，或瞳孔开始放大时，应同时采用“口对口人工呼吸”和“人工胸外挤压”抢救法，如图 1–4 所示。

4. 现场抢救注意事项

在触电现场进行抢救时，应注意：①将触电人员身上妨碍呼吸的衣服全部解开，越快越好；②迅速将口中的假牙或食物取出；③如果触电者牙紧闭，须使其张开口，把下颚抬起，将两手四指托在下颚背后外，用力慢慢往前移动，使下牙移到上牙前；④在现场抢救中，不能打强心针，也不能泼冷水，如图 1–5 所示。

（a）单人操作　（b）双人操作

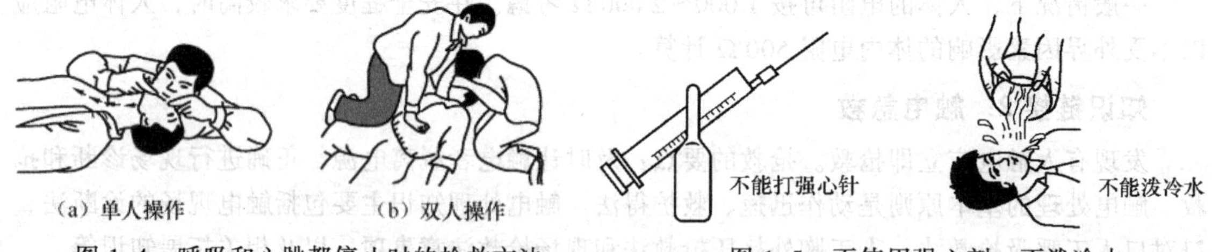

图 1–4　呼吸和心跳都停止时的抢救方法

图 1–5　不使用强心剂，不泼冷水

知识链接 3：电气火灾

1. 引起电火灾的原因

由电气设备或线路故障所引起的电气着火称为电火灾，引起电火灾的主要原因如下：

（1）漏电。由于电气设备或线路的某一个地方因某种原因（风吹、雨打、日晒、受潮、碰压、划破、摩擦、腐蚀等）使其绝缘下降，导致线与线、线与外壳部分电流的泄漏。漏泄的电流在流入大地途中，如遇电阻较大，会产生局部高温，致使附近的可燃物着火，引起火灾。

要防范漏电，首先要在设计和安装上做文章。导线和电缆的绝缘强度不应低于网络的额定电压，绝缘层也要根据电源电压的不同选配。其次，在潮湿、高温、腐蚀场所内，严禁绝缘导线明敷，应使用套管布线；多尘场所，要经常打扫，防止电气设备或线路积尘。第三是要尽量避免施工中对电气设备或线路的损伤，注意导线连接质量。第四是安装漏电保护器和经常检查电气设备或线路的绝缘情况。

（2）短路。由于电路中导线选择不当、绝缘老化和安装不当等原因，都会造成电路短路。发生短路时，其短路电流比正常电流大若干倍，由于电流的热效应，从而产生大量的热量，轻则降低绝缘层的使用寿命，重则引起电火灾。

造成短路的原因除上述提到的原因外，还有电源过电压、小动物（如鸟、兔、蛇、猫等）跨接在裸线上、人为的乱拉乱接、架空线的松弛碰撞等。

防止短路火灾，首先要严格按照电力规程进行安装、维修，加强管理；其次要选用合适的安全保护装置。当采用熔断器保护时，熔体的额定电流不应大于线路长期允许负载电流的 2.5 倍；用自动开关保护时，瞬时动作过电流脱扣器的整定电流不应大于线路长期允许负载电流的 4.5 倍。用于短路保护的熔断器应装在相线上，变压器的中性线上不允许安装熔断器。

（3）过载。不同规格的导线，允许流过的电流都有一定的范围。在实际使用中，流过导线的电流大大超过允许值，就会过载，产生高热。这些热量如不及时地散发掉，就有可能使导线的绝缘层损坏，引起火灾。

发生过载的原因有导线截面选择不当，产生“小马拉大车”现象，即在线路中接入了过多的大功率设备，超过了配电线路的负载能力。

对重要的物资仓库、居住场所和公共建筑物中的照明线路，都应采取过载保护。否则，有可能引起线路长时间过载。线路的过载保护宜采用自动开关。采用熔断器作过载保护时，熔断器熔体额定电流应不大于线路长期负载电流。采用自动开关作过载保护时，其延时动作整定电流不应大于线路长期允许负载电流。

此外，还有电力设备在工作时出现的火花或电弧，都会引起可燃烧物燃烧而引起电火灾。特别在油库、乙炔站、电镀车间以及有易燃气体、液体的场所，一个不大的电火花往往就会引起燃烧和爆炸，造成严重的伤亡和损失。

2. 电火灾的扑救

当电气设备或线路发生电火灾时，要立即设法切断电源，而后再进行电火灾的扑救。以家用电器着火为例：应该立即关机，拔下电源插头或拉下总闸。

在扑救电气火灾时，不允许用水和泡沫灭火器，应使用二氧化碳灭火器、四氯化碳灭火器、干粉灭火器、1211 灭火器，它们的用途与使用方法见表 1–3。

表 1–3　几种灭火器的简介

灭火器种类	用　　途	使　用　方　法	检　查　方　法
二氧化碳灭火器	不导电 主要适用于扑灭贵重设备、档案资料、仪器仪表、600 V 以下的电器及油脂等火灾	先拔去保险插销，一手拿灭火器手把，另一手紧压压把，气体即可自动喷出。不用时，将压把松开，即可关闭	每 3 个月测量 1 次重量。当减少为原重 1/10 时，应充气

续表

灭火器种类	用　途	使 用 方 法	检 查 方 法
四氯化碳灭火器	不导电 适用于扑灭电气设备火灾，但不能扑救钾、钠、镁、铝、乙炔等物质火灾	打开开关，液体就可喷出	每 3 个月试喷少许。压力不够时，应充气
干粉灭火器	不导电 适用于扑灭石油产品、油漆、有机溶剂、天然气和电气设备的初起火灾	先打开保险销，把喷管口对准火源，拉动拉环，干粉即可喷出灭火	每年检查 1 次干粉，看其是否受潮或结冰，小钢瓶内气体压力，每半年检查 1 次。减少为原重 1/10 时，应换气
1211 灭火器	不导电，具有绝缘良好，灭火时不污损物件，且不留痕迹，灭火速度快的特点 适用于扑灭油类、精密机械设备、仪表、电子仪器设备及文物、图书、档案等贵重物品的火灾	先拔去安全销，然后握紧压把开关，使 1211 灭火剂喷出。当松开开关时，阀门关闭，便停止喷射。使用中，应垂直操作，不平放或倒置，喷嘴应对准火源，并向火源边缘左右扫射，快速向前推进	每 3 年检查 1 次，查看灭火器上的计量表或称质量，如果计量表指示在警界线或质量减轻 60%，则须充液
泡沫灭火器	导电（不能用于带电设备的灭火） 适用于扑灭油脂类、石油产品及一般固体物质的初起火灾	先将泡沫灭火器取下，再跑向现场。在跑向现场时，应注意筒身不应倾斜，以免筒内两种药液混合。使用时，将筒身倾斜颠倒，泡沫即从喷嘴喷出，对准火源，即可灭火	每年检查 1 次，看其内部的药剂是否有沉淀物，如有沉淀物，说明药剂失效，需要更换新药剂

应当指出，灭火器是灭火的有效器具，但并不是决定的因素，决定的因素是人。应该牢记“预防为主、防消结合”的消防工作方针。

知识链接 4：安全用电措施

1. 合理地选用供电电压

在使用电气设备时，首先要使电气设备的额定电压与供电电压相匹配。供电电压过高，容易烧毁电气设备；供电电压过低，电气设备也不能发挥效能。其次，还要考虑到环境对安全用电的影响。

2. 合理选用导线截面

在合理地选用供电之后，还必须合理选用导线截面。导线是传输电流的，不允许过热，所以导线的额定电流比实际输送的电流要大些。家庭照明配电线路，其导线截面一般选 1.5 mm² 2.5 mm² 和 4 mm²，材质为铜导线或铝导线。铜导线以每平方毫米允许通过的电流为 6 A 左右计，铝导线则为 4 A 左右计。表 1-4 是常用铜、铝导线的截面与安全载流量对照表。

表 1-4　常用铜、铝导线的截面与安全载流量对照表

导线截面/mm²	铜导线的安全载流量/A	铝导线的安全载流量/A
1.5	10	7
2.5	15	10
4	25	17
6	36	25

3. 合理选用开关，相线（俗称“火线”）应接入开关

选用开关时，应根据开关的额定电压及额定电流，还要根据它的开断的频率大小，负载功率的大小以及操纵距离远近等条件进行选用。

相线接入开关是重要的安全用电措施。相线进开关可以保证当开关处于分断状态时用电器上不带电，否则还是带电。

4. 提高安全用电的重视程度，培养良好的工作习惯

电能的应用十分广泛，对电工技术要求也越来越高，如果安装、使用不当，就会发生这样或那样的事故。为了防止事故的发生，应提高用电的重视程度，培养良好的工作习惯。例如：尽量避免带电操作，不使用不合格的电气设备；注意线路维护，及时更换损坏的导线，不乱拉电线及乱装插座等；对有小孩的家庭，所有明线和插座都要安装在小孩够不着的部位；也不在插座上装接过多和功率过大的用电设备，不用铜丝替代熔丝等，如图 1-6 所示。

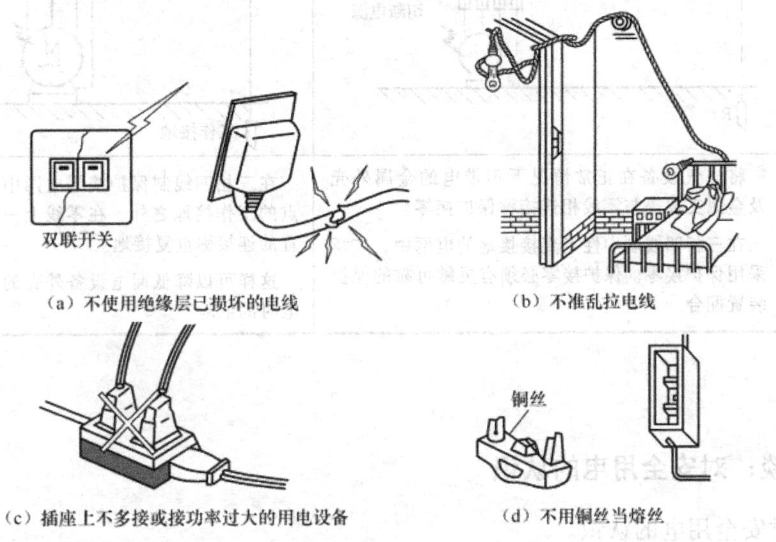

（a）不使用绝缘层已损坏的电线　（b）不准乱拉电线

（c）插座上不多接或接功率过大的用电设备　（d）不用铜丝当熔丝

图 1-6　安全用电措施

5. 为了安全用电，要重视电气设备的接地

对电气设备进行“接地”是保证人身和设备安全的一个重要举措。在实际应用中“接地”的种类，按其工作原理有表 1-5 所示几种。

表 1-5　几种常见的接地种类

接地种类	工　作　接　地	保　护　接　地
示意图	中性点 高压侧　低压侧 A　B　C　O　a　b　c　N 电力变压器 工作接地 接地体	A　B　C 中性线 K R_d　R_d
说　明	电力系统中，由于运行和安全的需要，为保证电力网在正常情况或事故情况下能可靠地工作而将电路回路中性点与大地相连，称为工作接地。 如电力变压器和互感器的中性点接地，都属于工作接地	将电气设备正常情况下不带电的金属外壳及金属支架等与接地装置连接，称为保护接地。 保护接地主要应用在中性点不接地的电力系统中

续表

接地种类	保护接零	重复接地
示意图	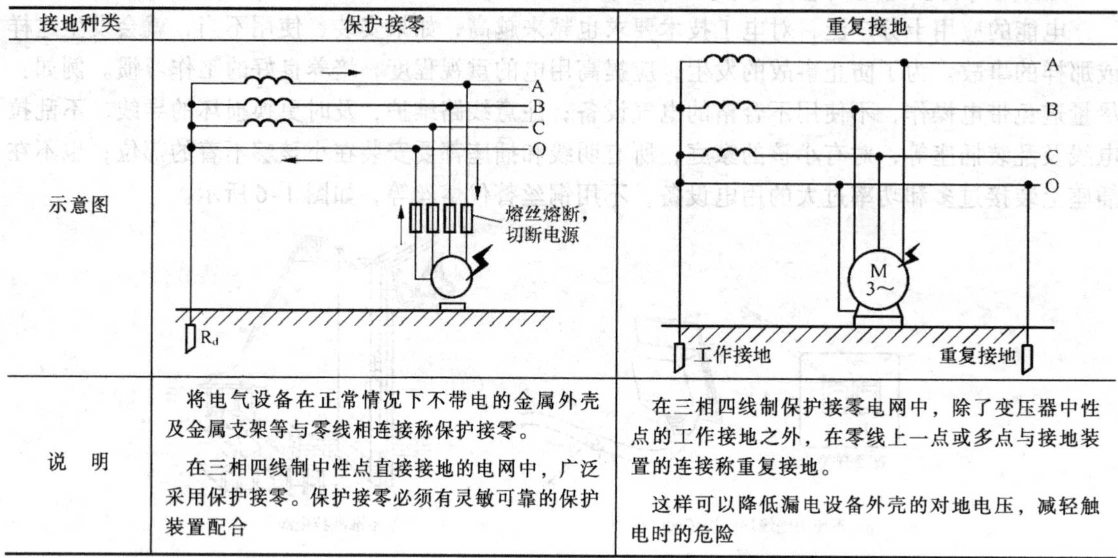	
说　明	将电气设备在正常情况下不带电的金属外壳及金属支架等与零线相连接称保护接零。 在三相四线制中性点直接接地的电网中，广泛采用保护接零。保护接零必须有灵敏可靠的保护装置配合	在三相四线制保护接零电网中，除了变压器中性点的工作接地之外，在零线上一点或多点与接地装置的连接称重复接地。 这样可以降低漏电设备外壳的对地电压，减轻触电时的危险

操作分析

◎谈一谈：对安全用电的认识

谈一谈对安全用电的认识。

____

◎查一查：安全用电防范工作

进行安全用电防范工作的检查，并将检查后的意见写在下面。

____

任务总结

把“谈、查”工作评价意见，填写在表 1-6 中。

表 1-6 “谈、查”工作评价表

项目评定人	实 训 评 价	等级	评 定 签 名
自己评			
同学评			
老师评			
综合评定等级			___年___月___日

知识拓展

知识拓展1：火场逃生五诀

第一诀，“逃生预演，临危不乱”：每个人对自己工作、学习或居住所在的建筑物的结构及逃生路径要做到了然于胸，必要时可集中组织应急逃生预演，使大家熟悉建筑物内的消防设施及自救逃生的方法。这样，火灾发生时，就不会觉得走投无路了。请记住：事前预演，将会事半功倍。

第二诀，“通道出口，畅通无阻”：楼梯、通道、安全出口等是火灾发生时最重要的逃生之路，应保证畅通无阻，切不可堆放杂物或设闸上锁，以便紧急时能安全迅速地通过。请记住：自断后路，必死无疑。

第三诀，“扑灭小火，惠及他人”：当发生电火灾时，如果发现火势并不大，且尚未对人造成很大威胁时，当周围有足够的消防器材，如1211灭火器具等，应及时切断电源，奋力将小火控制、扑灭；千万不要惊慌失措地乱叫乱窜，置小火于不顾而酿成大灾。请记住：争分夺秒扑灭“初期火灾”。

第四诀，“保持镇静，明辨方向，迅速撤离”：突遇电火灾，面对浓烟和烈火，首先要强令自己保持镇静，迅速切断电源和判断安全地点，决定逃生的办法，尽快撤离险地。千万不要盲目地跟从人流和相互拥挤、乱冲乱窜。撤离时要注意，朝明亮处或外面空旷的地方跑，要尽量往楼层下面跑，若通道已被烟火封阻，则应背向烟火方向离开，通过楼梯、通道或安全出口等往室外逃生。请记住：人只有沉着镇静，才能想出好办法。

第五诀，“善用通道，莫入电梯”：按规范标准设计建造的建筑物，都会有两条以上逃生楼梯、通道或安全出口。发生火灾时，要根据情况选择进入相对较为安全的楼梯通道。在高层建筑中，电梯的供电系统在火灾时随时会断电或因热的作用使电梯变形而导致人被困在电梯内，同时由于电梯井犹如贯通的烟囱般直通各楼层，有毒的烟雾直接威胁被困人员的生命，因此，千万不要乘普通的电梯逃生。请记住：逃生的时候，乘电梯危险。

> “用电安全、以防为主”。在日常生活、学习和工作中，应自觉遵守用电安全规定，避免来自人为或电气等方面的触电事故和引发火灾。

知识拓展2：火灾扑救的对策

1. 居民住宅火灾扑救对策及扑救时应注意的事项

（1）居民住宅火灾扑救对策：

① 电器用具起火的扑救对策。当电器用具起火，首先切断电源，然后用干粉灭火器将线路上的火灭掉。确定电路无电时，才可用水扑救。

② 儿童玩火引起火灾的对策。儿童玩火引起火灾起火多在厨房、床下等地方，在灭火时应迅速移开液化气罐，然后进行扑救。

③ 液化气器具起火的扑救对策。液化气器具火灾时，应先用浸湿的麻袋、棉被等覆盖起火的器具，使火窒息，然后关闭气门断绝气源；再用水扑救燃烧物或起火部位的火。

④ 厨房油锅起火的扑救对策。油锅起火时，不要慌，将锅盖盖上即可灭火。

（2）扑救居民住宅火灾时的注意事项：

① 出现起火后，除自救外，夜间要喊醒邻居，绝不可只顾抢救自己的财物，而不灭火，使火灾扩大蔓延。

② 室内起火时，切忌打开门窗，以免气体对流，使火势扩大蔓延。灭火后，将未燃尽的气体或烟气排除，防止复燃。

2. 人员集中场所火灾的扑救对策及扑救时应注意事项

（1）人员集中场所火灾的扑救对策：

① 人员集中场所起火的对策。人员集中场所起火后，首先应切断电源，关闭通风设施；打开所有出入通道，尽快疏散人员；启用灭火设备及时灭火。

② 电气设备、电路起火的对策。电气设备、电路起火，要切断电源，用于粉灭火器将电气设备、电路上的火灭掉。

③ 火势威胁病人、小孩和老人的对策。当火势威胁到病人、小孩和老人时，要尽快疏散或抢救，并将他们安顿到安全地带。

④ 防止扩大燃烧的对策。在灭火的同时，要把起火点的未燃物资搬走或隔离，防止扩大燃烧。

（2）扑救人员集中场所火灾时的注意事项：

① 利用广播形式宣传、引导和稳定人们的情绪，做到循序地按疏散计划撤离出被困人员，防止人群拥挤造成踏、压、挤伤亡事故。

② 当有化学、塑料类物质燃烧时，要注意防毒气和烟雾中毒。

任务 2 万用表的使用

情景模拟

星期六，小哲和爸爸准备看 NBA 球赛，可电视机却“罢工”了。家用电器修理“高手”的爸爸当然义不容辞地修理起电视机。观察完故障现象后，小哲的爸爸打开工具箱，拿出螺丝刀卸下了电视机后盖，随后又拿出了万用表，测量几个地方后，小哲爸爸指着电视机电路板对小哲说:“你看就是这只三极管脱焊了，造成内部电路断路了，等我补焊一下就可以正常工作了。”插上电烙铁，将三极管补焊后，电视机又欢快地工作了。小哲佩服极了，问爸爸：“您是怎样知道是三极管脱焊了？”小哲的爸爸笑呵呵地说：“是万用表告诉我的。”

同学们，你知道是怎么回事吗？让我们一起来学习有关万用表的知识和技能吧！

基础知识

知识链接 1：指针式万用表的使用

1. 指针式万用表面板的识读

指针式万用表的型号很多，外形各异，但基本的结构和使用方法是相同的。万用表的面板主要有表头、机械调零旋钮、量程选择开关、欧姆调零旋钮和表笔插孔等，MF47 型万用表面板如图 1–7 所示，各部分功能见表 1–7。万用表表头的面板上有带着多条刻度线的标度盘，如图 1–8 所示。

表 1-7 MF47 型万用表面板各部分功能

面板部分名称	用途
标度盘	万用表表头的面板上有多条刻度线，主要用于电压、电流、电阻、电平的测量读数
机械调零旋钮	用于校正表针在左端的零位
量程选择开关	用来选择测量项目和量程。"mA"——直流电流；"V"——直流电压；"V~"——交流电压；"Ω"——电阻
欧姆调零旋钮	用于测量电阻时的欧姆零位调整
表笔插孔	插入表笔，红色表笔插入标有"+"号的插孔，黑色表笔插入标有"-"号的插孔
h_{FE} 插孔	三极管检测的插座

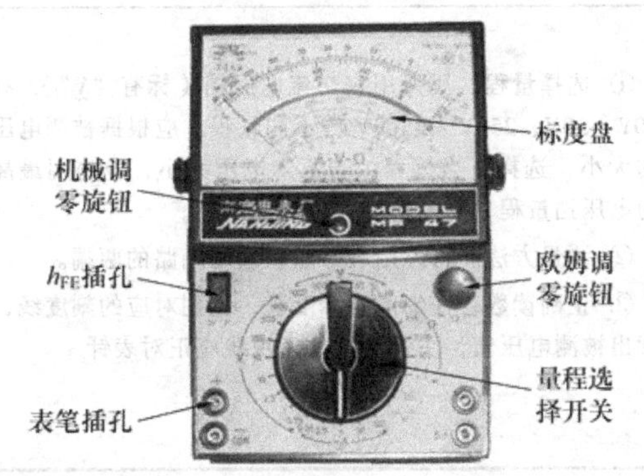

图 1-7 MF47 型万用表面板

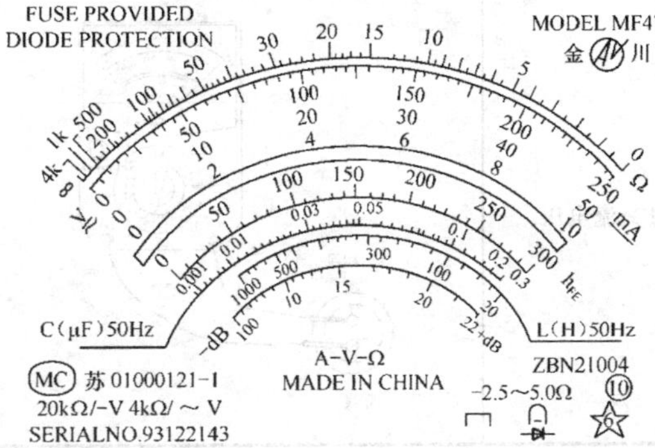

图 1-8 MF47 型万用表标度盘

2. 指针式万用表的使用（测 *I*、*U*、*R*）

（1）指针式万用表测量前的准备。

在指针式万用表使用前需要进行如下的准备工作：

① 将万用表水平放置。

② 检查万用表表针是否停在表盘左端的零位。如果不在零位，用小螺丝刀轻轻转动表头上的机械调零旋钮，使表针指在零位，如图 1-9 所示。

③ 插好表笔，将红、黑两支表笔分别插入表笔插孔。

④ 检查电池，将量程选择开关旋到电阻"×1"挡，使红、黑表笔接触，如果进行"欧姆调零"后，万用表表针仍不能调节到刻度线右端的零位，说明电压不足，需要更换电池。

⑤ 选择项目和量程。将量程选择开关旋到相应的测量项目和量程上，禁止在通电测量状态下转换量程选择开关。

（2）指针式万用表测量的项目。

万用表可测量直流电压、交流电压、直流电流和电阻等。

① 测量直流电压、交流电压。万用表测量直流电压、交流电压的方法见表 1-8。

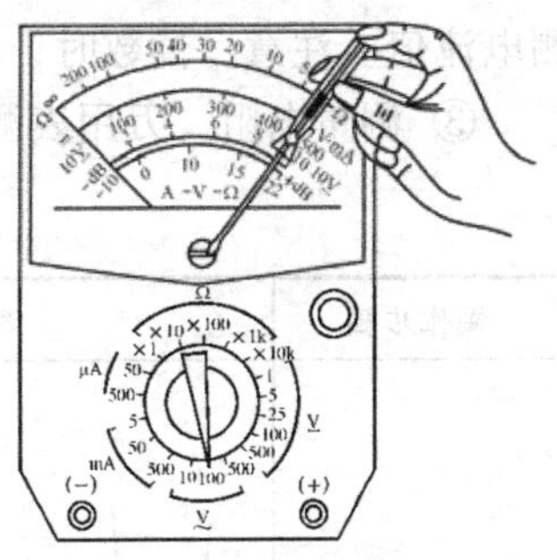

图 1-9 机械零位调整

表 1-8　万用表测量交、直流电压

项　目	图　示	使用要点
测量直流电压		① 选择量程。用万用表直流电压挡（标有“$\underline{V}$”），有 2.5V、10V、50V、250V 和 500V 等不同量程。应根据被测电压的大小，选择适当量程，若不知电压大小，应先用最高的电压挡量程，逐渐换至合适的电压挡。 ② 测量方法。将万用表并联在被测电路的两端，红表笔接被测电路的正极，黑表笔接被测电路的负极。 ③ 正确读数。仔细观察标度盘，找到对应的刻度线，读出被测电压值，注意读数时，视线应正对表针
测量交流电压		① 选择量程。用万用表交流电压挡（标有“$\underset{\sim}{V}$”），有 10V、50V、250V 和 500V 等不同量程。应根据被测电压的大小，选择适当量程，若不知电压大小，应先用最高的电压挡量程，逐渐换至合适的电压挡。 ② 测量方法。将万用表并联在被测电路的两端。 ③ 正确读数。仔细观察标度盘，找到对应的刻度线，读出被测电压值，注意读数时，视线应正对表针

② 测量直流电流。万用表测量直流电流的步骤如下：

a. 选择量程。应根据被测电流的大小，选择适当量程，若不知电流大小，应先用最高的电流挡量程，逐渐换至合适的电流挡。

b. 测量方法。将万用表与被测电路串联。应将电路相应部分断开后，将万用表表笔接在断点的两端。红表笔接在与电源的正极相连的断点，黑表笔与用电器的正极相连，如图 1-10 所示。

c. 正确读数。仔细观察标度盘，找到对应的刻度线，读出被测电流值。注意：读数时，视线应正对表针。

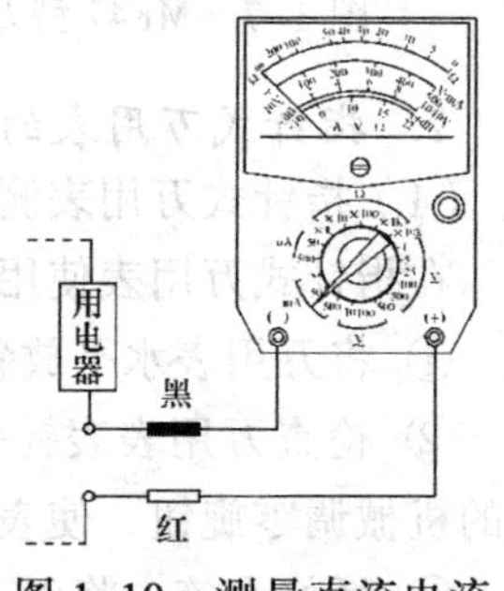

图 1-10　测量直流电流

③ 测量电阻。万用表测量电阻的方法见表 1-9。

表 1-9　万用表测量电阻的方法

操作步骤	图　示	使用要点
选用倍率		万用表电阻挡标有“Ω”，并有 ×1、×10、×100、×1k、×10k 等不同的倍率挡。应根据被测电阻的大小把量程选择开关拨到合适的挡位上，使表针偏转到中心刻度线附近，因为这时的误差最小

续表

操作步骤	图　示	使 用 要 点
欧姆调零		将红、黑表笔接触，如果万用表表针不能满偏（表针不能偏转到刻度线右端的零位），可进行“欧姆调零”
测量电阻		① 测量方法。将被测电阻同其他元器件或电源脱离，单手持表笔并将两表笔跨接在电阻两端 ② 正确读数。读数时，应先根据表针所在的位置确定刻度值，再乘倍率，即为电阻的实际阻值。如表针指示的阻值是 15.1 Ω，选择的量程为 ×100，则测得的电阻为 1 510 Ω ③ 每次换挡后，应再次调整欧姆零位旋钮，进行欧姆调零，然后再次测量。 ④ 在电路中测量电阻时，要切断电源，而且需将电阻的一端与电路断开，以免受其他元器件的影响

知识链接 2：数字式万用表的使用

数字式万用表用数字直接显示测量结果，读数具有直观性和唯一性，而且具有体积小、测量精度高、测量速度快、输入阻抗高等优点，所以数字式万用表的应用相当广泛。

1. 数字式万用表面板的识读

数字式万用表的型号有 DT-830、DT-860、DT-890 等。因最高一位只能显示 0、1 两种数字，称做半位，便携式数字万用表有三位半和四位半两种。例如，DT-830 数字万用表使用 4 个显示单元，不考虑小数点时的显示范围是 0000～1999。DT-830 数字万用表面板如图 1-11 所示。前面板装有液晶显示屏、电源开关、量程选择开关、三极管放大系数（h_{FE}）插孔、输入插孔等，各部分功能见表 1-10。

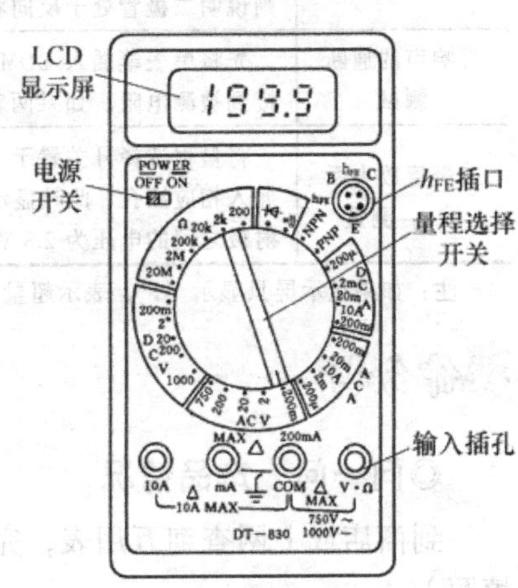

图 1-11　DT-830 数字万用表面板

表 1-10　DT-830 数字式万用表面板各部分功能

面 板 部 分	用　途
电源开关	开关按下，处于“ON”状态，电源接通；开关弹开，处于“OFF”状态，电源断开
量程选择开关	用以选择功能和量程，根据被测的电量（电压、电流、电阻等）选择相应的功能位；按被测量程的大小选择合适的量程
输入插孔	共有“V · Ω、COM、mA、10A”4 个输入插孔。COM 和 V · Ω 两插孔之间标有 MAX 750V，表示从这两个插孔输入的交流电压不能超过 750 V；此外，在 COM 和 10 A 插孔处也标有 10 A MAX，表示从这两插孔输入的交、直流电流的最大允许值为 10 A
h_{FE} 插口	用于测量三极管的 h_{FE} 值
LCD 显示屏	显示四位数字，最高位只能显示 1 或不显示数字，算半位，故称三位半

2. 数字式万用表的使用（测 I、U、R）

电源开关在字母 POWER 下边注有 OFF（关）和 ON（开），把电源开关拨至 ON，接通电源，显示屏显示数字，即可进行数字万用表的测量，具体使用方法详见表 1–11；使用结束，须把开关拨到 OFF。

表 1–11　数字万用表的使用

测 量 项 目	步　　骤
直流电压、交流电压测试	先将黑表笔插入 COM 插孔，红表笔插入 V · Ω插孔，量程选择开关置于 DCV（直流电压）或 ACV（交流电压）量程，然后将表笔连接到被测电源两端，显示屏将显示被测电压值（交流电压为有效值），在显示直流电压时，还将显示红表笔端的极性
直流电流、交流电流测试	先将黑表笔插入 COM 插孔，测量最大值为 200 mA 的电流时，将红表笔插入 200 mA 插孔，测量最大值为 10 A 的电流时，将红表笔插入 10 A 插孔，量程选择开关置于 DCA（直流电流）或 ACA（交流电流）量程，然后将表笔串联到被测电路，显示屏将显示被测电流值（交流电流为有效值）
电阻测量	先将黑表笔插入 COM 插孔，红表笔插入 V · Ω插孔，量程选择开关置于Ω量程，然后将表笔连接到被测电阻上，显示屏将显示被测电阻值
二极管测量	先将黑表笔插入 COM 插孔，红表笔插入 V · Ω插孔，量程选择开关置于二极管挡，然后将表笔连接到被测二极管两端，显示屏将显示二极管正向压降值（硅二极管为 0.550～0.700 V，锗二极管为 0.150～0.300 V）时，红表笔所接的是二极管正极，黑表笔所接是二极管的负极；若显示“过载”时，则说明二极管处于反向状态或开路
带响声的通断测试	先将黑表笔插入 COM 插孔，红表笔插入 V · Ω 插孔，量程选择开关置于二极管挡，然后将表笔连接到被测电阻，如果两表笔之间的电阻值低于 30 Ω，蜂鸣器发声
三极管放大系数 h_{FE} 测量	将量程选择开关置于 h_{FE} 挡，然后确定三极管为 NPN 型或 PNP 型，并将发射极、基极、集电极分别插入相应插孔，此时显示屏将显示三极管放大系数 h_{FE} 值（测试条件：基极电流为 10 μA，集电极与发射极之间的电压为 2.8 V）

注：如果显示屏只显示“1”，表示超量程，量程选择开关应置于更高的量程。

操作分析

◎问一问：产品情况

到商店或上网查询万用表，完成表 1–12 中的内容。（可根据实际情况每类选择其中两三种填写）。

表 1–12　各种万用表性能价格比较表

序号	分　类	型　号	功　能	品　牌	价　格	生 产 厂 家
1	指针式					
2	数字式					

◎读一读：指针读数

当万用表表盘如图 1–12 所示，请根据指针指示识读万用表测量读数，并把结果填入表 1–13 中。

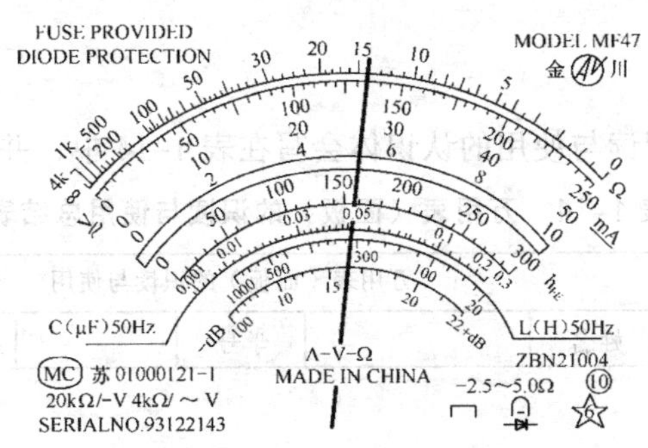

图 1-12　万用表表盘指示

表 1-13　万用表读数

测量项目	量　程	读　　数	测量项目	量　程	读　　数
电阻	×1		直流电压	2.5V	
	×10			10V	
	×100			50V	
	×1k			250V	
	×10k			1kV	
直流电流	0.5mA		交流电压	10V	
	5mA			50V	
	50mA			250V	
	500mA			500V	

◎做一做：测量电阻

使用 MF-47 型万用表正确测量 2 只电阻器，并准确识读电阻值。

使用欧姆挡测量电阻时，须进行电阻调零，即把红黑表笔短接，看见指针右偏转后，调整零欧姆调整旋钮，直到指针指准欧姆 0 刻度线。若更换量程，每换一次量程需重新校零一次。

由于欧姆挡刻度不均匀，为了提高测量精度，选择量程时，应使指针指示值尽可能在刻度中间位置，即全刻度起始的 20%～80%弧度范围内，如图 1-13 所示。

测量时应注意：避免并入人体电阻，如图 1-14 所示。

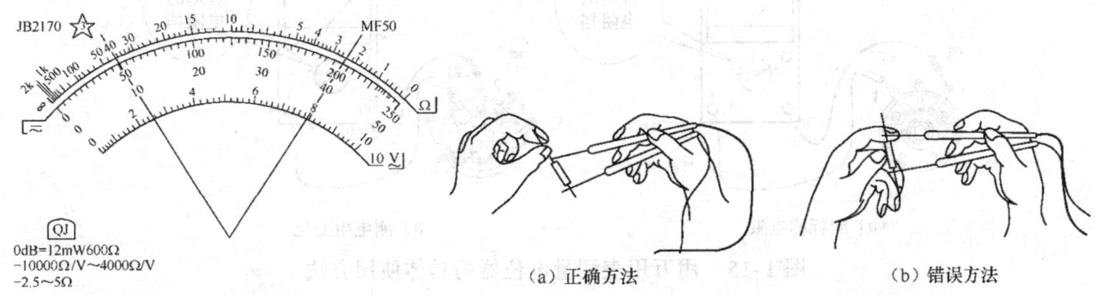

(a) 正确方法　　(b) 错误方法

图 1-13　万用表量程的选择　　图 1-14　电阻测试方法

电阻挡读数应由下面公式决定：

读数=指示数×倍率数

任务总结

把万用表（面板）的识读与使用的认识体会写在表 1-14 中，并完成总结表中各项评价。

表 1-14　万用表（面板）的识读与使用总结表

<table>
<tr><td>课　题</td><td colspan="7">万用表（面板）的识读与使用</td></tr>
<tr><td>班级</td><td colspan="2"></td><td>姓名</td><td></td><td>学号</td><td></td><td>日期</td></tr>
<tr><td>收获与体会</td><td colspan="7"></td></tr>
<tr><td rowspan="5">实训评价</td><td>评定人</td><td colspan="3">评　语</td><td>等级</td><td colspan="2">签名</td></tr>
<tr><td>自己评</td><td colspan="3"></td><td></td><td colspan="2"></td></tr>
<tr><td>同学评</td><td colspan="3"></td><td></td><td colspan="2"></td></tr>
<tr><td>老师评</td><td colspan="3"></td><td></td><td colspan="2"></td></tr>
<tr><td>综　合
评　定</td><td colspan="3"></td><td></td><td colspan="2"></td></tr>
</table>

知识拓展

知识拓展 1：指针式万用表检测电位器阻值

电位器又称可调电阻器，是指电阻值在一定范围内可自由调节的电阻器。用万用表可以测量电位器的标称电阻和电阻变化，具体使用方法如图 1-15 所示。

（1）选择量程。将量程选择转换开关转到合适的电阻挡。

（2）测标称电阻。测量电位器的 1、3 引出端的电阻，此电阻为电位器的标称电阻，如图 1-15（a）所示。若阻值无穷大，则可判断电位器内部开路。

（3）测电阻变化。在缓慢转动电位器的旋转轴的同时，分别测 1、2 端或 2、3 端阻值是否连续、均匀的变化，如图 1-15（b）所示。如发现阻值变化断续或者有跳动现象，则可初步判断电位器存在阻值变化不匀或接触不良的问题。

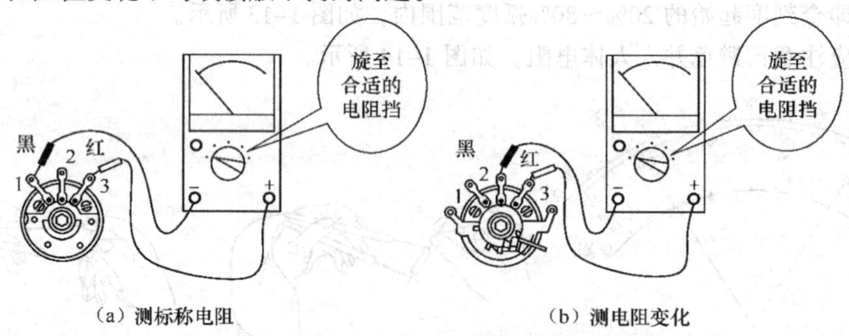

（a）测标称电阻　　（b）测电阻变化

图 1-15　用万用表测量电位器的具体使用方法

（4）判断电位器类型。当电位器转动均匀时，如果万用表的指针偏转也是均匀的，则表明是直线式电位器；当电位器转动均匀时，如果万用表的指针偏转开始时较快（或较慢），将要结束时较慢（或较快），则表明是反对数式或对数式电位器。

知识拓展2：万用表的维护

（1）每次使用后，应拔出表笔。

（2）将量程选择开关拨到“OFF”或交流电压最高挡，防止下次开始测量时不慎烧坏万用表。

（3）若长期搁置不用时，应将万用表中的电池取出，以防电池电解液渗漏而腐蚀内部电路，如图1-16所示。

（4）平时万用表要保持干燥、清洁，严禁振动和机械冲击。

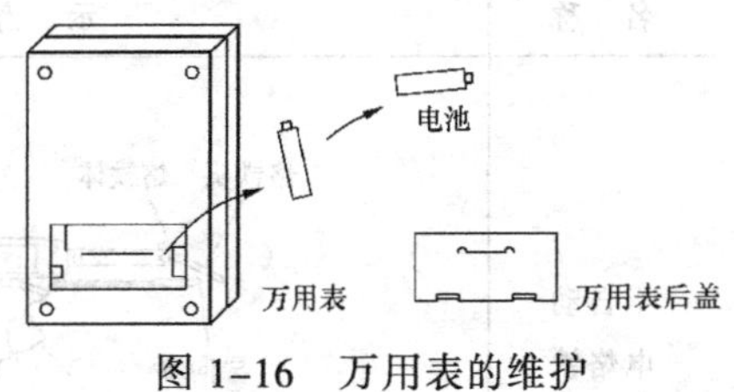

图1-16　万用表的维护

任务3　常用装接工具的选用

情景模拟

工具箱是小哲爸爸的心爱之物，每次家里或者邻居家有电器罢工了，小哲的爸爸就会提着工具箱修好那些罢工的电器。他有句话经常挂的嘴边：“工具箱里的东西是‘电工宝贝’，一定要好好爱护和使用”。因此，爸爸从不轻易让小哲动他的工具箱，小哲尽管好奇，但一直不清楚电工箱里到底有哪些东西，这些东西有什么用。这个谜一样的工具箱留给小哲太多的悬念。

同学们，你想知道吗？让我们一起来学习有关工具箱内的知识和技能吧！

基础知识

知识链接1：焊接工具

常用焊接工具见表1-15。

表1-15　常用焊接工具

名　称	示　意　图	说　　明
电烙铁	卡箍　烙铁头　加热元件　外壳　手把　软电线	电烙铁是一种常用的锡焊工具，主要供焊接或烫开电子元器件、线路接点之用。 电烙铁主要由烙铁头、外壳、木柄、烙铁芯等组成 常用的电烙铁有内热式和外热式两种。左图所示，是一种常见的内热式电烙铁
吸锡电烙铁	橡皮囊　塑料管　烙铁体　支架　烙铁头　烙铁嘴	吸锡电烙铁是一种能方便地吸附印制电路板焊点上的焊锡，使焊接件与印制板脱离，从而方便检查和修理的吸锡工具 吸锡电烙铁主要由烙铁嘴、烙铁头、塑料管、支架、烙铁体和橡胶囊等组成

续表

名　称	示　意　图	说　　明
半自动电烙铁	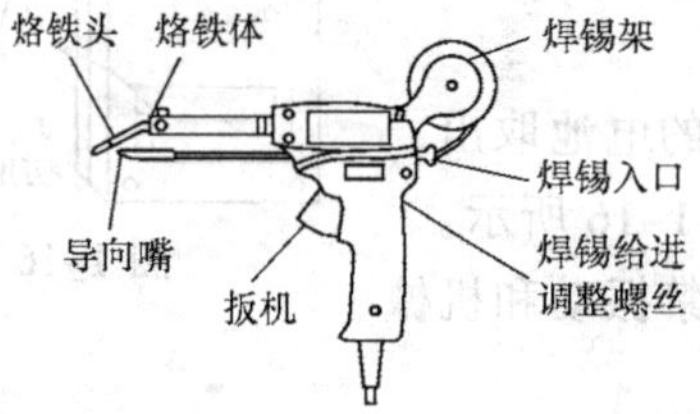	半自动电烙铁是一种用于生产流水线上的、对电子设备（产品）或装置进行手动送锡的焊接工具 半自动电烙铁主要由导向嘴、烙铁头、烙铁体、焊锡架、焊锡入口、焊锡给进调整螺钉和扳机等组成 由于半自动电烙铁具有单手操作，使用灵活方便的优点，目前被广泛地用于流水生产线上
恒温电烙铁	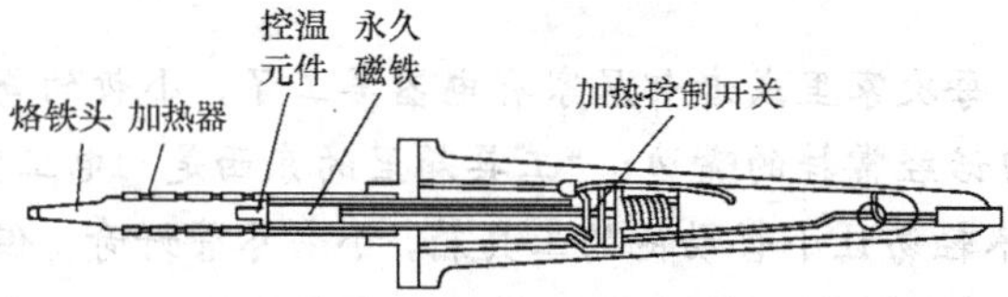	恒温电烙铁是一种用于要求较高场合的、能够自动恒温控制焊接温度的电烙铁 恒温电烙铁主要由烙铁头、烙铁体、手柄和恒温元件（装置）等组成，有电控和磁控 2 种 电控电烙铁是用热电偶作为传感元件来检测和控制烙铁头温度 磁控电烙铁是在烙铁头上装一个强磁性传感器，用于吸附磁性开关（控制加热器开关）中的永久磁铁来控制温度

知识链接 2：钳口工具

常用钳口工具见表 1-16。

表 1-16　常用钳口工具

名　称	示　意　图	说　　明
尖嘴钳	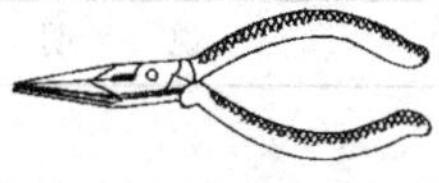	尖嘴钳是一种用来夹持小元件或元器件引线成形、布线的工具 使用尖嘴钳时，不能将其当做敲打工具，要保护好钳柄绝缘管，以免碰伤而造成触电事故
平嘴钳	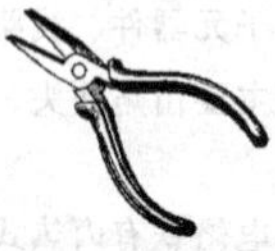	平嘴钳是一种用来拉直导线，对较粗导线或较粗元器件的引线成形的工具 使用平嘴钳时的注意事项与尖嘴钳使用时的注意事项相同
圆嘴钳	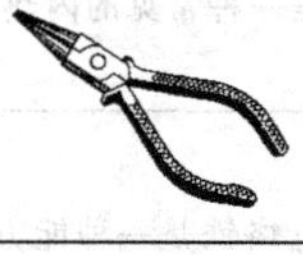	圆嘴钳是一种用来绕制导线端头、元器件引线圆环形圈的工具 圆嘴钳的使用注意事项与尖嘴钳使用的注意事项相同
镊子	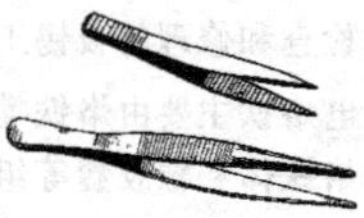	镊子是一种夹持电子元器件、导线等细小物体的工具 镊子可以分为两种：一种是用铝合金制成的尖头镊子，它不易被磁化，可用来夹持怕磁化的小零件；另一种是不锈钢制成的平头镊子，可用来加工电子元器件引线，夹持元器件电极，便于电烙铁焊接，帮助电极散热等

知识链接 3：剪切工具

常用剪切工具见表 1–17。

表 1–17　常用剪切工具

名　称	示　意　图	说　　明
剥线钳		剥线钳是一种用来剥削小直径导线线头绝缘层，以利于线头上锡和焊接的工具 使用剥线钳时要注意根据不同的线径选择剥线钳不同的刃口
斜口钳		斜口钳是一种用来钳切元件引线或较细金属导线的工具 钳切时，要使钳头朝下，以防止钳切下来的线头飞出伤眼
剪刀		剪刀是一种用来剪断导线、电子元器件引线和绝缘纸（带）、尼龙拉线等的工具 使用剪刀时，应注意正确握持并用力均匀

知识链接 4：紧固工具

常用紧固工具见表 1–18。

表 1–18　常用紧固工具

名　称	示　意　图	说　　明
螺钉旋具（螺丝刀）	十字形螺钉旋具 一字形螺钉旋具	螺丝刀是用来旋紧或起松螺钉的工具。一般分大、中、小 3 种规格，有一字形和十字形两种 使用螺丝刀时，应注意根据螺钉的大小、规格选用相应的螺丝刀；不能把螺丝刀当凿子用
自动螺钉旋具	自动螺母旋具 自动螺钉旋具	自动螺母（钉）旋具是用来旋紧或起松螺钉的工具 自动螺母旋具用于装卸六角螺母；自动螺母旋具用于装卸一字形或十字形螺钉 自动螺母（钉）旋具使用注意事项同螺丝刀
机动螺钉旋具		机动螺丝刀是一种利用电力或风力对小规格螺钉进行装卸的工具 由于这种旋具体积小、质量轻、操作灵活方便，被广泛地用于流水生产线上 使用机动螺丝刀时，应注意根据螺钉大小、规格选用相应的螺丝刀，且用力均匀

操作分析

◎认一认：外观结构

准备 4～6 件装接工具，编上编号，做好标记，将认识记入表 1–19 中。

表 1-19 认识电工工具记录表

编号	1	2	3	4	5	6
工具名称						

◎比一比：性能价格

到商店或上网查询装接工具的性能、价格，并完成表 1-20 中的各项内容。

表 1-20 常用装接工具性能价格比较

序 号	名 称	型 号 规 格	单位	价格	生产厂家
1	电烙铁				
2	尖嘴钳				
3	剥线钳				
4	镊子				
5	螺丝刀				
6					

◎谈一谈：选购原则

谈一谈选购工具的理由。

____

任务总结

将学习常用装接工具的收获体会写在表 1-21 中，并完成总结表中各项评价。

表 1-21 常用装接工具识别任务总结表

<table>
<tr><td>课 题</td><td colspan="7">常用装接工具的识别</td></tr>
<tr><td>班级</td><td></td><td>姓名</td><td></td><td>学号</td><td></td><td>日期</td><td></td></tr>
<tr><td>收获与体会</td><td colspan="7"></td></tr>
<tr><td rowspan="5">实训评价</td><td>评定人</td><td colspan="4">评 语</td><td>等级</td><td>签名</td></tr>
<tr><td>自 评</td><td colspan="4"></td><td></td><td></td></tr>
<tr><td>互 评</td><td colspan="4"></td><td></td><td></td></tr>
<tr><td>师 评</td><td colspan="4"></td><td></td><td></td></tr>
<tr><td>综 合 评 定</td><td colspan="4"></td><td></td><td></td></tr>
</table>

知识拓展

知识拓展 1：其他工具

常用其他工具见表 1-22。

表 1-22　常用其他工具

名　称	示　意　图	说　　　明
电工刀	刀身　刀柄	电工刀是用来剖削线材绝缘层的工具。它主要由刀身和刀柄组成 电工刀使用时，刀口应朝外操作；在剖割线材绝缘层时，刀口要放平，以免割伤线芯；使用后要及时把刀身折入刀柄内，以免刀刃受损或伤人
锤子		锤子，是用来锤击的工具 锤子主要由锤头和木柄组成 使用锤子时，右手应握在木柄的尾部，施出较大的力量；在锤击时，用力要均匀、落锤点要准确
手电钻		手电钻可以用麻花钻头在金属或非金属材料上钻孔，供安装管等 使用手电钻时，应右手握紧手柄，用力要均匀
活络扳手		活络扳手是用来拧紧或拆卸六角螺钉（母）、螺柱的专用工具 活络扳手主要由呆扳唇、活络扳唇、扳口、蜗轮、轴销和手柄等组成 使用活络扳手时，不能将其当做锤子用；要根据螺母螺柱的大小选用相应规格的活络扳手；活络扳手的开口调节应能夹住螺母又能方便提取扳手，转换角度
钢锯		钢锯，又称锯弓，是用来锯割各种金属和非金属材料的工具 钢锯主要由锯柄、元宝螺母、锯弓架、锯条等组成 使用钢锯时，左手应自然地轻扶在弓架前端，右手握稳锯弓的锯柄，锯割时左手压力不宜过大，右手向前推进施力，进行锯割，左手协助右手扶正弓架，锯割在一个平面内，保持锯缝平直

知识拓展 2：验电笔识别与使用

验电笔，又称电笔，是用来测试导线、开关、插座等电器及电气设备是否带电的工具，如图 1-17（a）所示。常用的验电笔有螺丝刀式和钢笔式 2 种，其结构如图 1-17（b）所示，主要由氖管、电阻、弹簧和笔身等组成。

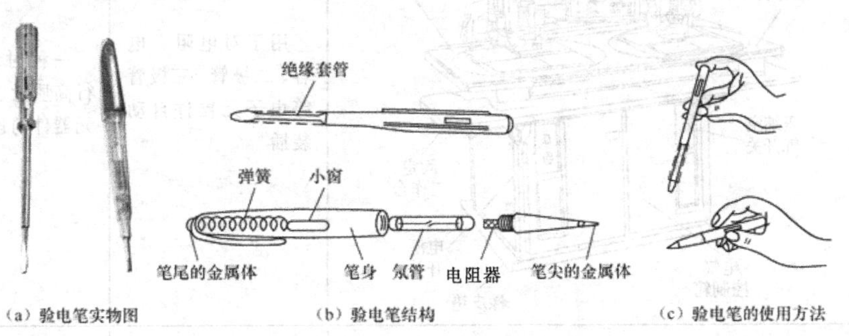

（a）验电笔实物图　（b）验电笔结构　（c）验电笔的使用方法

图 1-17　验电笔及其使用方法

验电笔使用时注意正确的握持方法，即右手握住验电笔身，食指触及笔身金属体（尾部），验电笔的小窗口朝向自己眼睛，如图 1-17（c）所示。

知识拓展 3：常用装接设备

随着科学技术的发展，各种电子线路的装接设备也越来越多，除一般的操作台、浸锡设备外，还有自动插件设备、波峰焊接设备、贴装设备和烫印设备等，见表 1–23。

表 1–23　一些常用装接设备

名　称	示　意　图	用　途	说　明
浸锡设备	锡锅 控制操作面板 工作台 支架	对元器件引线、导线线头、焊片进行浸锡；也适用于中、小批量印制板的浸锡焊接	一种在锡炉基础上加焊锡滚动装置和温度调节装置构成的设备。使用时，要注意调整温度
操作台	400mm 荧光灯（30W 以上） 900mm 夹子 操作工序表说明书类 装束线板箱 工具抽屉	提高操作效率，保证舒适工作的重要条件之一	对操作台的要求： （1）应能适宜配置工具、元器件和材料的安放 （2）能保证准确、干净、利落地进行操作，使人长期操作时不易疲劳
自动插件设备	带料 料架 控制操作面板 X-Y 工作台 旋转工作台 压缩空气开关 固定工作台 电源开关 电气控制箱 橡皮垫	用于对电阻、电容、二极管、三极管等电子元器件自动装插	一种对印制电路板进行高质量、快速装插电子元器件的设备
波峰焊接设备	冷却电风扇 焊料槽 预热器（热风式加热器）（热板） 刷子 涂助焊剂装置 传送带	用于对电阻、电容、二极管、三极管等电子元器件与印制电路板的良好焊接	一种自动对印制电路板实行波峰焊接的设备。由于它焊接快而理想，近几年发展较快

续表

名　称	示　意　图	用　途	说　明
贴装设备		用于对片式元器件的自动贴装	一种用于片式元器件自动贴装的设备
烫印设备		用于对电子产品进行金属箔烫印加工	一种用于烫印金属箔加工的设备。烫印可分为平版烫印、凸版烫印、滚烫印和边烫印等

思考与练习

一、填空题

1. 触电是指：________________________________。
2. 触电的形式有：________、________和________三种。
3. 凡对地电压在________以上者为高压电，对地电压在________以下者为低压电。
4. 线路的过载保护宜采用 ________。
5. 电气线路上，由于种种原因相接或相碰，产生电流忽然增大的现象称________。
6. 采用熔断器作短路保护时，熔体的额定电流不应大于线路长期允许负载电流的________倍。
7. 对电火灾的扑救，应使用________、________、________、________等灭火器具。
8. 触电现场抢救中，以________和________两种抢救方法为主。

二、判断题

1. 人体的不同部位分别接触到同一电源的两根不同相位的相线，电流由一根相线经人体流到另一根相线的触电现象称两相触电。(　　)
2. 人体的某一部位碰到相线或绝缘性能不好的电气设备外壳时，电流由相线经人体流入大地的触电现象称单相触电。(　　)
3. 安全用电，以防为主。(　　)
4. 触电现场抢救中不能打强心针，也不能泼冷水。(　　)
5. 检查万用表表针是否停在表盘左端的零位。如果不在零位，用小螺丝刀轻轻转动表头上的机械调零旋钮，使表针指在零位。(　　)
6. 检查电池，将量程选择开关旋到电阻“×1k”挡，使红、黑表笔接触，如果进行“欧姆调零”后，万用表表针仍不能调节到刻度线右端的零位，说明电压不足，需要更换电池。(　　)

三、简答题

1. 触电的形式主要有哪些？

2. 人体对电的承受能力与哪些因素有关?
3. 引起电火灾的主要原因有哪些?
4. 如何对电火灾进行扑救?
5. 新的指针式万用表在进行测量前，应该如何进行测试前的准备?
6. 指针式万用表测量的项目有哪些?
7. 数字式万用表的主要特点有哪些?
8. 如何使用验电笔判断被测体是否带电?
9. 目前大批量的分立元件焊接主要使用哪种焊接设备?

项目 2

电子元器件识读与选用

电子元器件是构成电子电路的基本单元，也是电子产品的重要组成部分。它在电路中具有各不相同的重要功能，其性能和质量对整机（产品）的品质影响很大。因此，从事电子整机（产品）的设计、维修和生产的人员，必须熟悉和掌握各类元器件的性能、特点，学会正确选用和检测。

通过本项目的理论学习和实践操作，同学们将熟悉电阻器、电位器、电容器、电感器、二极管、三极管、单结晶体管、晶闸管、光耦合器、数字显示器件、电声器件等电子元器件的分类和选用技能，同时对集成块、场效应管和贴片式元件做一定程度的了解。

项目目标

- 熟悉电阻器、电位器、电容器和电感器的符号、分类、用途、主要参数等知识。
- 熟悉二极管和三极管的符号、分类、用途、主要参数等知识。
- 熟悉单结晶体管和晶闸管的分类、符号、用途、主要参数等知识。
- 了解数字显示器件、电声器件、集成块、场效应管等元器件的符号、种类和用途。
- 会正确使用万用表检测电阻、电容和电感器的性能。
- 掌握二极管和三极管的外观识别和万用表检测方法。
- 能正确对单结晶体管和晶闸管进行外观识别，以及简单的检测。
- 了解数字显示器件、电声器件、集成块、场效应管外部结构，能够识别元件引脚。

任务1　电阻器、电容器、电感器的选用

情景模拟

星期天小车正在使用计算机查资料，这时计算机机箱内的噪声响了起来。小车叫来了爸爸，爸爸听了声音对小车说，这是计算机内的风扇被灰尘堵住了，打开机箱清理一下就好。于是拿来工具打开计算机机箱，对风扇进行除尘。小车一直在旁边观摩，当爸爸打开机箱大量的电子

元件呈现在小车面前。小车很惊奇，原来计算机里面这么复杂啊！爸爸见了问小车：“你想不想知道里面的这些小东西都是什么？”

同学们，你知道他们是怎样认识电子元器件的吗？让我们一起来学习吧！

基础知识

知识链接 1：电阻器识读与检测

电阻器通常被称为电阻，随着电子技术的不断发展，电阻器的品种也日益增多。它分为固定电阻器、可调电阻器或电位器，在电路中起分压、分流和限流等作用，是电子产品中用得最多的元件。

1. 电阻器的分类

电阻器的分类如图 2–1 所示。

电阻器
- 按结构形式分：固定电阻器、可调电阻器、电位器
- 按制作材料分：碳膜电阻器、金属膜电阻器、线绕电阻器等
- 按用途分：高频电阻器、高压电阻器、热敏电阻器等

图 2–1　电阻器的分类

（1）固定电阻器的实物和图形符号

固定电阻器是阻值不改变的电阻器，其文字符号位 R，一般图形符号如图 2–2 所示。常见的固定电阻器有碳膜电阻器、金属膜电阻器、金属氧化膜电阻器、线绕电阻器、熔断电阻器和水泥电阻器等。

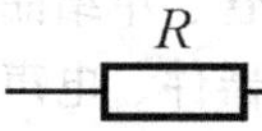

R

图 2–2　电阻器一般图形符号

① 碳膜电阻器。碳膜电阻器是采用碳膜作为导电层，将通过真空高温热分解出的结晶碳沉积在柱形或管形陶瓷骨架上制成的，其实物图如图 2–3 所示。它具有稳定性好、高频特性好、噪声小、制作成本低、价格便宜，并可在 70℃的温度下长期工作等优点，因而得到了广泛的应用，常用在收录机、电视机以及其他电子产品中。

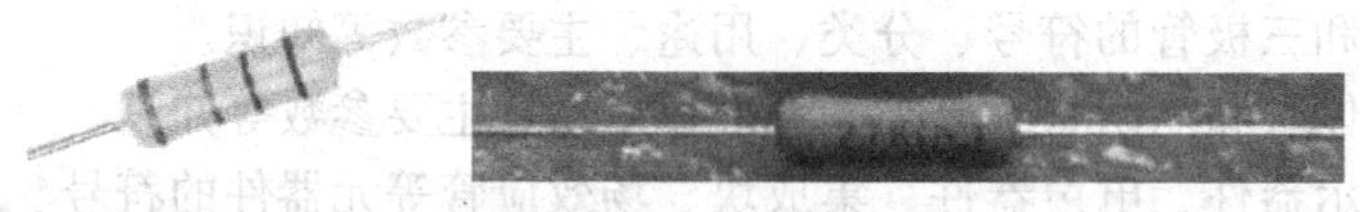

图 2–3　碳膜电阻器

② 金属膜电阻器。金属膜电阻器是采用金属膜作为导电层，用高真空加热蒸发等技术，将合金材料蒸镀在陶瓷骨架上制成，其实物图如图 2–4 所示。除具有碳膜电阻器的特点外，还具有比较好的耐高温特性（能在 125℃温度下长期工作）以及精度高的特点。因而常用在要求较高的电路中（如各种测试仪表）。

③ 金属氧化膜电阻器。金属氧化膜电阻器是用锑和锡等金属盐溶液喷雾到炽热的陶瓷骨架表面上沉积后制成的，其实物图如图 2–5 所示。与金属膜电阻器相比，具有阻燃、导电膜层均匀、膜与骨架基体结合牢固、抗氧化能力强、过负荷能力强、长期工作稳定可靠等优点，但阻值范围较小（200kΩ以下），可用于交直流或脉冲电路中。

④ 线绕电阻器。线绕电阻器通常涂成黑色、绿色或棕色。其具有精度高、稳定性好、耐

高温的特点（能在 300℃的高温下连续工作）和较大的电功率，其实物图如图 2-6 所示。因此常在大功率电阻电路中作为分压电阻和分流电阻，在电源电路中作为限流电阻。

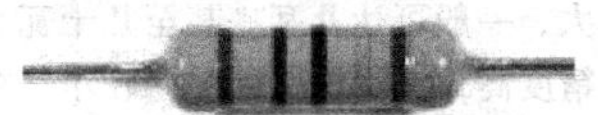

图 2-4　金属膜电阻器

图 2-5　金属氧化膜电阻器

图 2-6　线绕电阻器

⑤ 熔断电阻器。熔断电阻器在电路中起熔丝和电阻的双重作用。正常工作时，其作用仅为一个电阻，其实物图如图 2-7 所示，图形符号如图 2-8 所示。当电流过载至一定值时，该电阻的电阻层会在瞬间剥落而熔断，使电路断路，以保护其他元器件。熔断电阻器一般以低阻、小功率为多，常用于电视机的电源、行扫描等电路中。

图 2-7　熔断电阻器

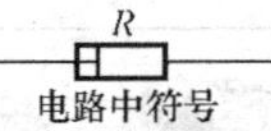

图 2-8　熔断电阻器的图形符号

⑥ 水泥电阻器（见图 2-9）。水泥电阻器是线绕式电阻器的一种，具有功率大、阻值稳定、阻燃性好和绝缘性能强等特点。在电流过流的情况下会迅速熔断，以保护电路，常用于彩色电视机的电源电路及行、场扫描电路中。

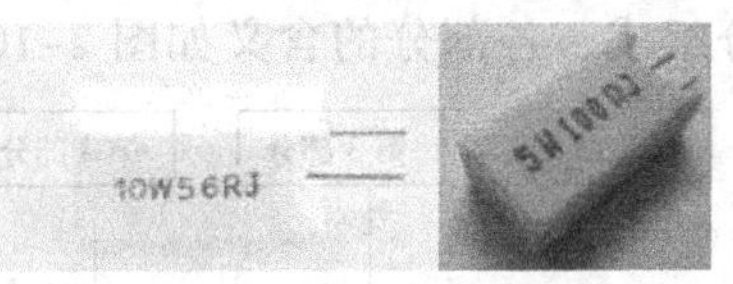

图 2-9　水泥电阻器

（2）可变电阻器的实物和图形符号

电阻值可变的电阻器称为可变电阻器，分为半可变电阻器和电位器。半可变电阻器用于需要变化阻值，但又不需要频繁调节的场合，通常有三个引脚，有一个一字形或十字形的电阻调节槽，其外壳一般印有表示电阻的标注。电位器用于需要频繁调节阻值的场合，它的阻值也可以改变，体积比半可变电阻器要大，结构牢固，有转动或操作柄，其外壳也印有表示阻值的标注。常见可变电阻（电位器）的实物、图形符号、特点及用途见表 2-1。

表 2-1　常见可变电阻器（电位器）

名　称	实物图及符号	特点及用途
半可调电阻器	R 电路中符号	电阻值可在某一值到标称值范围内变动。晶体管中的偏流电阻，在收音机、电视机中作为电源滤波、调整偏流等
碳膜电位器	WT WH 电路中符号	阻值范围在 100 Ω ~ 4.7 MΩ内变动，具有结构简单、耐高压、工作稳定性好、价格低的特点，但功率不大。一般在家用电器中作为音量控制、亮度调节等

续表

名 称	实物图及符号	特点及用途
绕线 电位器	WX 电路中符号	额定功率大，一般可达几瓦，甚至几十瓦，而且耐高温、精度高，但阻值范围变化较小。在功率较大的电路中，作为电源电压调节等
实心式 电位器	WS 电路中符号	利用接触电刷调节阻值，具有体积小、使用寿命长、易散热、阻值范围宽的特点。在小型电子设备及仪器仪表的交直流电路中，作电压调节或电流微调用
直滑式 电位器	WH WT 电路中符号	利用滑动杆做直线运动来调节电阻值，具有外观新颖、接触良好、密封防尘的特点。常作为家用电器、仪器仪表面板作电压、电流控制和音调、音量的调节等
开关 电位器	WH WT WH 电路中符号	开关电位器是附有开关装置的电位器，开关和电位器各自独立，但由同轴相连、控制，常在电视机、收音机中作为音量控制兼电源控制

2. 电阻器型号的命名

电阻器的型号一般由 4 部分组成，各部分的含义如图 2-10 和表 2-2 所示。

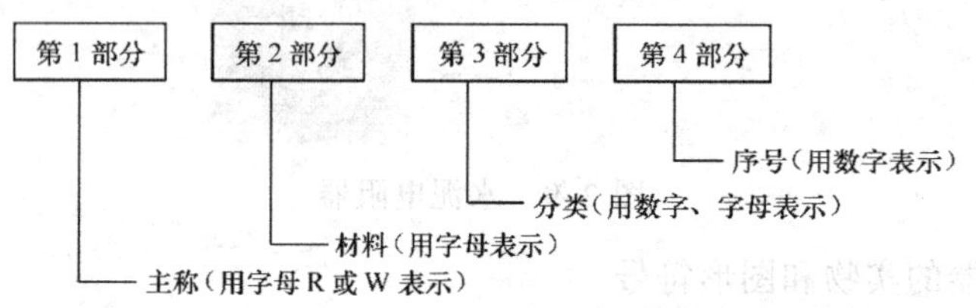

图 2-10 电阻器的型号命名

表 2-2 电阻器和电位器型号的命名方法

第 1 部 分		第 2 部 分		第 3 部 分		第 4 部 分
主称		材料		分类		序号
符号	意 义	符号	意 义	符号	意 义	
R	电阻器	T	碳膜	1	普通	
W	电位器	P	硼碳膜	2	普通	
		U	硅碳膜	3	超高频	
		H	合成膜	4	高阻	
		I	玻璃釉膜	5	高温	
		J	金属膜（箔）	7	精密	
		Y	氧化膜	8	电阻:高压；电位器:特殊	
		S	有机实心	9	特殊	
		N	无机实心	G	高功率	
		X	绕线	T	可调	
		G	光敏	X	小型	
				L	测量用	
				W	微调	

例：RJ71 型精密金属膜电阻器

R	J	7	1
主称：电阻器	材料：金属膜	分类：精密	序号

例：RXT2 型可调线绕电阻器

R	X	T	2
主称：电阻器	材料：绕线	分类：可调	序号

3. 电阻器的标志

在选用和识别电阻器的型号及规格时，一般可以从电阻器的表面特征直接读出它的阻值与精度，也就是电阻器的标志。其标志方法主要有直标法、文字符号标志、色环标志。

（1）直接标志

直接标志是指在电阻器表面直接用阿拉伯数字和单位符号标出标称阻值，其允许偏差用百分数表示。使用时，可从电阻器表面直接读出它的电阻值及允许误差，如图 2–11 所示。

（2）文字符号标志

文字符号标志是指用阿拉伯数字和文字符号两者有规律的组合来表示电阻器的标称阻值，其允许误差也用文字符号表示（见表 2–3），如图 2–12 所示。符号前面的数字表示整数阻值，后面的数字依次表示第 1 位小数和第 2 位小数阻值。如 1k8 表示 1.8kΩ。

图 2–11　直接标志　　　图 2–12　文字符号标志

文字符号表示允许误差对照表如表 2–3 所示。

表 2–3　文字符号表示允许误差对照表

对称允许误差标志符号				不对称允许误差标志符号	
允许误差/%	文字符号	允许误差/%	文字符号	允许误差/%	文字符号
± 0.001	Y	± 0.5	D	+100 −10	R
± 0.002	X	± 1	F		
± 0.005	E	± 2	G	+50 −20	S
± 0.01	L	± 5 或 Ⅰ	J		
± 0.02	P	± 10 或 Ⅱ	K	+80 −20	R
± 0.05	W	± 20 或 Ⅲ	M		
± 0.1	B	± 30	N	+不规定 −20	不标记
± 0.25	C				

（3）数码法

数码法是在电阻器上用三位数码表示标称值的方法。数码从左到右，第一、二位表示电阻的有效值，第三位表示指数，单位为Ω。允许误差通常用文字符号表示。体积较小的可调电阻器以及贴片电阻的电阻值，一般用数码法表示。如图 2–13 所示，222 表示可调电阻器标称阻值为 $22\times10^2=2.2\text{k}\Omega$。

（4）色环标志

色环标志是指用不同颜色带或点在电阻器表面标出标称阻值和允许误差，如图 2–14 所示。色环标志的电阻器上一般有 3 条或 3 条以上的色环（也称色码带）。靠近电阻器一端的第 1 条色环的颜色表示第 1 位数；第 2 条色环的颜色表示第 2 位数；以此类推；倒数第 2 条色环的颜色表示倍率，最后 1 条色环的颜色表示允许误差，如某一个电阻器上 4 条色环按顺序排列分别为黄、紫、红、金色，则表示该电阻器阻值为 $47\times10^2\Omega=4.7\text{k}\Omega$，其误差为 ± 5%。

图 2–13　电阻数码法

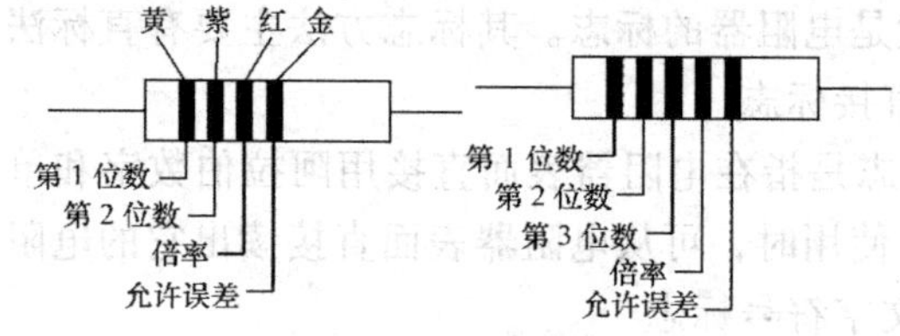

图 2–14　电阻色环标志

电阻器色标符号对照表如表 2–4 所示。

表 2–4　电阻器色标符号对照表

颜色	第 1 位有效数	第 2 位有效数	倍率数	允许误差/%
棕	1	1	10^1	± 1
红	2	2	10^2	± 2
橙	3	3	10^3	—
黄	4	4	10^4	—
绿	5	5	10^5	± 0.5
蓝	6	6	10^6	± 0.25
紫	7	7	10^7	± 0.1
灰	8	8	10^8	+20，−50
白	9	9	10^9	—
黑	0	0	10^0	—
金	—	—	10^{-1}	± 5
银	—	—	10^{-2}	± 10
无色	—	—	—	± 20

4．电阻器的主要参数

（1）固定电阻器的主要参数。固定电阻器的主要参数有标称阻值、额定功率、温度系数和精度等级等，见表 2–5。

表 2-12　固定电阻器的主要参数

主要参数	说　明
标称阻值	电阻器的标称阻值是指电阻器表面所标的阻值。选用时，一定要按国家规定的阻值系列去选用
额定功率	电阻器的额定功率是指在规定的温度和大气压下，电阻器在交流或直流电路中能长期连续工作所消耗的最大功率。在正常工作下，电流对电阻器做功，电阻器就会产生热量，温度超过电阻器能承受的极限时，电阻器就会烧坏。所以，选择电阻器时，电路中加在电阻器上的电功率不能大于它的额定承受功率。常用的有 0.125 W、0.2 W、0.5 W、1 W、2 W、5 W、10 W 等数值。在电路图中，用如图 2-15 所示的符号来表示
温度系数	电阻器的阻值会随着温度的变化而稍有变化。温度每升高（降低）1℃，所引起电阻值的相对变化称为电阻的温度系数。电阻的稳定性取决于温度系数的大小，温度系数越小，说明该电阻器稳定性能越好。 电阻器温度系数可分正温度系数和负温度系数两种。正温度系数是指温度升高时，阻值增大；负温度系数是指温度升高时，阻值反而减小
精度等级	精度等级是指电阻器的实际阻值与标称阻值之间所允许的最大误差。由于生产制造过程中的种种原因，产品不能完全符合国家规定的标称阻值，因此国家对电阻器的精度等级也作了具体规定

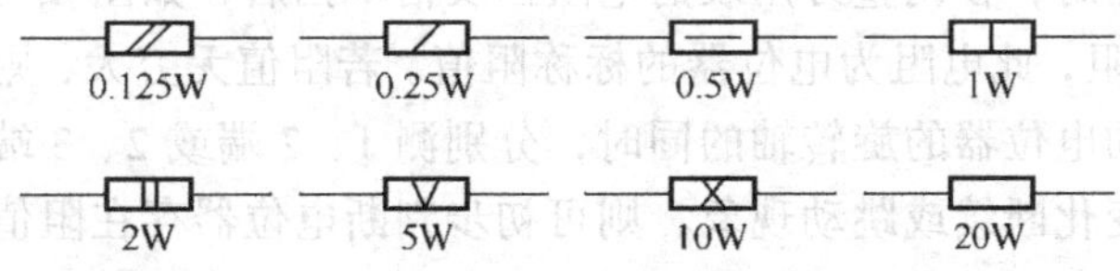

图 2-15　电阻器额定功率在电路图中的表示法

（2）可调电阻器及电位器的主要参数。电位器的主要参数除了标称阻值与固定电阻器相同外，还有以下几个主要参数，见表 2-6。

表 2-6　可调电阻器（电位器）的主要参数

主 要 参 数	说　明
阻值变化的形式	阻值变化的形式是指电位器的阻值随转轴的旋转角度而变化的关系。变化规律有 3 种不同的形式，即直线式、指数式、对数式 （1）直线式：阻值变化与转角关系是阻值随转轴的旋转作均匀的变化，并与旋转角度成正比。就是说随着转角的增大阻值也在增大。适用于作分压、偏流的调整等。 （2）指数式：指数式电位器，阻值变化与转角关系是阻值随转轴的旋转作指数规律变化。就是说阻值变化一开始比较缓慢，以后随角度的加大阻值变化逐渐加快。适用于作音量控制。 （3）对数式：对数式电位器，阻值变化与转角关系是阻值随转轴的旋转作对数关系变化。就是说阻值的变化开始时较快，以后变化逐渐减慢。适用于作音调控制和黑白电视机的黑白对比度调整
动态噪声	由于电阻体阻值分布的不均匀性和滑动臂触点接触电阻的存在，电位器的滑动臂在电阻体上移动时产生噪声。这种噪声对电子设备将产生不良的影响。因此，在判断和选用电位器时，必须根据电位器的用途考虑噪声系数的大小

5. 电阻器的检测

（1）固定电阻器的检测

① 电阻器标称阻值的检测。对电阻器进行检测，看其阻值与标称阻值是否相符，差值是否在

电阻器的标称误差范围之内。使用万用表测量电阻器时要注意以下几点：第一，测量时人的手不能同时接触被测电阻器的两根引脚（正确的方法如图 2–16 所示），以免并入人体电阻影响测量的准确度；第二，在电路上测量电阻器时，必须将电阻器从电路中断开一端，以防止电路中的其他元件对测量结果产生不良的影响；第三，测量电阻器的阻值时，应根据电阻值的标称值大小选择合适的量程，否则将无法准确地读出数值。由于万用表的欧姆挡刻度线是非线性的，一般欧姆挡的中间段，刻度分布较细且准确。因此测量电阻时，尽可能将表针落到刻度的中间一段，以提高测量精度。

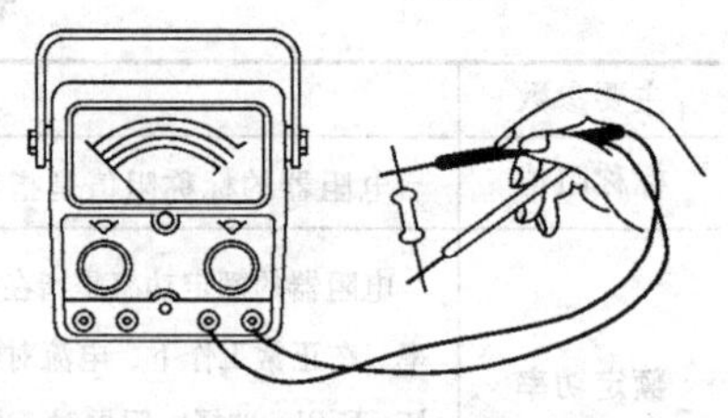

图 2–16　万用表正确测量电阻

② 电阻器的质量判别。电阻器的电阻体或引脚折断以及烧焦等，都可以从外观上看出。电阻器内部损坏或阻值变化较大，可通过万用表欧姆挡检测来核对。若电阻内部或引脚有毛病，以致接触不良时，用手轻轻摇动引脚，可以发现松动现象；用万用表欧姆挡检测时，就会发现指针指示不稳定。

（2）电位器的测量

用万用表测电位器时，在调整万用表的电阻挡及倍率挡后，如图 2–17 所示，先测量电位器的 1、3 引出端的电阻，此电阻为电位器的标称阻值。若阻值无穷大，则可判断电位器内部存在断路。然后缓慢转动电位器的旋转轴的同时，分别测 1、2 端或 2、3 端阻值是否连续、均匀的变化。如发现阻值变化断续或跳动现象，则可初步判断电位器存在阻值变化不匀或接触不良的问题。

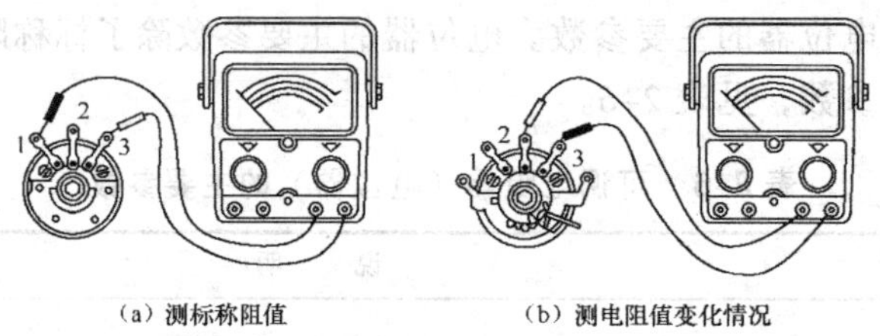

（a）测标称阻值　　（b）测电阻值变化情况

图 2–17　使用万用表测电位器

知识链接 2：电容器识读与检测

电容器是一种储能器件，是组成电子电路的基本元器件之一。它被广泛地用于耦合、滤波、隔直流、调谐电路中，以及与电感组件组成振荡电路。在电力系统中，它可用以改善系统的功率因数，提高电能的利用率；在机械加工工艺中，它可用于电火花加工。

1. 电容器的分类

电容器的分类如图 2–18 所示。常见电容器的简介见表 2–7。

电容器
- 按结构形式分：固定电容器、半可调电容器和可调电容器
- 按介质材料分：空气介质电容器、纸介质电容器、有机固体介质电容器、无机固体介质电容器、电解质电容器等
- 按阳极材料分：铝电解质电容器、钽电解质电容器
- 按阳极性分：有极性电容器、无极性电容器

图 2–18　电容器的分类

表 2-7 常见电容器的简介

名　称	示　意　图	符　号
固定电容器	纸介质电容　云母电容　塑料介质电容　电解电容　涤纶电容	
微调电容器		定片 动片
可调电容器	定片焊片　动片焊片　密封单联；定片焊片　动片焊片　定片焊片　密封双联（2×270pF）；（290/250pF）；（2×365pF）　空气介质双联	
电解质电容器	天和 470μF 160V − +；正极　负极　纸壳　正极　铝壳；正极　塑料壳；正极　钽（铌）电解；天和 − +	+

2. 电容器型号的命名

因电路中使用的电容器一般以固定电容器为主，所以在此只介绍固定电容器的型号命名法。根据国家标准（GB/T 2470－1995），国产电容器的型号由4部分组成，如图2-19所示。电容器的型号命名方法见表2-8。

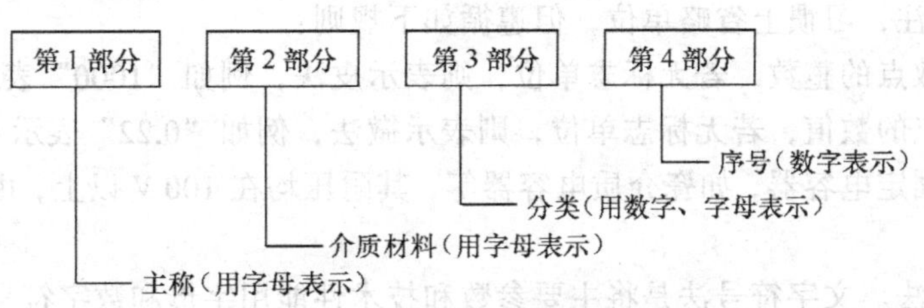

图 2-19 固定电容器的型号命名

表 2-8　电容器型号命名方法

<table>
<tr><th colspan="2">第 1 部 分</th><th colspan="2">第 2 部 分</th><th colspan="6">第 3 部 分</th><th>第 4 部 分</th></tr>
<tr><th colspan="2">主称</th><th colspan="2">材料</th><th colspan="6">特征、分类</th><th rowspan="3">序号</th></tr>
<tr><th rowspan="2">符号</th><th rowspan="2">意义</th><th rowspan="2">符号</th><th rowspan="2">意义</th><th rowspan="2">符号</th><th colspan="5">意义</th></tr>
<tr><th>瓷介</th><th>云母</th><th>玻璃</th><th>电解</th><th>其他</th></tr>
<tr><td rowspan="16">C</td><td rowspan="16">电容器</td><td>C</td><td>瓷介</td><td>1</td><td>圆片</td><td>非密封</td><td>—</td><td>箔式</td><td>非密封</td><td rowspan="16">对主称、材料相同，仅尺寸、性能指标略有不同，但基本不影响相互使用的产品，给予同一序号；若尺寸性能指标的差别明显，影响互换使用时，则在序号后面用大写字母作为区别代号</td></tr>
<tr><td>Y</td><td>云母</td><td>2</td><td>管形</td><td>非密封</td><td>—</td><td>箔式</td><td>非密封</td></tr>
<tr><td>I</td><td>玻璃釉</td><td>3</td><td>叠片</td><td>密封</td><td>—</td><td>烧结粉固体</td><td>密封</td></tr>
<tr><td>O</td><td>玻璃膜</td><td>4</td><td>独石</td><td>密封</td><td>—</td><td>烧结粉固体</td><td>密封</td></tr>
<tr><td>Z</td><td>纸介</td><td>5</td><td>穿心</td><td>—</td><td>—</td><td>—</td><td>穿心</td></tr>
<tr><td>J</td><td>金属化纸介质</td><td>6</td><td>支柱</td><td>—</td><td>—</td><td>—</td><td>—</td></tr>
<tr><td>B</td><td>聚苯乙烯</td><td>7</td><td>—</td><td>—</td><td>—</td><td>无极性</td><td>—</td></tr>
<tr><td>L</td><td>涤纶</td><td>8</td><td>高压</td><td>高压</td><td>—</td><td>—</td><td>高压</td></tr>
<tr><td>Q</td><td>漆膜</td><td>9</td><td>—</td><td>—</td><td>—</td><td>特殊</td><td>特殊</td></tr>
<tr><td>S</td><td>聚碳酸酯</td><td>J</td><td colspan="5">金属膜</td></tr>
<tr><td>H</td><td>复合介质</td><td>W</td><td colspan="5">微调</td></tr>
<tr><td>D</td><td>铝</td><td></td><td colspan="5" rowspan="6"></td></tr>
<tr><td>A</td><td>钽</td><td></td></tr>
<tr><td>N</td><td>铌</td><td></td></tr>
<tr><td>G</td><td>合金</td><td></td></tr>
<tr><td>T</td><td>钛</td><td></td></tr>
<tr><td>E</td><td>其他</td><td></td></tr>
</table>

例：CCW1 型微调瓷介质电容器。

C	C	W	1
主称：电容器	材料：陶瓷	分类：微调	序号

例：CLM 型密封涤纶电容器。

C	L	M
主称：电容器	介质材料：涤纶	分类：密封

3. 电容器的标志

电容器的标称容量和偏差一般标注在电容体上，其标志方法常采用以下几种。

（1）直标法。直标法是指在电容体表面直接标注主要参数和技术性能。有些电容器由于体积小，为了便于标注，习惯上省略单位，但遵循如下规则：

① 凡不带小数点的整数，若无标志单位，则表示皮法，例如“1000”表示 1000 pF。

② 凡带小数点的数值，若无标志单位，则表示微法，例如“0.22”表示 0.22 μF。

③ 许多小型固定电容器，如瓷介质电容器等，其耐压均在 100 V 以上，由于体积小可以不标注。

（2）文字符号法。文字符号法是将主要参数和技术性能用字母和数字符号有规律地标注在电容体上的方法，其字母符号的意义见表 2-9。

表 2-9 电容体上字母符号的意义

单位标志符号	倍率/F	标志符号	允许误差/%
p	10^{-12}	B	±0.1
n	10^{-9}	C	±0.25
μ	10^{-6}	D	±0.5
m	10^{-3}	F	±1

例如：1.5 pF 标志为 1p5；0.33pF 标志为 p33；6 800 pF 标志为 6n8，0.01 μF 标志为 10n；0.47 μF 标志为 470 n；4 700 μF 标志为 4 m7。

（3）色标法。色标法是用颜的带或点在电容器表面标出标称容量和允许误差，其原则与电阻器色标法基本相同，只是其单位为皮法。电容器的色码一般只有三环，前两环表示有效数字，第三环色码表示倍率，标称容量单位为 pF。如图 2-20 所示的色码电容器，色环按顺序排列分别为棕、黑、橙色，则该电容器的标称容量为 10×10^3pF=10 000pF。

图 2-20 陶瓷电容器的色环标志法

有时，小型电解电容器的工作电压也采用色标法，并规定色点标志在电解电容器正极引出端根部，其色标与耐压对照见表 2-10。

表 2-10 电解电容器色标与耐压对照表

颜 色	黑	棕	红	橙	黄	绿	蓝	紫	灰
耐压/V	4	6.3	10	16	25	32	40	50	63

（4）数码法。一般用 3 位数字表示电容器容量的大小，其单位为 pF。其中第 1、2 位为小数字，第 3 位表示倍乘数，即表示有效值后 0 的个数，倍乘数具体表示的意义见表 2-11。常见用数码法标志的电容器如图 2-21 所示。

表 2-11 倍乘数的意义

标 示 数 字	倍 乘 数
0、1、2、3、4、5、6、7、8、9	10^0、10^1、10^2、10^3、10^4、10^5、10^6、10^7、10^8、10^{-1}

10×10^4=100 000pF=0.1 μF

47×10^2=4 700pF=0.0047 μF

图 2-21 数码法标志的电容器

4. 电容器的主要参数

电容器的参数有标称容量、允许误差、额定工作电压、温度系数、绝缘电阻、损耗等，应用时一般考虑其标称容量、允许误差和额定工作电压。

（1）标称容量。标称容量指标在电容器外壳上的电容量数值。标称容量越大，电容器储存电荷的本领就越强。

（2）允许误差。允许误差指电容器的标称容量与实际容量之间存在的允许差额。电容器的允许误差用百分数表示，或用误差等级表示。对应关系为：±1%——00 级；±2%——0 级；±5%——Ⅰ级；±10%——Ⅱ级；±20%——Ⅲ级。由于电解电容器的允许误差较大，一般的误差范围为 20%～100%，所以上述允许误差不包括电解电容器。

（3）额定工作电压。额定工作电压指在电路中能够长期可靠地工作而不被击穿所能承受的最大直流电压（也称耐压）。电容器常用的额定电压有：1.6 V，6.3 V，10 V，16 V，25 V，63 V，100 V，160 V，250 V，400 V，1 000 V，1 600 V，2 000 V 等。

（4）绝缘电阻。 绝缘电阻是指电容器两极之间的电阻，也称漏电电阻。绝缘电阻的大小取决于电容器介质性能的好坏。如果绝缘电阻越小而漏电流却越多，这样会影响电路的正常工作。所以使用电容器时应选绝缘电阻大的为宜。

5. 电容器的检测

电容器的常见故障主要表现为失效、短路、断路、漏电等。通常可以用万用表电阻挡测量电容器两电极之间的漏电电阻，根据测量值对电容器质量进行判断。

（1）漏电电阻的检测。可用万用表的电阻挡 $R\times1\text{k}$ 或 $R\times10\text{k}$ 挡（视电容器的容量而定）测量。将两表笔分别接触电容器的两引线，如图 2-22 所示，表针会迅速地顺时针方向偏转，然后再按逆时针方向逐渐退回“∞”附近。这时表针所指的是该电容的漏电阻值。一般来说，电容器的漏电电阻很大（几百兆欧到几千兆欧）。漏电电阻越大，则电容器的绝缘性能越好。若漏电电阻较小（几兆欧姆甚至更小），表明电容器漏电严重，不能使用。

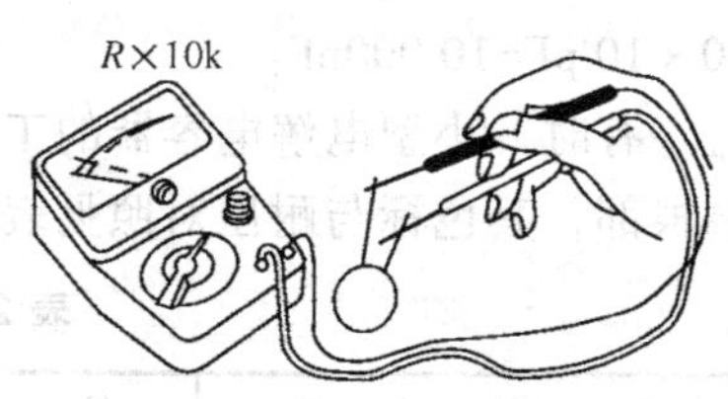

图 2-22　万用表检测电容器

（2）断路及短路检测。根据电容器容量的大小，选择合适的万用表量程，用万用表的两表笔分别接触电容器的两引线，如表针不动，将表笔对调后再测量，表针仍不动，表明电容器断路。若表针指示阻值很小或为零，而表针不再退回，则表明电容器已击穿短路。

（3）电解电容器极性的判别。一般可通过外观判别：未使用过的电解电容器以引线的长短来区分电容器的正、负极，长引线为正极，短引线为负极；通过电容器外壳标注来判别（有些电容器外壳标注负号对应的引线为负极），也可利用电解电容器正向的漏电电阻大于反向的漏电电阻的特性，通过测量电容器的漏电电阻来判别电解电容器的极性。

知识链接 3：电感器识读与检测

电感器是用绝缘导线绕成一匝或多匝线圈以产生一定自感量的电子元件，常称为电感线圈（简称线圈）。在电路中有阻止交流电流通过，即让直流电流顺利地通过的功能。电感线圈在电路中用字母 L 表示，是家用电器设备中重要的组成元件之一。

1. 电感器的分类

电感器的分类，如图 2-23 所示。常见电感器的简介见表 2-12。

电感器：
- 按外形分：固定电感器、可调电感器、微调电感器等
- 按结构特点分：单层线圈、多层线圈、蜂房线圈等
- 按性质分：空心线圈、磁心线圈、扼流圈等

图 2-23　电感器的分类

表 2-12　常见电感器的简介

名　称	示意图及符号	说　明
固定电感器	L	体积小、质量轻、结构牢固、安装方便。广泛应用于电视机等家用电器中
扼流线圈	L 磁心 高频扼流圈　L 磁心 低频扼流圈	分高频扼流线圈和低频扼流线圈。高频扼流线圈在高频电路中阻止高频信号通过，而让低频信号畅通无阻；低频扼流线圈用于滤除整流后的残余交流成分，从而让直流成分顺利通过
可调电感器	L　123 45 67　L 1 23 4 5 6	在线圈中加装磁心，并通过调节其在线圈中的位置来改变电感量。体积小，损耗小，分部电容小，电感量可在所需范围内调节。例如，收音机中的磁棒天线就是可变电感器
微调电感器	L　L	在线圈中间装有可调节的磁心（或磁帽）。通过调节磁心或磁帽在线圈中的位置，微量改变电感量。电感量改变微小，以满足生产、调试的需要
空心线圈电感器	L	由于没有铁心，故电感量往往很小，一般只用在高频电路中

2．电感器的型号命名

电感器型号命名由 4 部分组成，如图 2-24 所示。

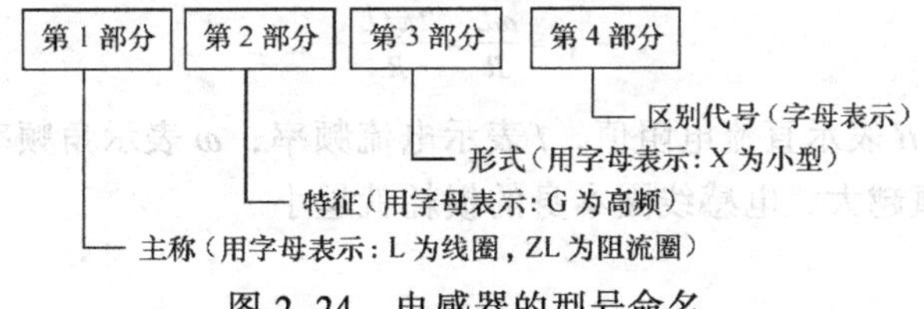

图 2-24　电感器的型号命名

3．电感器的标志

为了表明各种电感器的不同参数，便于在生产、维修时识别、应用，常在小型固定电感器的外壳上涂上标志，其标志方法有直标法和色标法两种。

（1）直标法

直标法是指在小型固定电感器的外壳上直接用文字标注出电感器的主要参数，如电感量、误差值、最大直流工作电流等。电感器直标法的识读如图 2-25 所示。其中，最大工作电流常用字母 A、B、C、D、E 等标注，电流与字母的对应关系见表 2-13。

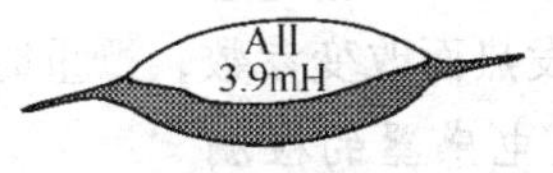

图 2-25　小型固定电感器直标法的识读

表 2-13　小型固定电感器的工作电流与字母的对应关系

字　　母	A	B	C	D	E
最大工作电流/mA	50	150	300	700	1 600

例如，电感器外壳上标有 3.9mH、A、Ⅱ等字样，则表示其电感量为 3.9mH，误差为Ⅱ级（±10%），最大工作电流为 A 挡（50mA）。

（2）色标法

色标法是指在电感器的外壳涂上各种不同颜色的环，用来标注其主要参数。如图 2-26 所示，第 1 条色环表示电感量的第 1 位有效数字；第 2 条色环表示第 2 位有效数字；第 3 条色环表示倍率（即 10^n）；第 4 条色环表示误差。数字与颜色的对应关系和色环电阻标志法相同，可参见表 2-4，其单位为微亨（μH）。

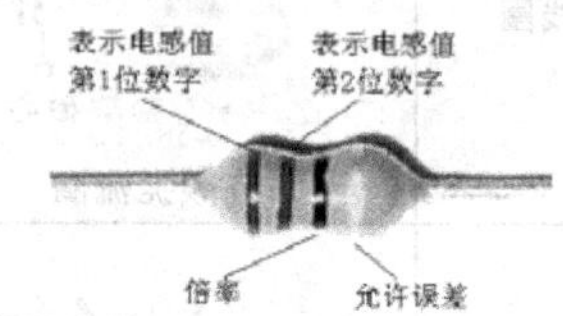

图 2-26　小型固定电感器色标法的识读

例如，某一电感器的色环标志依次为红、红、黑、银，则表示其电感量为 22×10^0μH，允许误差为 ±10%。

4. 电感器的主要参数

电感器的主要参数有电感量、品质因数、稳定性和额定电流等。

（1）电感量

电感量是指电感器通过变化电流时产生感应电动势的能力，单位亨利，简称亨，用 H 表示；电感量的常用单位还有毫亨（mH）和微亨（μH），它们的换算关系为

$$1\ \text{H}=10^3\ \text{mH}=10^6\ \mu\text{H}$$

电感量的大小与线圈的圈数，线圈的直径，线圈内部是否有铁心，线圈的绕制方式等都有直接的关系。圈数越多，电感量越大，线圈内有铁心、磁心的，比无铁心和无磁心的电感量大。

（2）品质因数

品质因数是指电感器在某一频率的交流电压下工作时，电感器的感抗和本身直流电阻的比值，用公式表示为

$$Q=\frac{\omega L}{R}=\frac{2\pi fL}{R}$$

式中，L 表示电感量；R 表示直流电阻值，f 表示电流频率；ω 表示角频率。通常，品质因数 Q 值越大越好，因为 Q 值越大，电感线圈本身的损耗就越小。

（3）稳定性

稳定性是指电感器参数随环境条件变化而变化的程度。在工作时，电感器的电感量和品质因数会随工作环境温度、湿度的改变而改变。在要求高的电路中，电感器的稳定性要求较高

（4）额定电流

额定电流是指电感器正常工作时，允许通过的最大电流。若工作电流大于额定电流，电感器会因发热而改变参数，严重时会烧毁

5. 电感器的检测

检测电感器之前，可先对电感器的外观、结构进行仔细的检查，查看电感器外形是否完好无损；磁性材料有无缺损、裂缝；金属屏蔽罩是否有腐蚀氧化现象；线圈绕组是否清洁干燥；导线绝缘漆有无刻痕划伤；接线有无断裂；铁心有无氧化等。对于可调节磁心的电感器，可用

螺柱轻轻转动磁帽，旋转应既轻松又不打滑。但应注意转动后要将磁帽调回原处，以免电感量发生变化。通过外观检查后，再用万用表和专用仪器作进一步检测。

选用万用表的适当欧姆挡来检测线圈的直流电阻。测量阻值应较小，若测量阻值为无穷大，表明电感器断路；若测量阻值为零，则表明电感器线圈完全短路。也可加 10 V 交流辅助电源，用万用表检测出电感器的电感量，具体电路如图 2-27 所示。将 10 V 交流辅助电源和被测电感器串联后，接入万用表“交流 10 V”挡上，在表的刻度盘上便可直接读出电感量的数值，并将此值与电感器的标称值作比较，判断电感器是否正常。

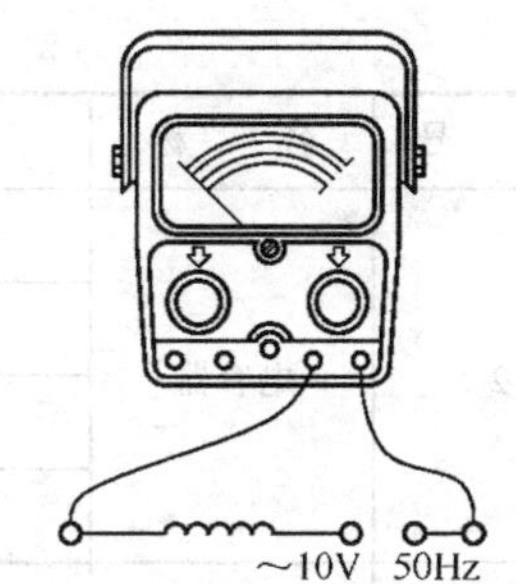

图 2-27　用万用表测电感器的电气参数

操作分析

◎认一认：外观结构

准备 5～10 件常用电子元器件，编上号，做好标记，把认识的结果记入表 2-14 中。

表 2-14　认识常用电子元器件记录表

编　　号	1	2	3	4	5	6	7	8	9	10
器件名称										

◎ 测一测：测量电阻阻值

根据教师给出的 10 个色环电阻，识读其电阻值并使用万用表合适的挡位进行测量，将结果填入表 2-15 中。

表 2-15　色环电阻的识别

色　　环	指示电阻值	测量电阻值	色　　环	指示电阻值	测量电阻值

◎比一比：器件价格

到商店或上网查询表 2-16 中电子元器件的价格。

表 2-16　常用电子元器件的价格

序　　号	名　　称	型 号 规 格	单位/只	价格/元	生 产 厂 家
1	电阻器				

续表

序　　号	名　　称	型 号 规 格	单位/只	价格/元	生 产 厂 家
2	电容器				
3	电感器				

◎谈一谈：器件用途

谈一谈上述电子元器件的用途。

任务总结

把学习常用电子器件的收获与体会写在表 2-17 中，并完成评价。

表 2-17　常用电子器件识别任务总结表

课　　题	常用电子器件识别						
班级		姓名		学号		日期	
收获与体会							
实训评价	评定人	评　　语			等级	签名	
	自　评						
	互　评						
	师　评						
	综　合 评　定						

知识拓展

知识拓展 1：片状电阻器、电容器、电感器的识读

为了满足电子整机的小型化、轻量化及组装自动化的要求，表面安装技术（SMT）发展十分迅速，进而推动了贴片式元件的快速发展。贴片式元器件又称表面组装元器件（SMC 或 SMD），是一种无引线或引线很短的片式微小型电子元器件。目前，贴片式元器件已在计算机、移动通信

设备、医疗电子产品等高科技产品和数码相机等家用电器中广泛应用。贴片式元器件表面组装的特点见表 2–18。

表 2–18　贴片式元器件表面组装的特点

特　点	说　明
提高安装密度	由于贴片式元器件本身尺寸小、质量小，有利于电子产品的小型化、薄型化和轻型化。以收音机为例，采用 SMC、SMD 的薄型收音机的厚度仅为 5mm，与采用传统元器件的收音机相比，质量为后者的 1/2，体积仅为后者的 1/8
有助于提高产品性能和可靠性	由于表面组装元器件没有引线或引线很短，降低了寄生电容和电感，高频特性好，可以获得更好的频率特性和增强抗电磁干扰和射频干扰的能力。SMC、SMD 组成的电路是面结合的，因而很结实，耐振动、耐冲击，使产品的可靠性大大提高
生产高度自动化	自动化表面组装设备采用计算机控制的自动组装机可自动给进，自动对元器件分选定位，大大缩短了装配时间，而且装配精确、产品合格率高，可节省劳动成本，节约材料费用和能源消耗

常见的贴片式元器件有贴片式电阻器、贴片式电容器、贴片式电感器、贴片式二极管、贴片式三极管等。常见的贴片式元器件见表 2–19。

表 2–19　常见贴片式元器件

种　类	外　形	说　明
贴片式电阻器	102 贴片式圆柱形电阻器　矩形贴片式电阻器	电阻值一般直接标注在电阻器上。主要参数有尺寸代码、额定功率、最大工作电压、额定工作温度、标称电阻值、允许误差、温度系数及包装形式
贴片式电容器	107 10V　106 10 – +	又称片状电容器，其容量一般由两部分组成，第一部分是英文字母或者数字表示，电容器标称容量有效数字，第二部分是数字，代表 10 的指数，单位为 pF
贴片式电感器	外部塑料模压（有屏蔽）　方形陶瓷或铁氧体骨架　工字形铁氧体骨架	贴片式电感器有小功率电感器和大功率电感器之分。其标注采用直接标注法，代码 N 表示单位为 mH，代码 R 表示单位为 μH

除了上述几类贴片式元器件外，还有贴片式滤波器、贴片式中频变压器、贴片式继电器、贴片式开关、贴片式连接器及集成电路插座等。

知识拓展 2：阻性传感器元件的识读

阻性传感器能够实现电、热、光等物理量之间的相互转换，并且易于实现集成化、多功能化，更适合于计算机的需求，所以被广泛应用于自动化检测系统中。由于实际的被测量大多数是非电量，因此传感器的主要工作就是将非电信号转换成电信号。常见的阻性传感元件见表 2–20。

表 2–20 常见阻性传感器元件

名　　称	外　　形	说　　明
热敏电阻器	片状阻体；玻璃绝缘子；杆状阻体；引线；金属壳；引线；R；t；电路中符号	热敏电阻器有正、负温度系数型之分（使用时应注意这一点）。正温度型电阻器（用字母 PTC 表示）随着温度升高，阻值增大；负温度型电阻器（用字母 NTC 表示）随着温度升高，阻值反而下降。根据这一特性，热敏电阻器在控制电路中将温度变化转变为电阻值的大小来控制电流的大小和通断。常用于测温、控温、保护电路
光敏电阻器	R；电路中符号	光敏电阻器的阻值受外界光线强弱的影响，会发生变化。根据这一特点，它常被用于电视接收机的自动亮度控制电路和光电自动控制器、照度计、电子照相机、光报警器等电路中
压敏电阻器	R；U；电路中符号	压敏电阻器是一种对电压变化敏感的非线性电阻器，常用作过压保护，同时在消噪电路、消火花电路、吸收回路中也广泛应用

知识拓展 3：变压器的识读

变压器是变换电压、电流和阻抗的器件。主要用于交流电压变换、电流变换、功率传递、阻抗变换和缓冲隔离等方面，是电子整机中不可缺少的重要元件之一。

1. 变压器分类

变压器按使用的工作频率可分为高频变压器、中频变压器、低频变压器和脉冲变压器等。

变压器按其磁芯可分为铁心变压器、磁心（铁氧体心）变压器和空心变压器等。常见变压器的外形及电路符号如图 2–28 所示。

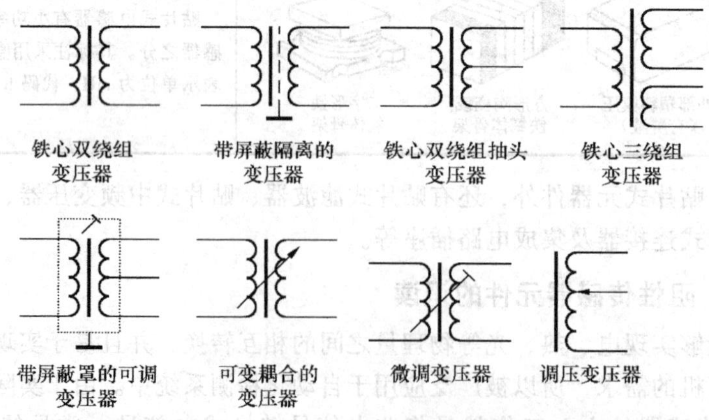

图 2–28 常见变压器的电路符号

2. 变压器的主要参数

变压器的主要参数有额定功率、变压比、效率、温升等，详见表 2-21。

表 2-21　变压器的主要参数

主要参数	说　明
额定功率	指在规定的频率和电压下，变压器能长期工作而不超过规定温升的输出功率，单位用瓦（W）或伏安（V·A）表示
变压比	指变压器次级电压与初级电压的比值或次级绕组匝数与初级绕组匝数的比值
效率	变压器的输出功率与输入功率的比值
温升	主要是指线圈的温度，即当变压器通电工作后，温度上升到稳定值时，周围环境温度升高的数值

3. 变压器的检测

变压器的故障主要有开路和断路两种。一般使用万用表欧姆挡测变压器线圈绕组的电阻即可进行判断。如果变压器局部短路时（对直流电阻影响并不大），很难用万用表进行检测，一般需要用专用仪器进行检测。电源变压器内部短路可通过空载通电进行检查，方法是切断电源变压器的负载，接通电源，如果通电 15～30 min 后温升正常，说明变压器正常；如果空载温升较高（超过正常温升），说明内部存在局部短路现象。

任务 2　二极管与三极管的选用

情景模拟

一天晚上吃完晚饭，小叶正在弹电子琴，悠扬的琴声让小叶的全家为止陶醉。忽然琴声停了下来，琴边上的“小黑盒子”（直流稳压电源）冒起了青烟。第二天小叶将“小黑盒子”送到了电气修理铺，修理铺的王大伯打开了“小黑盒子”拿出万用表测量了一阵。“喏，是这个三极管击穿了，换一个就好了。”王大伯说。

同学们，你知道什么是三极管吗？它的三只脚怎么区分？让我们一起来学习吧！

基础知识

知识链接 1：二极管的识读与检测

1. 二极管的分类

二极管的分类如图 2-29 所示。

晶体二极管
- 按材料分：锗二极管、硅二极管、砷化镓二极管等
- 按结构分：点接触型二极管、面接触型二极管等
- 按用途分：整流二极管、检波二极管、稳压二极管、开关二极管、变容二极管、发光二极管等

图 2-29　二极管的分类

2. 二极管的型号命名

国家对二极管的命名有统一规定，一般由 4 部分组成，各部分的表示符号和含义见表 2-22。

表 2-22　二极管的命名

第 1 部分（数字）		第 2 部分（字母）		第 3 部分（字母）		第 4 部分（数字、字母）
电极数目		材料和特性		二极管类型		同类管子的序号
符号	含义	符号	含义	符号	含义	
2	二极管	A	N 型锗	P	普通管	表示同类型管中某些性能参数上有差别
		B	P 型锗	Z	整流管	
		C	N 型硅	L	整流管	
		D	P 型硅	W	稳压管	

例：2CZ—N 型硅整流管

第 1 部分	第 2 部分	第 3 部分	第 4 部分
电极数 2：二极管	材料和特性 C：N 型硅	管子类型 Z：整流管	序号：N

例：2CW1—N 型硅稳压管

第 1 部分	第 2 部分	第 3 部分	第 4 部分
电极数 2：二极管	材料和特性 C：N 型硅	管子类型：稳压	序号：N

3. 二极管的主要参数

不同用途的二极管，具有其各自的特殊参数。常用的两种二极管的参数见表 2-23。

表 2-23　二极管的主要参数

种　类	主要参数	说　明
普通二极管	最大整流电流 I_{FM}	最大整流电流 I_{FM} 是二极管在正常连续工作时，能通过的最大正向电流值。使用时，电路最大的电流不能超过此值，否则会使二极管 PN 结温度超过额定值（锗管为 80℃，硅管为 150℃）而烧毁
	最高反向工作电压 U_{RM}	二极管正常工作时所能承受的最高反向电压值，即为最高反向工作电压。它是击穿电压值的 1/2。一般使用时，外加反向电压不得超过此值，否则，PN 结中的反向电流将会剧增，而使二极管烧毁
	最大反向电流 I_{RM}	最大反向电流是指在最高反向工作电压下所允许流过的反向电流。这个电流的大小，反映了二极管单向导电性能的好坏。最大反向电流越小，表明二极管的质量越好
	最高工作频率 f_M	最高工作频率是指二极管正常工作下的最高频率。如果通过二极管电流的频率大于此值，二极管将不能起到它应有的作用
稳压二极管	稳定电压 U_Z	稳定电压是指稳压管在正常工作条件下，管子两端的电压
	稳定电流 I_Z 和最大稳定电流 I_{Zmax}	稳压管工作在稳定电压 U_Z 时的工作电流称稳定电流 I_Z。管子稳定工作时，不得超过的电流称最大稳定电流 I_{Zmax}。例如：2CW20 的 I_Z 为 5mA，I_{Zmax} 小于 14mA
	电压温度系数 a_v	电压温度系数是指稳压管受温度变化影响的系数。稳压值高于 6V 的稳压管具有正温度系数，及稳压值随温度升高略有上升；稳压值低于 6V 的稳压管具有负温度特性，即稳压值随温度上升略有下降；而稳压值为 6V 左右的稳压管的温度系数基本为零

注：以上参数均可从半导体器材手册或产品说明书上查找。

4. 二极管的检测

二极管具有正向导通、反向截止的单向导电特性，因此，可用万用表测量二极管的正、反向电阻，就能方便地判断二极管的极性和性能。

（1）二极管的极性判断。二极管的极性一般可通过二极管管壳上的标志来识别，如图2–30所示。若管壳无标志或标志不清，就需要用万用表进行检测，其电路如图 2–31 所示。首先，选择万用表欧姆 $R\times100$ 或 $R\times1k$ 挡（一般不用 $R\times1$ 挡，因为电流太大，而 $R\times10k$ 挡电压太高，管子会有损坏的危险）将两表笔分别接二极管的2个电极，接着交换电极再测1次，从而得到2个电阻值。根据二极管反向电阻值（几十千欧至几百千欧）远大于正向电阻值（几百到几千欧）的特性，以测量阻值小的一次为准，黑表笔接的是二极管的正极，红表笔接的是二极管的负极（以上测量使用万用表为模拟式万用表，如使用数字式万用表，则红表笔接的是二极管的正极，黑表笔接的是二极管的负极）。

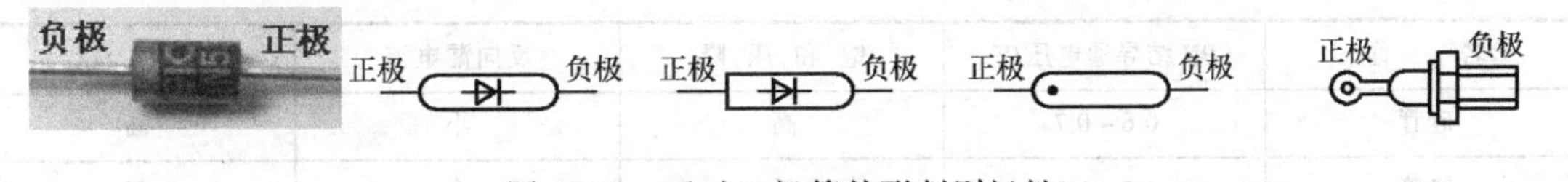

图2–30 通过二极管外形判别极性

若2次测得的正、反向电阻值均很小或接近于零，说明管子内部已被击穿；如果正、反向电阻值均很大或接近于无穷大，说明管子内部已断路；如果正、反向电阻值相差不大，说明其性能变坏或已失效。而性能好的二极管，一般反向电阻值比正向电阻值大几百倍以上。所以，出现以上3种情况的二极管都不能使用。

（2）硅二极管和锗二极管的区分。首先，可从管壳上的表示型号的标志加以判别，见表2–22。若管壳没有标志或标志不清，可利用硅管和锗管正反向电阻值不一样的特点用万用表来判别。正向电阻：硅管为几千欧，锗管为几百欧；反向电阻：硅管接近无穷大，锗管为几百千欧。

（3）稳压管和普通二极管的区分。首先也可根据管壳上的表示型号的标志加以判别，见表2–22。若碰到管壳标志不清的情况，则使用万用表进行测量。稳压管和二极管的工作状态存在明显的区别，二极管工作在正向导通状态，而稳压管工作在反向击穿状态，其反向伏–安特性曲线非常陡，动态电阻（$R_z=\dfrac{\Delta U_z}{\Delta I_z}$）很小。据此，可用万用表电阻挡来加以区分。方法如下：先选择欧姆 $R\times10k$ 挡，用黑表笔接在区分管的负极，红表笔接其正极，用表内叠层电池向管子提供反向电压。此时，注意观察表针，若基本不动，停在“∞”处或有极小偏转的是普通二极管；若表针有一定的偏转，则为稳压管，如图 2–32 所示（测量时，使用的万用表为模拟式万用表）。此方法适用于反向击穿电压比 $R\times10k$ 挡的表内叠层电池电压低的稳压管。

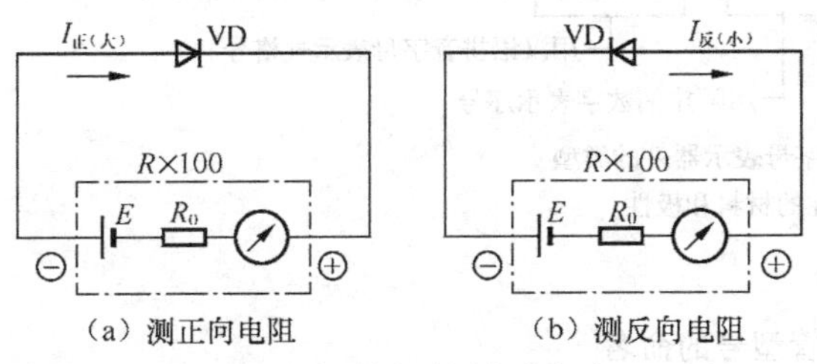

（a）测正向电阻 （b）测反向电阻

图2–31 二极管极性判别电路

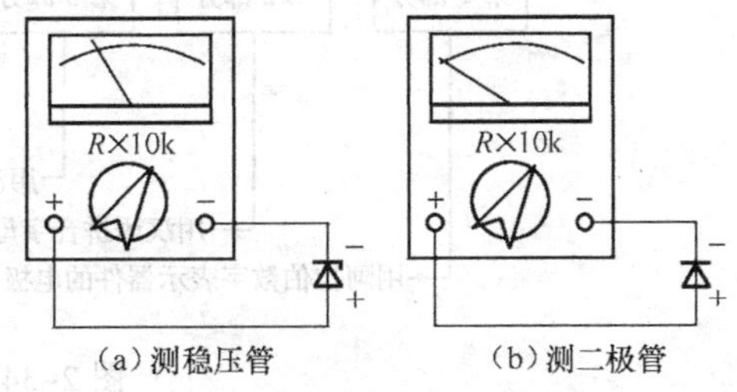

（a）测稳压管 （b）测二极管

图2–32 用万用表区分稳压管和普通二极管

（4）发光二极管的检测。用万用表 $R\times10k$ 挡可测其正、反向电阻。一般，其正向电阻应小于 30kΩ，反向电阻应大于 1MΩ。若正、反向电阻均为无穷大，则表明其内部开路；若正、反向电阻均为零，则表明其内部击穿短路。

知识链接 2：三极管的识读与检测

1. 三极管的分类

三极管是具有放大作用和开关作用的电子器件。其种类很多，按结构分有点接触型和面接触型；按工作频率分有高频三极管（$f_\alpha\geqslant3$MHz）和低频三极管（$f_\alpha<3$MHz）；从封装形式分有金属封装和塑料封装等形式；按功率不同分有小功率三极管（$P_{CM}\leqslant500$mW）、中功率三极管（$P_{CM}=500$mW ~ 3W）、大功率三极管（$P_{CM}\geqslant3$W）；按半导体材料不同分有锗管和硅管，锗管和硅管电气特性的区别，见表 2-24。

表 2-24　硅管和锗管电气特性的区别

名　　称	PN 结导通电压/V	饱 和 压 降	反向漏电流	耐　　压
硅管	0.6 ~ 0.7	高	小	高
锗管	0.2 ~ 0.3	低	大	低

三极管内部有两个 PN 结，3 个电极（发射极、基极、集电极）。按 PN 结的结构不同，有 PNP 和 NPN 两种类型。它们的内部结构和电路中的符号如图 2-33 所示。

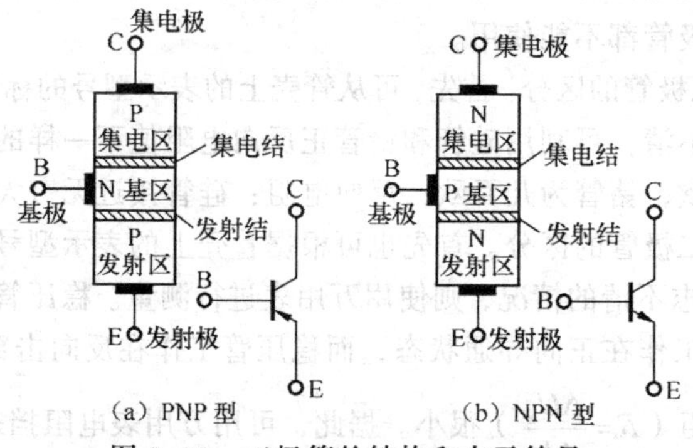

图 2-33　三极管的结构和表示符号

2. 三极管的型号命名

三极管的型号命名通常由 5 部分组成，如图 2-34 所示，各部分符号的意义，见表 2-25。

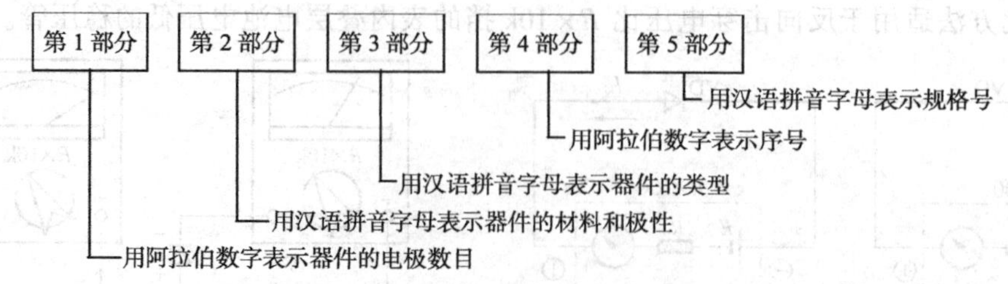

图 2-34　三极管型号的命名

表 2-25　三极管型号命名中各部分的符号及意义

第 1 部 分		第 2 部 分		第 3 部 分		第 4 部 分	第 5 部 分
用阿拉伯数字表示器件的电极数目		用汉语拼音字母表示器件的材料和极性		用汉语拼音字母表示器件的类型		用阿拉伯数字表示序号	用汉语拼音字母表示规格号
符号	意义	符号	意义	符号	意义	意义	意义
3	三极管	A B C D	PNP 型锗材料 NPN 型锗材料 PNP 型硅材料 NPN 型硅材料	S U L X G D A T	隧道管 光电管 开关管 低频小功率管 截止频率 $f_\alpha<3$MHz 耗散功率 $P_{CM}<1$W 高频小功率管 截止频率 $f_\alpha\geq3$Hz 耗散功率 $P_{CM}<1$W 低频大功率管 截止频率 $f_\alpha<3$MHz 耗散功率 $P_{CM}\geq1$W 高频大功率管 截止频率 $f_\alpha\geq3$MHz 耗散功率 $P_{CM}\geq1$W 可控整流器	如第 1、2、3 部分相同，仅第 4 部分不同，则是在某些性能参数上有差别	参数等级

例如：3DK104——NPN 型硅材料开关三极管

3AX31B——PNP 型锗低频小功率三极管；

3AD6A——PNP 型锗低频大功率三极管；

3DG6B——NPN 型硅高频小功率三极管。

3. 三极管的主要参数

三极管的参数很多，一般可分为直流参数、交流参数和极限参数 3 大类，见表 2-26。

表 2-26　晶体三极管的主要参数

种　类	主 要 参 数	说　明
直流参数	直流（静态）放大倍数 $h_{FE}(\overline{\beta})$	直流（静态）放大倍数 h_{FE}（$\overline{\beta}$）是指无交流信号输出时，共发射极电路输出的集电极直流电流 I_C 与基极输入的直流电流 I_B 的比值，即 $h_{FE}=\frac{I_C}{I_B}$。它是衡量三极管有无放大作用的主要参数。正常三极管的 h_{FE} 应有几十倍到几百倍
	集电极反向截止电流 I_{CBO}	集电极反向截止电流 I_{CBO} 是指在发射极开路（$I_E=0$），集电极与基极间加上规定的反向电压时的漏电电流。I_{CBO} 值是集电结的质量的表征，良好三极管的 I_{CBO} 值应该很小。在室温下，小功率锗管的 I_{CBO} 值约为 10μA，小功率硅管的 I_{CBO} 约为 1μA
	集电极-发射极反向电流 I_{CEO}	集电极-发射极反向电流 I_{CEO}，也称穿透电流，是指基极开路时，集电极与发射极之间加上规定的反向电压时，集电极的漏电电流。它是衡量三极管稳定性能的主要指标。如果此值太大，说明此三级管不宜使用。当温度升高时，三极管的 I_{CEO} 和 I_{CBO} 均会受到影响，锗管的影响尤为突出。 一般，三级管的 I_{CBO} 大约是 I_{CBO} 的 $\overline{\beta}$ 倍，其相互的关系是：$I_{CEO}=(1+\overline{\beta})I_{CBO}$。$I_{CEO}$ 和 I_{CBO} 的数值越小，说明三级管的热稳定性越好

续表

种　类	主要参数	说　明
交流参数	交流（动态）放大倍数 β（h_{fe}）	交流（动态）放大倍数 β（h_{fe}）是指在有信号输入的情况下，共发射极电路集电极电流的变化量 ΔI_C 与基极电流变化量 ΔI_B 的比值，即：$\beta=\Delta I_C/\Delta I_B$。 当三极管工作在小信号放大状态时，$h_{fe}\approx h_{FE}$（即 $\beta\approx\overline{\beta}$）。由于工艺和材料等原因，即使同种型号的三极管，$\beta$ 值也有很大的差异，一般在 10～200。β 值太小，表明管子电流放大能力差；值太大，表明三极管的性能不稳定
	特性频率 f_T	共发射极交流放大倍数 β 随着工作信号频率的升高而下降。频率越高，β 值下降越严重。三极管的特征频率 f_T 是当 β 值下降到 1 时的频率值。也就是说，三极管在这个频率下工作时，已完全失去了交流放大能力。所以，f_T 的大小反映了晶体管频率特性的好坏。在选用三极管时，一般管子的特征频率要比电路的工作频率高 3 倍以上。但是并非越高越好，否则，将会引起电路的自激振荡
	极限参数	集电极最大允许电流 I_{CM} 是指当三极管的 β 值下降到最大值的一半时，管子的集电极电流就称为集电极最大允许电流。当管子的集电极电流 I_C 超过一定值时，将引起晶体管某些参数的变化，最明显的是 β 值的下降。因此实际使用时 I_C 要小于 I_{CM}。在实际应用中，当 $I_C>I_{CM}$ 时，虽不至于损坏管子，但电流放大倍数 β 已明显下降，三极管不起放大作用。 集电极最大允许耗散功率 P_{CM}。当三极管工作时，集电极电流通过集电结要消耗一定的功率，导致集电结发热。严重时三极管的参数会发生变化，直至烧毁。为此规定三极管集电极温度升高到不至于将集电结烧毁所消耗的功率，称集电极最大耗散功率。在使用时为提高 P_{CM}，可给大功率管加上散热片。 集电极-发射极反向击穿电压 BV_{CEO}。当基极开路时，集电极与发射极间允许加的最高电压为 BV_{CEO}。一般而言，加到集电极和发射极之间的电压一定要小于 BV_{CEO}，否则，会造成反向击穿，导致三极管永久损坏

4. 三极管的检测

（1）三极管的管型判别。三极管的型号标志一般都直接标注在管帽上。根据三极管的命名方法即可判别管型。若管帽标注不清，用万用表进行简易测试，便可区别 PNP 或 NPN 型。

利用 PN 结反向电阻远大于正向电阻的特性，可利用万用表来进行三极管管型检测。检测方法如下：先选择万用表欧姆 $R\times1k$ 挡，测任意两引脚电阻值，若无则更换某一引脚或交换表笔，直至有测量阻值为止。此时，黑表笔对应的是 PN 结的 P 端，而红表笔对应的是 PN 结的 N 端（检测时，使用的万用表为模拟式万用表）。然后，再通过以上测量方法判断出，第三脚的极性（是 P 端还是 N 端），而不同极性的引脚为三极管的基极。

（2）三极管的引脚判别。三极管的型号标志一般都直接标注在管帽上。可以通过查阅晶体管手册来查找该管的引脚排序和有关参数。当遇到标记不清时，可用万用表粗略的区分 3 个引脚。通过（1）判别管型的方法，已经找到了基极，下面用万用表进一步判别集电极和发射极。

将万用表拨到 $R\times1k$ 挡，用两表笔接发射极和集电极，表针应指向无穷大处。此时，对于 PNP 型管，用手指同时捏住基极与红表笔搭接的引脚，如果表针向右方向偏转，就表明红表笔接的是集电极，黑表笔接的是发射极。假如表针基本保持原状和偏转很小，可将黑、红表笔对调进行重新测试。倘若以上 2 次测试指针均不动，则表示三极管已失去放大作用。

对于 NPN 型管而言，用上述方法测试时，手指应同时捏住基极与黑表笔搭接的一引脚，如果表针向右偏转，就表明黑表笔接的是集电极，红表笔接的是发射极。具体的测试方法如图 2-35 所示。

图 2-35（b）所示为以上判断引脚方法的等效电路。由于用潮湿手指间的电阻代替基极偏置电阻 R_B，并给被测管发射极加上反向电压，给集电极加上正向电压，三极管便进入放大状态，产生的集电极电流 I_C 会使表针向右偏转；否则，管子无法正常工作，表针基本保持不动。

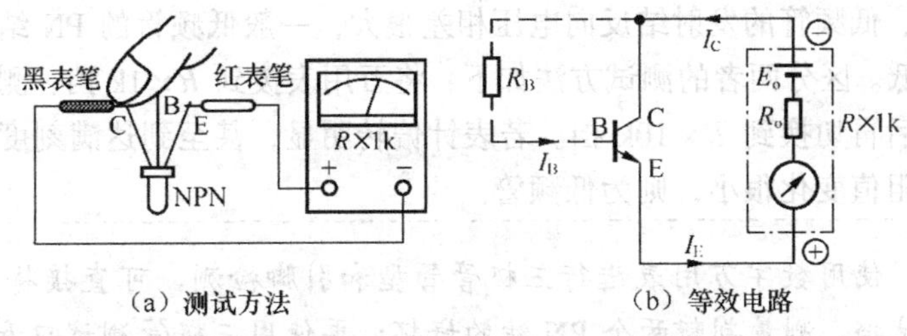

图 2-35　判断 NPN 型三极管的集电极、发射极

常见的晶体三极管管型与引脚如图 2-36 所示。

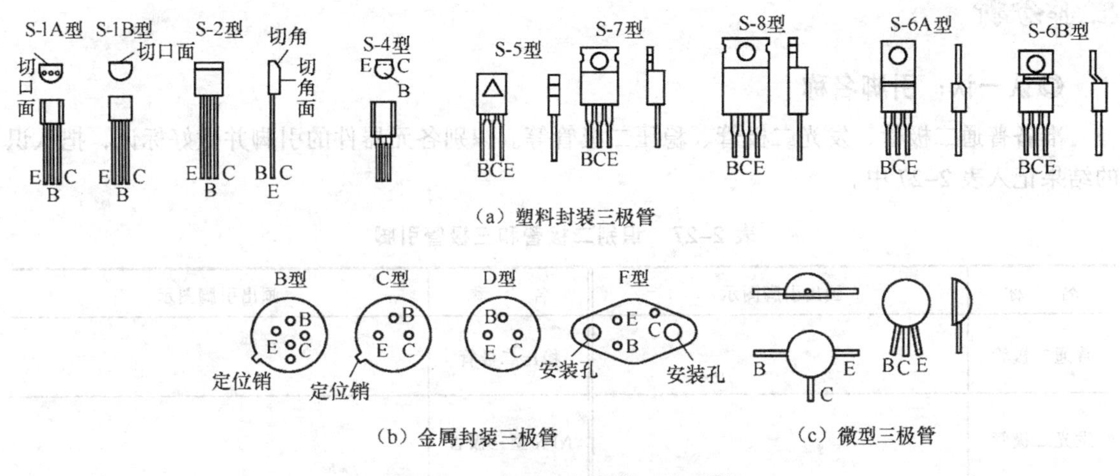

图 2-36　常见三极管管型与引脚

（3）硅三极管和锗三极管的判别。可以通过查看三极管管帽上的标志，根据三极管的命名方法即可判别硅、锗管。当遇到标记不清时，可用万用表粗略地区分硅、锗管。判断三极管是硅管还是锗管，仍可利用硅管的 PN 结与锗管的 PN 结的正、反向电阻的差异。用万用表测量发射极-基极、集电极-基极之间的正向电阻。硅管的正向电阻要大于锗管，一般硅管的正向电阻值为几十千欧，锗管的为几百至几千欧；两者的反向电阻也是硅管大于锗管，硅管的反向电阻一般有几百千欧（测量时，表针几乎不动），锗管的则在 100 kΩ左右。

（4）估测三极管穿透电流 I_{CEO}。选择万用表 $R\times1k$ 挡，对于 PNP 型三极管，红表笔接集电极，黑表笔接发射极，基极悬空。若测得的电阻在几十千欧以上，表明管子的 I_{CEO} 较小，性能较好。如果测得的电阻值较小或表针来回摆动，则说明管子的 I_{CEO} 大且管子性能不稳定。如果在测量时用手捏住管壳后，表针缓慢向低阻值方向移动，说明管子的热稳定性差，不宜使用。对 NPN 型三极管进行测量时，应将表笔对换，而且测得的电阻值应在几百千欧以上。如果测得的阻值接近于零，表明三极管已击穿；如果阻值为无穷大，表明三极管内部已开路。但要注意的是，有些小功率硅管的 I_{CEO} 很小，测量时其阻值很大，不要误以为内部开路；有些大功率管的 I_{CEO} 较大，而其阻值只有几十欧，也不能误认为管子已经击穿。

（5）高频管与低频管的判别。可以通过查看三极管管帽上标志，根据三极管的命名方法即可判别高、低频管。如遇到标记不清时，可用万用表测量发射结反向电压，以此加以区别。通常，硅材料三极管的工作频率可在几百千赫到 1MHz，甚至更高，可以不必再作判别。对于锗材料的三极管，其高频管、低频管的发射结反向电压相差很大，一般低频管的 PN 结反向电压高于十几伏，而高频管则较低。区分两者的测试方法如下：将万用表拨到 $R\times1\text{k}$ 挡，测量基极与发射极之间的反向电阻，然后再切换到 $R\times10\text{k}$ 挡。若表针偏转明显，甚至到达满刻度的一半，则表明该管为高频管；若电阻值变化很小，则为低频管。

使用数字万用表进行三极管管型和引脚检测，可直接将万用表拨到二极管测试挡，测量判断两个 PN 结的好坏；再使用三极管测试口和 h_{FE} 挡，测量三极管的 β 值或判断管型及管脚。

操作分析

◎认一认：引脚名称

准备普通二极管、发光二极管、稳压二极管等。识别各元器件的引脚并做好标记，把认识的结果记入表 2–27 中。

表 2–27　识别二极管和三极管引脚

名　　称	画出引脚图示	名　　称	画出引脚图示
普通二极管		稳压二极管	
发光二极管		NPN 型三极管	

◎做一做：引脚检测

使用万用表检测上述半导体元器件各引脚，并检查表 2–27 引脚是否填写正确。

任务总结

把学习常用元器件检测的收获与体会写在表 2–28 中，并完成评价。

表 2–28　常用电子元器件检测任务总结表

<table>
<tr><td>课　题</td><td colspan="8">电子元器件的检测</td></tr>
<tr><td>班级</td><td colspan="2"></td><td>姓名</td><td></td><td>学号</td><td></td><td>日期</td><td></td></tr>
<tr><td>收获与体会</td><td colspan="8"></td></tr>
<tr><td rowspan="5">实训评价</td><td>评定人</td><td colspan="5">评　　语</td><td>等级</td><td>签名</td></tr>
<tr><td>自　评</td><td colspan="5"></td><td></td><td></td></tr>
<tr><td>互　评</td><td colspan="5"></td><td></td><td></td></tr>
<tr><td>师　评</td><td colspan="5"></td><td></td><td></td></tr>
<tr><td>综　合
评　定</td><td colspan="5"></td><td></td><td></td></tr>
</table>

知识拓展

知识拓展 1：片状二极管与三极管的识读

常见的贴片式元器件有贴片式电阻器、贴片式电感器、贴片式电容器、贴片式电感器、贴片式二极管、贴片式三极管等。常见的贴片式二极管、三极管元器件见表 2–29。

表 2–29　各种贴片式元器件

种　类	外　形	说　明
贴片式二极管	电极 电极 电极 圆柱形 矩形	贴片式二极管有无引线圆柱形和片式矩形两种，在电子产品及通信设备中广泛应用
贴片式三极管	c VT R_1 b e 单管；5 1 R_1 VT 4 3 R_1 VT 2 双管；6 1 VT R_1 R_1 5 2 4 VT 3	贴片式三极管也有 NPN 型和 PNP 型之分，有普通型管、超高频管、高反压管、达林顿型管等，最大特点是体积微小
贴片式稳压电路	电源输入端 1 5 稳压输出 接地 2 控制端 3 4 悬空	贴片式电源集成电路绝不仅仅是封装形式的改变，而是不断地降低自身的损耗以提高效率，达到最大限度节能的目的

知识拓展 2：光耦合器的识读与检测

1. 光耦合器的种类

光耦合器的种类很多，常用的大多为近距离使用的反射型光耦合器和槽式投射型光耦合器，其基本结构如图 2–37 所示。光耦合器的输入级一般是砷化镓（GaAs）红外发光二极管，输出级有不同的结构，分为光电三极管输出型、达林顿（复合型）输出型和集成电路输出型。光电三极管输出电流较小，一般为 0.5～5mA，达林顿输出型输出电流可达 20～30mA，能直接驱动继电器，而集成电路输出型的输出波形较好，输出电流较大。

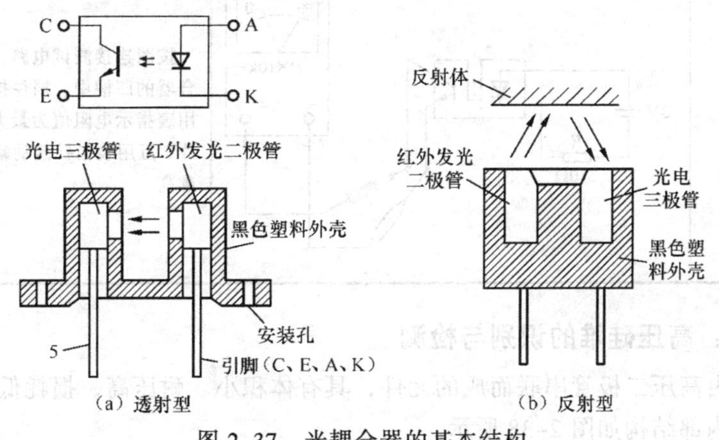

图 2–37　光耦合器的基本结构

2. 光耦合器的检测方法

光耦合器检测主要有输入级检测、输出级检测、绝缘性能检测等，见表 2-30。

表 2-30　光耦合器的检测

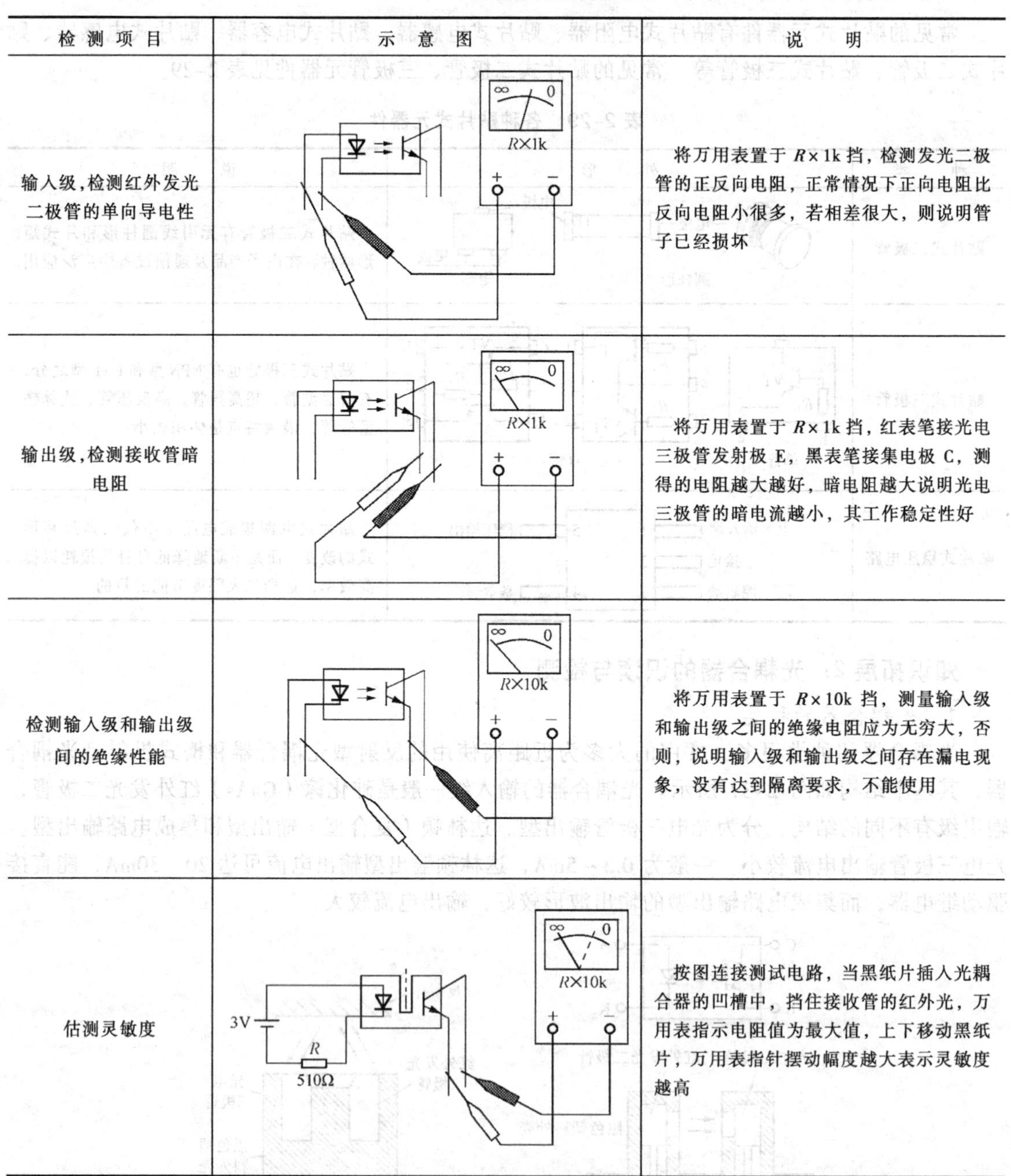

检测项目	示意图	说明
输入级，检测红外发光二极管的单向导电性	∞ 0 R×1k + −	将万用表置于 R×1k 挡，检测发光二极管的正反向电阻，正常情况下正向电阻比反向电阻小很多，若相差很大，则说明管子已经损坏
输出级，检测接收管暗电阻	∞ 0 R×1k + −	将万用表置于 R×1k 挡，红表笔接光电三极管发射极 E，黑表笔接集电极 C，测得的电阻越大越好，暗电阻越大说明光电三极管的暗电流越小，其工作稳定性好
检测输入级和输出级间的绝缘性能	∞ 0 R×10k + −	将万用表置于 R×10k 挡，测量输入级和输出级之间的绝缘电阻应为无穷大，否则，说明输入级和输出级之间存在漏电现象，没有达到隔离要求，不能使用
估测灵敏度	∞ 0 R×10k + − 3V R 510Ω	按图连接测试电路，当黑纸片插入光耦合器的凹槽中，挡住接收管的红外光，万用表指示电阻值为最大值，上下移动黑纸片，万用表指针摆动幅度越大表示灵敏度越高

知识拓展 3：高压硅堆的识别与检测

高压硅堆是由高压二极管串联而成的元件，具有体积小、耐压高、损耗低、高频特性好等优点，其外形和内部结构如图 2-38 所示。

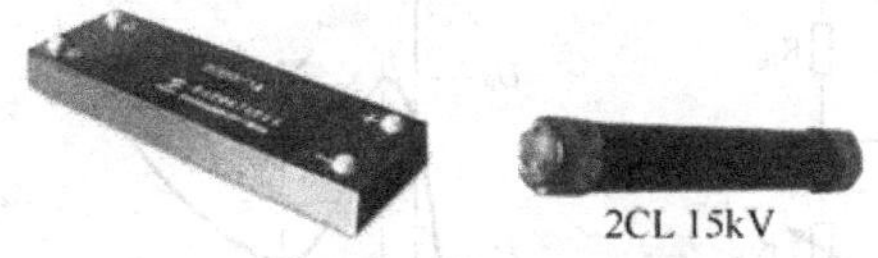

图 2-38　高压硅堆

尽管高压硅堆具有单向导电性，但其内阻很高，即便用 $R\times10\text{k}$ 挡测正向电阻也为无穷大。因此，按常规方法不能检查其好坏。利用高压硅堆的整流作用，选择万用表的直流电压挡可检查其质量好坏，检测电路如图 2-39 所示。将万用表拨至直流 250 V 挡或 500 V 挡，与高压硅堆串联后接在 220 V 交流电源上。由于硅堆的整流作用，指针的偏转角度反映的是半波整流后的电流平均值。因此，硅堆与直流电压表构成一块半波整流式交流电压表。当硅堆按照正向接法时，电压表读数在 30 V 以上即为合格。按反向接法时，指针应反向偏转。若指针始终不动，可能是硅堆内部开路，使电流不能通过电压表，但也不排除是硅堆内部击穿短路（测交流电压）。只须将万用表拨至交流 250 V（或 500 V）挡时读数为交流 220 V，即证明硅堆短路，这时万用表测出的是交流电源电压。假若读数仍为零，证明硅堆内部已开路。

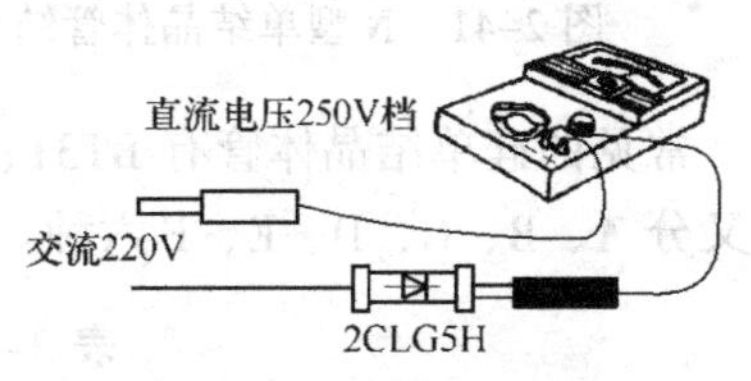

图 2-39　高压硅堆检测

任务3　单结晶体管和晶闸管的选用

情景模拟

一天小哲通过 Internet 搜索到一张电子调压器的电路图，如图 2-40 所示，可以通过电位器调节负载上的电压。碰巧家里的台灯坏了，他决定把家里的台灯改造为亮度可以调整的台灯。可是电路图上有两个元器件他没有见过，于是向当电工的爸爸求助。爸爸看了图样告诉小哲，这两个元器件分别是单结晶体管和晶闸管，是调压器的核心元件，组装时一定要区分它们的引脚。

同学们，你们认识单结晶体管和晶闸管吗？让我们一起来参加今天的学习吧！

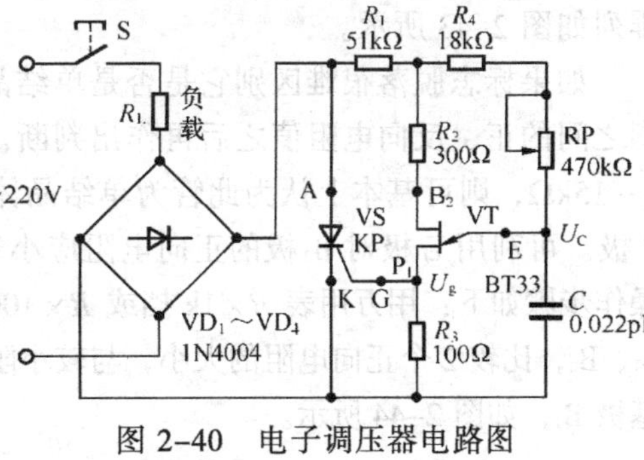

图 2-40　电子调压器电路图

基础知识

知识链接 1　单结晶体管的识读与检测

单结晶体管与普通三极管一样都具有 3 个电极，但只有 1 个发射极 E 和 2 个基极 B_1、B_2，没有集电极，所以单结晶体管也称为双基二极管。单结晶体管可分为两种结构类型，即 N 型和 P 型。N 型单结晶体管结构形式、符号和等效电路，如图 2-41 所示。

单结晶体管的伏安特性曲线如图 2-42 所示。由于其 PN 结具有负阻特性，所以它可以方便地构成定时电路和振荡电路，在脉冲和数字电路中得到广泛应用。

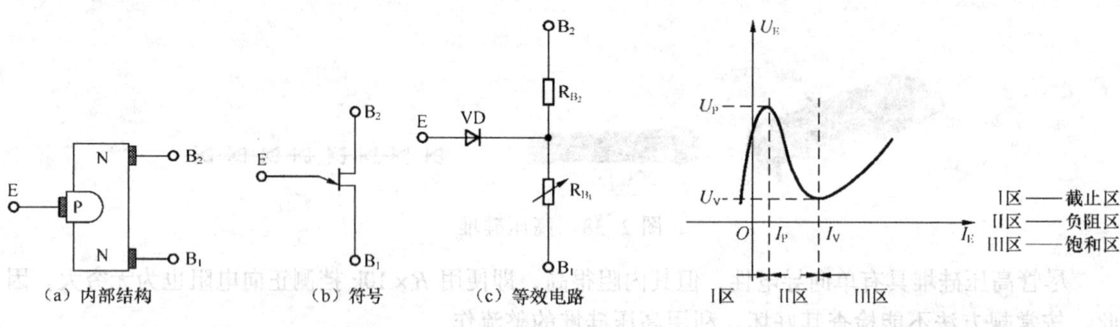

图 2-41　N 型单结晶体管结构和符号　　　图 2-42　单结晶体管的伏安特性曲线

常见的硅单结晶体管有 BT31、BT32、BT33 等类型，根据基极间电阻和分压比例的不同每类又分 A、B、C、D、E、F 六种。BT33 型单结晶体管的主要参数见表 2-31。

表 2-31　BT33 型单结晶体管主要参数

参数名称 / 型号	分压比	基极间电阻	发射极与第一基极反向电流	饱和压降	峰点电压	谷点电流
	$\eta = U_E/U_{BB}$	R_{BB}/kΩ	I_{EB_1O}/μA	V_{SE}/V	I_P/μA	I_V/mA
BT33A	0.3 ~ 0.55	3 ~ 6	≤1	≤5	≤2	≥1.5
BT33B	0.3 ~ 0.55	5 ~ 12	≤1	≤5	≤2	≥1.5
BT33C	0.45 ~ 0.75	3 ~ 6	≤1	≤5	≤2	≥1.5
BT33D	0.45 ~ 0.75	5 ~ 12	≤1	≤5	≤2	≥1.5
BT33E	0.65 ~ 0.9	3 ~ 6	≤1	≤5	≤2	≥1.5
BT33F	0.65 ~ 0.9	5 ~ 12	≤1	≤5	≤2	≥1.5
测试条件	V_{BB} = 20 V	V_{BB} = 20 V I = 0	I_{EB_1O} = 60 V	I_E = 50 mA V_{BB} = 20 V	V_{BB} = 20 V	

单结晶体管的电极一般可根据元器件标志从元件手册查明。常用的几种单结晶体管的引脚排列如图 2-43 所示。

如果标志脱落很难区别它是否是单结晶体管时，则可以使用万用表 $R\times1$k 挡依次测量各引脚之间的正、反向电阻值之后再作出判断。若某管子两引脚之间的正反向电阻相等，且阻值为 2 ~ 15kΩ，则可基本上认为此管为单结晶体管，并且该两脚为 B_1、B_2 极，另外的一个引脚应是 E 极。可利用 E 极对 B_2 极的正向电阻应小于 E 极对 B_1 极的正向电阻特性来区分 B_1、B_2 极。具体操作步骤如下：用万用表 $R\times1$k 挡或 $R\times100$ 挡，以黑表笔接发射极 E，红表笔依次接触 2 个基极 B_1、B_2，比较 2 个正向电阻的大小，与较小阻值对应的红表笔所接触的引脚为基极 B_2，另一引脚为基极 B_1，如图 2-44 所示。

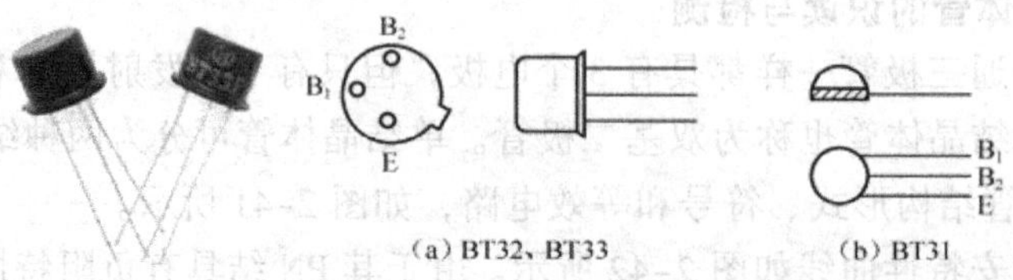

图 2-43　常用的几种单结晶体管的引脚排列

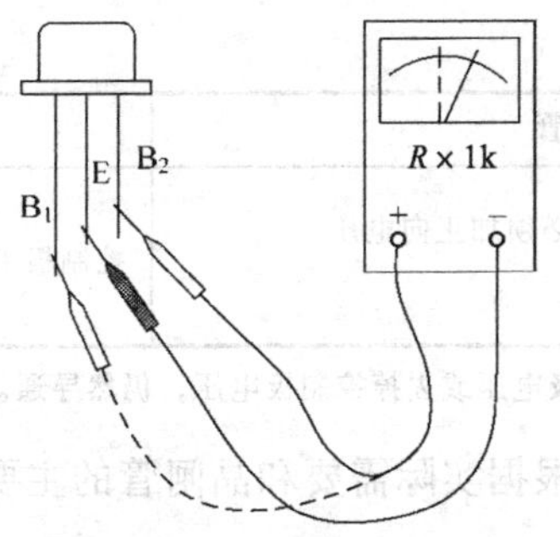

图 2-44　区分单结晶体管的 B_1 极和 B_2 极

单结晶体管分压比 η 接近 0.5 时，使用这种方法很难区别 B_1 极和 B_2 极。

知识链接 2：晶闸管的识读与检测

晶闸管是一种能控制强电的半导体器件。常用的晶闸管有单向晶闸管和双向晶闸管之分。它具有体积小、质量小、效率高、寿命长、使用方便等优点，广泛的应用于各种无触点开关电路及可控整流设备中。

晶闸管的外形有平面型、螺栓型和小型塑封型等几种。单向晶闸管有阳极 A、阴极 K 和控制极 G 共 3 个极。双向晶闸管则有第一阳极 T_1、第二阳极 T_2 和控制极 G 共 3 个极。它们的内部结构、外形和符号见表 2-32。

表 2-32　晶闸管的内部结构、外形和符号

名称	单向晶闸管	双向晶闸管
基本结构与符号	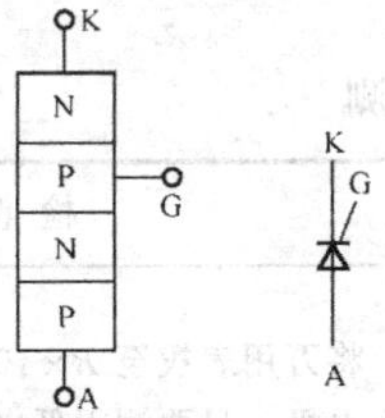 K N P G N P A；K G A	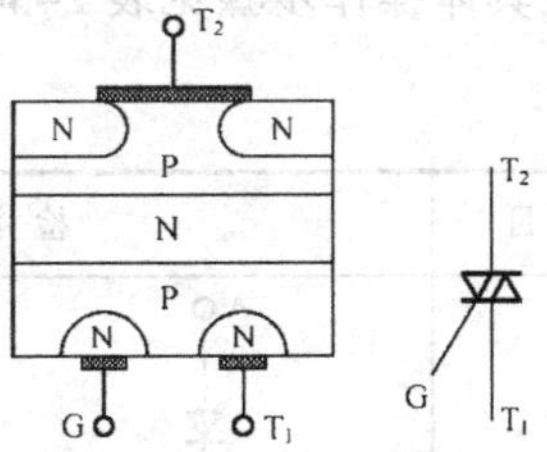 T_2 N N P N P N N G T_1；T_2 G T_1
外形	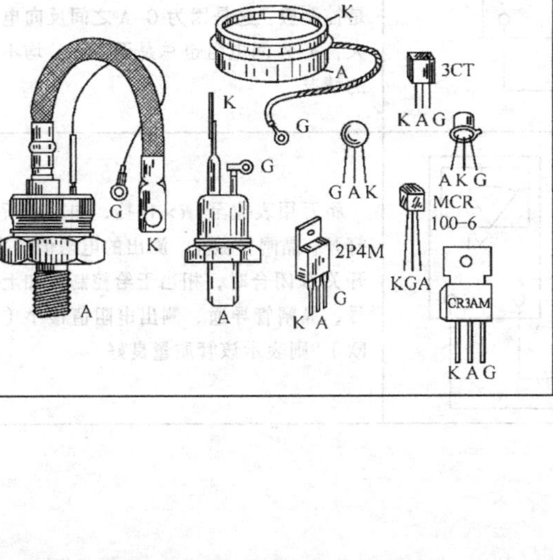 K A G G K K G A；3CT KAG；G A K；A K G；MCR 100-6 KGA；2P4M G K A；CR3AM K A G	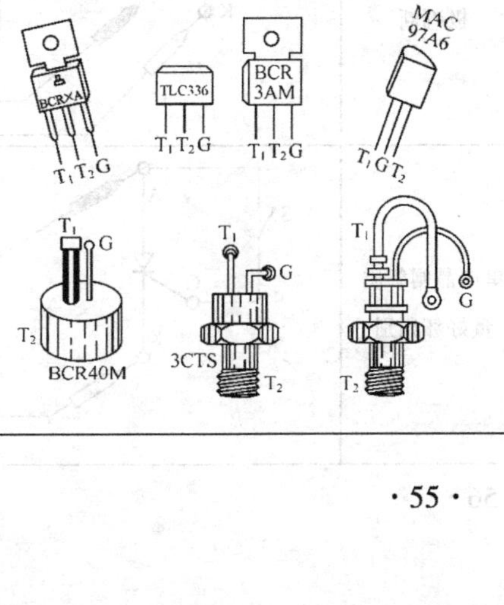 BCR×A T_1T_2G；TLC336 T_1T_2G；BCR 3AM T_1T_2G；MAC 97A6 T_1GT_2；T_1 G T_2 BCR40M；T_1 G 3CTS T_2；T_1 G T_2

续表

名称	单向晶闸管	双向晶闸管
导通条件	（1）晶闸管阳极 A 与阴极 K 间必须加正向电压 （2）控制极 G 施加正向电压	控制极 G 施加电压，即可实现晶闸管的双向导通

注：当晶闸管导通后，即使降低控制极电压或去掉控制极电压，仍然导通。

在进行晶闸管的选用时，应根据实际需要和晶闸管的主要参数进行选择，单向晶闸管的主要参数见表 2-33。

表 2-33　晶闸管的主要参数

参数名称	说　明
正向平均电流 I_F 和平均压降 U_F	在规定环境温度和散热条件下，分别指晶闸管允许通过的工频正弦电流的平均值以及电压平均值
正向转折电压 U_{BO}	在额定结温和控制极开路条件下，阳、阴极之间加正弦半波正向电压，使其由关断状态发生正向转折而变为导通状态时所对应的电压峰值
正向重复峰值电压 U_{FRM}	在控制极开路和正向阻断的条件下，允许重复加在阳、阴极之间的正向峰值电压。按规定此电压为正向转折电压的 80%
反向重复峰值电压 U_{RRM}	在控制极开路时，允许重复加在阳、阴极之间的反向峰值电压。按规定此电压为反向转折电压的 80%
维持电流 I_H	在室温下控制极开路时，维持晶闸管继续导通所必需的最小电流
控制极出发电压 U_G 和触发电路 I_G	在室温下，阳、阴极之间加正向电压为直流 6V 时，使晶闸管从阻断状态变为导通状态所需的控制极电压最小值和直流电流最小值
断态重复峰值电压 U_{DRM}	$U_{DRM} = U_{BO} - 100V$

在使用晶闸管时，通常要检测晶闸管的电极及质量的好坏。可以使用万用表对其进行简易的检测，具体操作步骤见表 2-34。

表 2-34　晶闸管的检测

项　目	检测图示	检测方法
单向晶闸管电极判断	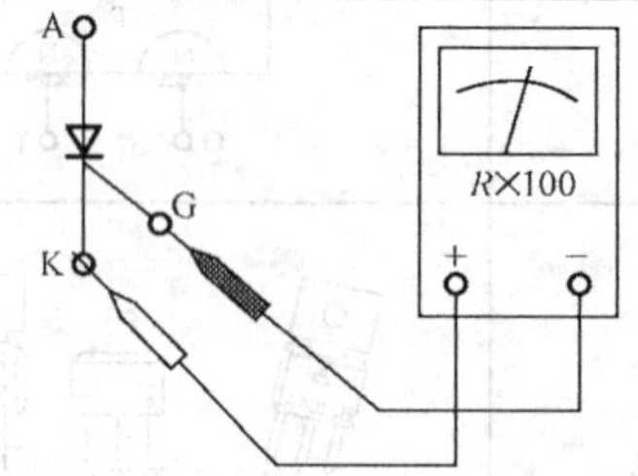 A G K R×100 + −	将万用表拨至 $R\times100$ 挡，两支表笔各任意接两个电极。只要测得低电阻值，证明测的是 PN 结正向电阻，这时黑表笔接的是阳极，红表笔接的是控制极。这是因为 G-A 之间反向电阻趋于无穷大，A-K 间电阻也总是无穷大，均不会出现低阻的情况
单向晶闸管质量好坏判别	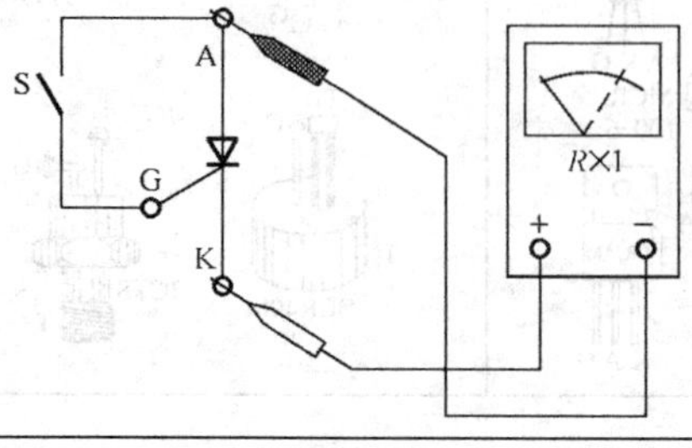 S A G K R×1 + −	将万用表拨至 $R\times1$ 挡，如左图所示。开关 S 打开，晶闸管截止，测出的电阻值很大或无穷大；开关 S 闭合时，相当于给控制极加上正向触发信号，晶闸管导通，测出电阻值很小（几欧或几十欧），则表示该管质量良好

续表

项　　目	检 测 图 示	检 测 方 法
双向晶闸管电极判断	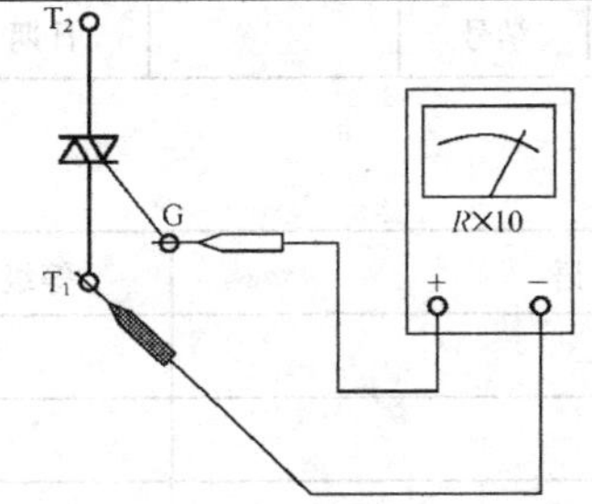 T2 G T1 R×10 + −	用万用表 $R\times10$ 挡，测出晶闸管相互导通的两个引脚，这两个引脚与第三个引脚均不通，即第三个引脚为 T_2 极，相互导通的两引脚为 T_1 极和 G 极。当黑表笔接 T_1 极，红表笔接控制极 G 所测得的正向电阻总要比反向电阻小一些，根据这一特性识别 T_1 极和 G 极
双向晶闸管质量好坏判别	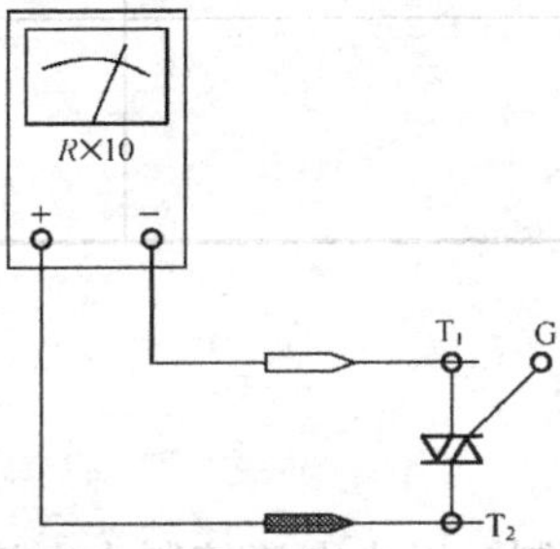 R×10 + − T1 G T2	将万用表拨在 $R\times1$ 或 $R\times10$ 挡，黑表笔接 T_2，红表笔接 T_1，然后将 T_2 与 G 瞬间短路一下，立即离开，此时若表针有较大幅度的偏转，并停留在某一位置上，说明 T_1 与 T_2 已触发导通；把红、黑表笔调换后再重复上述操作，如果 T_1、T_2 仍维持导通，说明这只双向晶闸管质量良好，反之则是坏的

操作分析

◎想一想：单向晶闸管和双向晶闸管的选用

单向晶闸管和双向晶闸管有何区别？请填写在表 2-35 中。

表 2-35　单向晶闸管和双向晶闸管的选用

种　　类	单向晶闸管	双向晶闸管
结构特点		
导通条件		

◎认一认：单结晶体管引脚识别

请识别单结晶体管 BT33 三个引脚并在图 2-45 中标出具体引脚。

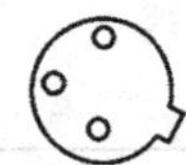

图 2-45　BT33 引脚识别

◎测一测：引脚检测

准备正向平均电流 1A 单向晶闸管和 3A 双向晶闸管各一个，使用万用表检测该可控硅的引脚，并判断其质量优劣。

任务总结

把学习晶闸管检测的收获与体会写在表 2-36 中，并完成评价。

表 2-36 晶闸管检测任务总结表

课题	晶闸管检测						
班级		姓名		学号		日期	
收获与体会							
实训评价	评定人	评语			等级		签名
	自评						
	互评						
	师评						
	综合评定						

知识拓展

知识拓展 1：其他晶闸管的识读

晶闸管在电路中能够实现交流电的无触点控制，以小电流控制大电流，并且不像继电器那样控制时有火花产生，被广泛应用于控制电路中。除单向晶闸管和双向晶闸管外还有可关断晶闸管、BTG 晶闸管、光控晶闸管、逆导晶闸管、四极晶闸管等，它们的外形与符号区别见表 2-37。

表 2-37 其他晶闸管

名称	外形、符号	特点
可关断晶闸管	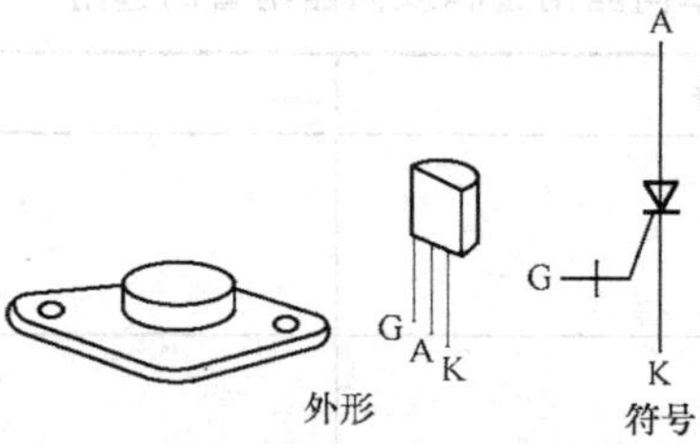 G A K 外形；A G K 符号	导通后只是达到临界饱和状态，当门极输入一个负向触发信号即可使之由导通状态变为阻断状态
BTG 晶闸管	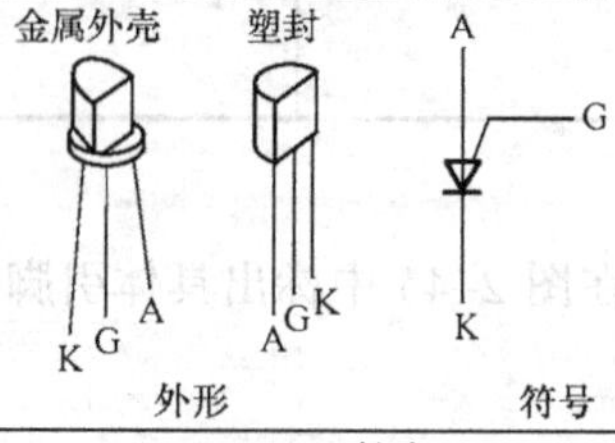 金属外壳 塑封 K G A A G K 外形；A G K 符号	又称程控单结晶体管或可调式单结晶体管，它既可作为晶闸管使用，又可作为单结晶体管使用
光控晶闸管	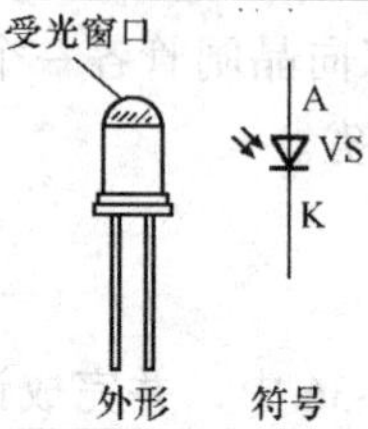 受光窗口 外形；A VS K 符号	一种利用光电信号控制的开关器件，其伏安特性和普通晶闸管相似，只是用光触发代替了电触发，控制极 G 成为受光窗口

续表

名　称	外形、符号	特　点
逆导晶闸管	A、RCT、G、K；符号　A、SCR、VD、G、K；等效电路　S3800 MF、G A K；外形	与单向晶闸管相比，具有工作频率高、关断时间短和误动作少的突出优点，被广泛应用于超声波电路、电子镇流器、开关电源、电磁灶和超导磁能存储系统等领域
极晶闸管	A、G_A、G_K、K；符号　A、VT_1、G_A、VT_2、G_K、K；等效电路	灵敏度很高，控制极触发电流极小，开关时间 t_{ON} 和 t_{OFF} 都很短。G_A 极悬空，可代替单向晶闸管或可关断晶闸管使用；G_K 悬空，可代替 BTG 晶闸管或可关断晶闸管使用；G_A 极和 A 极短接，可代替逆导晶闸管或 NPN 型硅三极管使用

知识拓展 2：特殊晶闸管的检测

在选用晶闸管时应注意判别晶闸管各电极，我们可以使用万用表对这些特殊的晶闸管做简单的检测来进行电极判断，如表 2-38 所示。

表 2-38　特殊晶闸管各电极判断

名　称	检测图例	操作说明
可关断晶闸管电极判断	K、G、GTO、A、$R\times100$、+、-	将万用表置于 $R\times100$ 挡，依次测量 3 个引脚之间的电阻，电阻值比较小的一对引脚，红表笔所接的引脚为阴极 K，黑表笔所接的引脚为控制极 G，而剩下的引脚是阳极 A
BTG 晶闸管电极判断	K、BTG、G、A、$R\times1k$、+、-	将万用表置于 $R\times1k$ 挡，测量任意 2 个引脚之间的正、反向电阻，当测得某对引脚的电阻值最小时，则所测的为控制极 G 与阳极 A 之间的正向电阻，黑表笔所接的引脚为阳极 A，红表笔所接的是控制极 G，另一个引脚是阴极 K
光控晶闸管电极判断	A、光、V、G、K、$R\times1$、+、-、E 3V	将万用表置于 $R\times1$ 挡，在黑表笔上串联 3V 干电池，检测光控晶闸管两引脚之间的正、反向电阻。光照时，测量电阻值较小的为正向电阻，黑表笔所接的引脚为阴极 K，红表笔所接为阳极 A

续表

名　称	检 测 图 例	操 作 说 明
逆导晶闸管电极判断	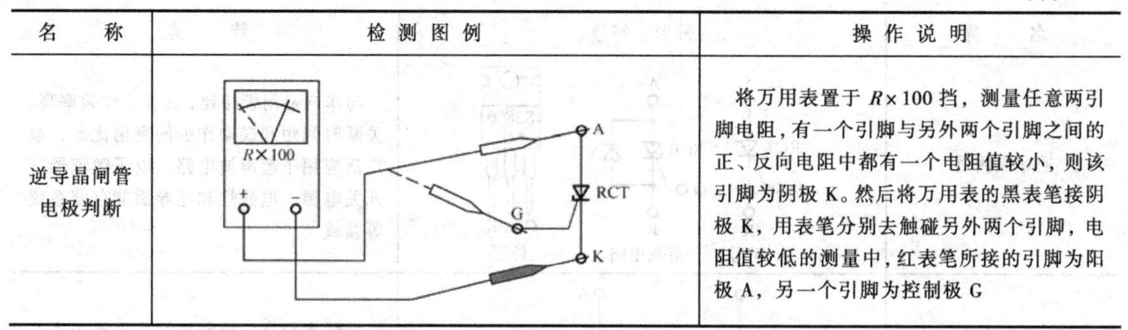	将万用表置于 $R\times100$ 挡，测量任意两引脚电阻，有一个引脚与另外两个引脚之间的正、反向电阻中都有一个电阻值较小，则该引脚为阴极 K。然后将万用表的黑表笔接阴极 K，用表笔分别去触碰另外两个引脚，电阻值较低的测量中，红表笔所接的引脚为阳极 A，另一个引脚为控制极 G

任务 4　其他电子元器件的选用

情景模拟

一天师傅带着小任去一家公司修理“罢工”的复印机。师傅打开复印机取出里面的电路板仔细检测起来。此时，小任也非常认真地观察师傅的操作。可是，小任发现那块电路板上还有很多电子元器件自己从来没有遇见过。正在小任觉得困惑的时候，师傅已经找出故障点了，并迅速的指导小任更换故障元件。修理完毕，小任指着那些不认识的元器件向师傅发问了。师傅也一一告知，“这是集成块，那是数字显示器件……”

你想知道小任怎么来认识数字显示器件、扬声器和集成块吗？让我们一起来认一认，测一测。

基础知识

知识链接 1：数字显示器件的识读与检测

1. 数字显示器件的种类

目前在许多电子整机（如数字式仪器及数字控制设备）中都用到各种数字显示器件。数字显示器件主要有荧光数码管、发光二极管数码管和液晶数字显示器。

（1）荧光数码管。荧光数码管是依靠加热的阴极灯丝在真空中发射电子，由栅极来控制这些电子是否打在敷有荧光质层的阳极上，从而决定阳极是否发光。八段式荧光数码管的电路符号和字形如图 2-46 所示。

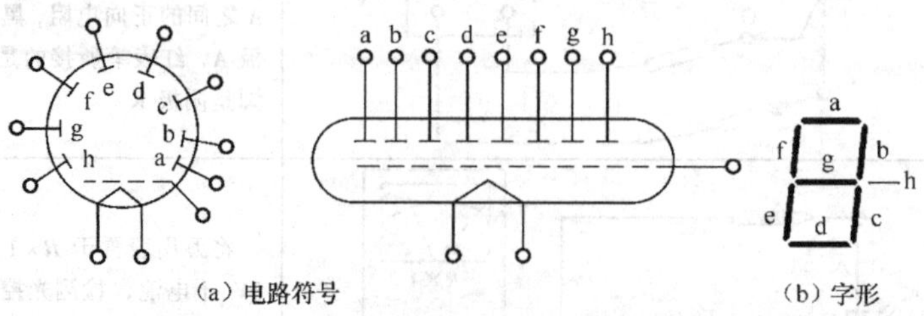

（a）电路符号　　（b）字形

图 2-46　八段式荧光数码管的电路符号和字形

（2）发光二极管数码管。发光二极管（LED）数码管的每个发光段由 1 只或 2 只发光二极管制成。七段数码显示字形如图 2-47 所示。

LED 数码管的内部构造分共阳极型和共阴极型 2 种。共阳极型即各发光二极管的正极相互连通，共阴极型即各发光二极管的负极相互连通，如图 2–48 所示。常见的共阴 LED 数码管有 BS201、BS205、BS207，共阳 LED 数码管有 BS204，它们的外形如图 2–49 所示。

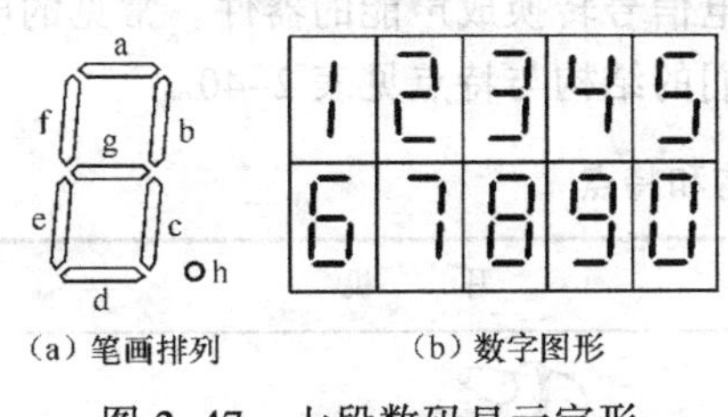

（a）笔画排列　（b）数字图形

图 2–47　七段数码显示字形

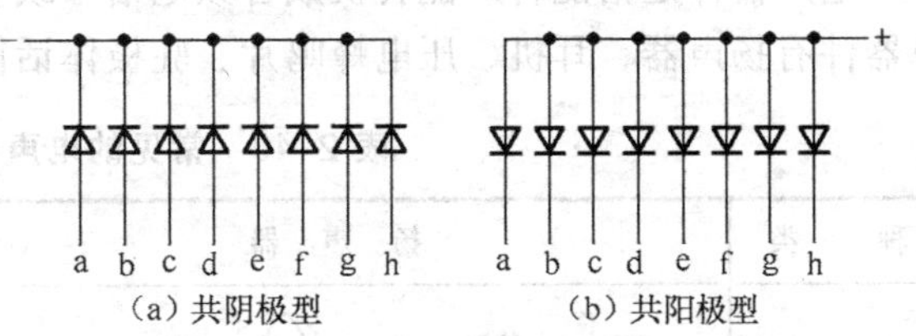

（a）共阴极型　（b）共阳极型

图 2–48　LED 数码管的内部构造

（3）液晶数字显示器。液晶数字显示器 LCD 是一种功耗极小的场效应器件，属于无源显示器件，它本身不能发光，只能反射或透射外部光线。反射型液晶数字显示器的基本构造如图 2–50 所示。当显示器的公共极和透明导电极之间加 2 ~ 10 V 交流电压时，就会使透明电极（笔段）的亮度发生显著变化，从而显示出数字或符号。

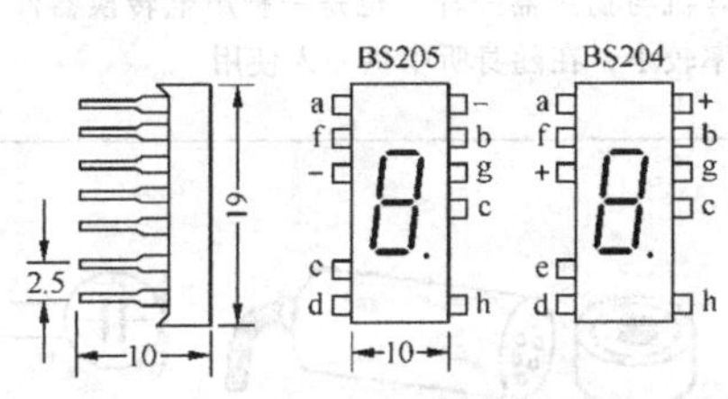

图 2–49　常见 LED 数码管外形

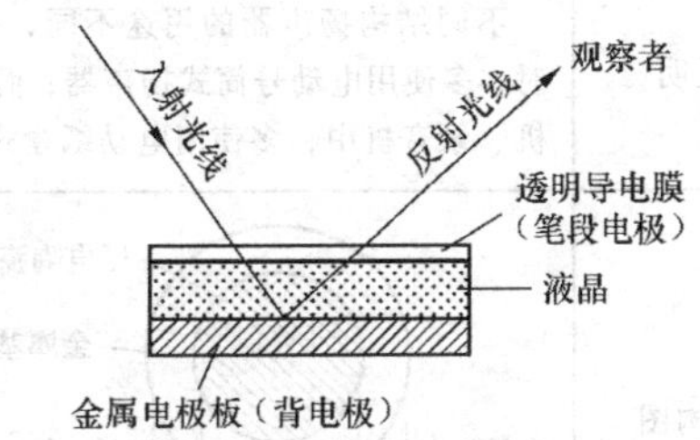

图 2–50　反射型液晶数字显示器的基本构造

2. 数字显示器件的检测方法

现在最常用的 LED 数码管和液晶数字显示器都可以用数字式万用表进行检测，具体方法见表 2–39。

表 2–39　检测数字显示器件

种　类	检测 LED 数码管	检测液晶数字显示器
示意图	1453	公共极（背电极）　V/Ω　COM
操作说明	将数字式万用表置于二极管测量挡，通过测量 LED 数码管各脚之间是否导通，来识别数码管是共阴极型还是共阳极型，当某一笔段的发光二极管正向导通，该笔段就应该发光，就可以判别各引脚所对应的笔段有无损坏	将数字式万用表置于二极管测量挡，当黑表笔接液晶数码显示管的公共极，红表笔分别接透明的笔段电极引脚时，则应显示出对应的数字笔段，数字万用表显示为“溢出”状态（仅显示最高数字“1”）

注意：液晶数字显示器不宜长时间在直流电压下工作，因此检测持续时间应尽可能短一些，可以采取表笔间断接触引脚的方式进行。

知识链接 2：电声器件的识读与检测

1. 电声器件的种类

电声器件是指能将声能转换成音频电信号或者将音频电信号转换成声能的器件。常见的电声器件有扬声器、耳机、压电蜂鸣片、驻极体话筒等，它们的结构与特点见表 2–40。

表 2–40 常见的电声器件的结构和特点

种 类	扬 声 器	耳 机
结构图	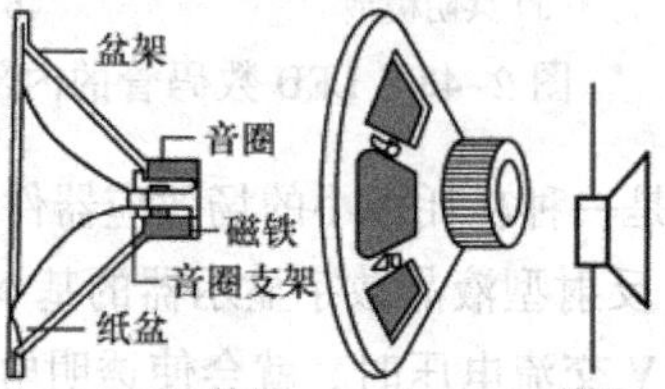 盆架 音圈 磁铁 音圈支架 纸盆 外形 符号	 外形 符号
说明	不同结构扬声器的用途不同，一般在广场扩音时，多使用电动号筒式扬声器；而在收音机、电视机、录音机中，多使用电动纸盒式扬声器	耳机与扬声器一样，也是一种声电转换器件，但功率较小，在随身听中供一人使用
结构图	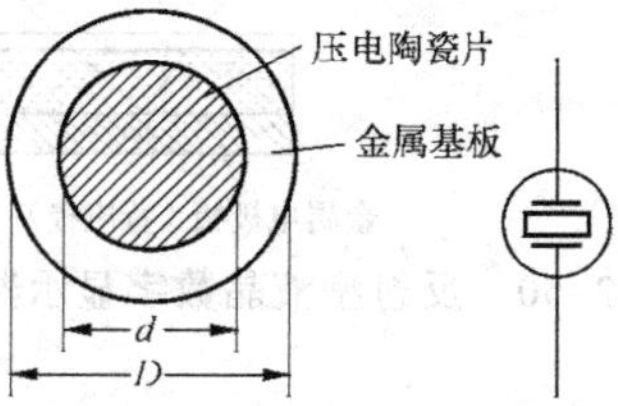 压电陶瓷片 金属基板 d D 外形 符号	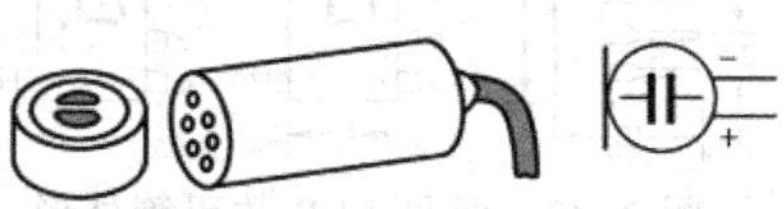 外形 符号
说明	体积小、质量小、厚度薄、耗电少、可靠性高、声响可达 120dB、造价低廉，主要用于电子手表、计算器、玩具、门铃等各种电子产品上作为讯响器	将声音变成电信号的电声换能器件，具有体积小、质量轻、频响宽、灵敏度高、寿命长、价格低廉等特点

2. 电声器件检测

电声器件的严格检测需要专用设备，在日常应用中可用万用表对它做简易的检测，具体方法见表 2–41。

表 2–41 使用万用表检测电声器件

种 类	测 试 图	检 测 说 明
扬声器	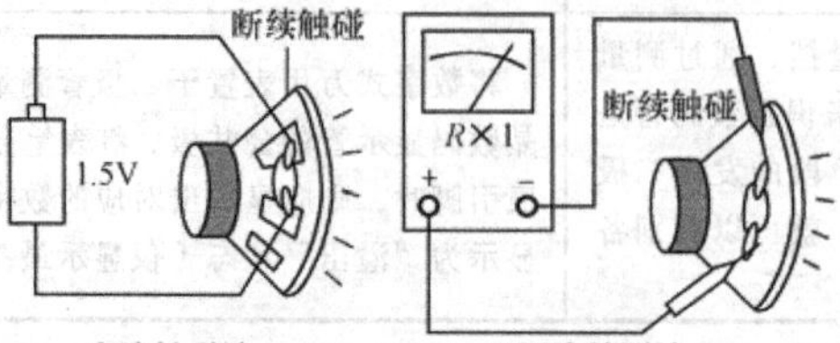 断续触碰 1.5V 电池触碰法；R×1 + − 断续触碰 万用表检测法	将万用表置于 $R\times1$ 挡，一表笔接扬声器一引出端，另一表笔断续地接触另一个引出端，则扬声器应随之发出"喀喀"声，万用表指针也相应摆动

续表

种　类	测　试　图	检　测　说　明
耳机	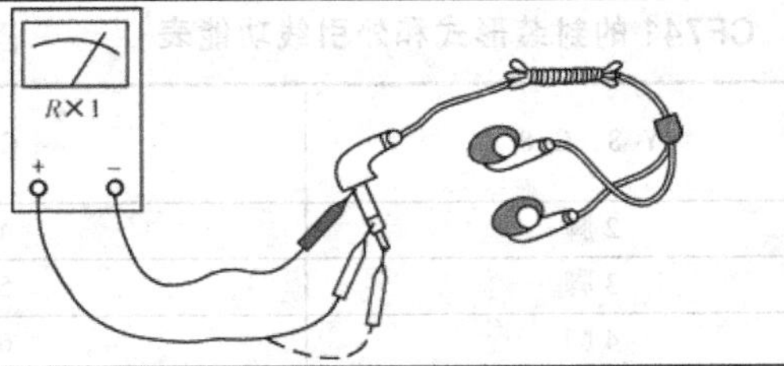 R×1	将万用表置于 R×1 挡，黑表笔接耳机插头的公共点，红表笔分别接触左右声道，触电时测出的 2 个电阻应相同，一般为 20～30 Ω，同时还可以听到耳机发出的“喀喀”声
压电蜂鸣片	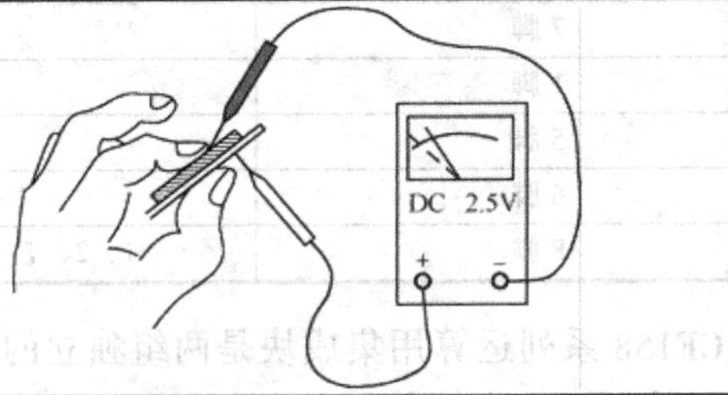 DC 2.5V	将万用表置于直流 2.5V 挡，红表笔接压电蜂鸣片（背电极），黑表笔接陶瓷片表面（阴电极），然后用两手指尖捏压压电蜂鸣片后随即放松，由于压电转换作用，万用表指针先向右偏后回零，再向左偏后回零，指针摆动幅度约为 0.15 V。灵敏度越高，指针摆幅越大
驻极体话筒	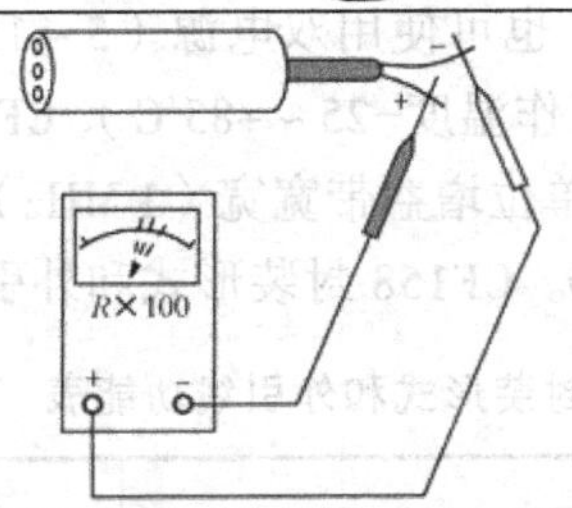 R×100	将万用表置于 R×100 挡，红表笔接话筒负极（芯线），黑表笔接话筒正极（引线屏蔽层）。此时，测量值约为 1kΩ，然后正对话筒说话，万用表指针应随发声而摆动

知识链接 3：集成块的识读

集成块是一种采用特殊工艺，将晶体管、电阻器、电容器等元器件集成在硅基片上而形成的具有一定功能的器件，并广泛地应用于家用电器、电子设备、通信、计算机、工业自动化等领域。集成块种类很多，有运算放大用集成块、功率放大用集成块、稳压用集成块、传感用集成块和计数用集成块等。现仅对运算放大、功率放大和稳压用集成块作一简要介绍。

1. 运算用集成块

运算放大用集成块（又称集成运算放大器）可以完成信号的产生、转换、处理等各种功能，因此它已被称为模拟系统的一个基本单元。它一般应用于高精度整流电路、模拟乘法器应用电路、有源滤波电路、电压比较电路和方波及锯齿波发生器等电路。集成运算放大器电路符号如图 2-51 所示。在图中只标明信号输入端与输出端，其中同相输入端用“+”或“P”表示，反相输入端用“-”或“N”表示。输出端用“V₀”或“OUT”表示。

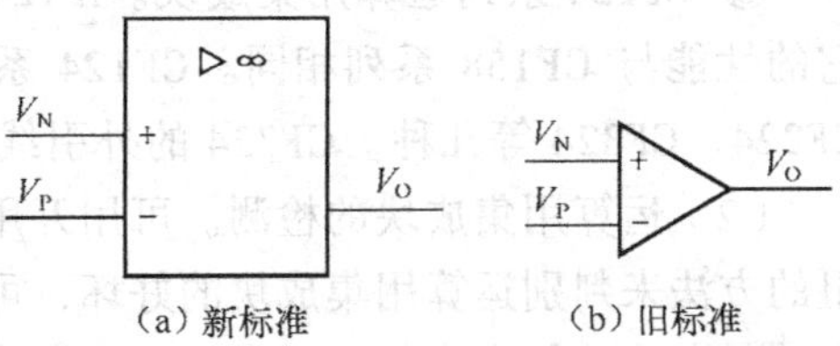

V_N　V_P　V_O　(a) 新标准　(b) 旧标准

图 2-51　运算放大用集成块的图形符号

（1）运算用集成块的种类。运算用集成块的种类很多，常见的有以下几种：

① CF741（μA741）运算用集成块。CF741（μA741）运算用集成块是通用型运算放大器。其参数有电源电压（CF741 为 ± 20V，CF741C 为 ± 18 V），允许功耗 P_D（Y-8 型为 500 mW，C-14 型为

670 mW，C-8 型为 310 mW），差模输入电压 V_D（±30 V），共模输入电压 V_C（±15 V），工作温度范围（-65～+125 ℃），外引线温度（焊接时间 60 s：300 ℃）。其封装形式和外引线功能见表 2-42。

表 2-42　CF741 的封装形式和外引线功能表

外引线功能＼封装形式		Y-8、C-8	C-14
输入	IN_-	2 脚	4 脚
	IN_+	3 脚	5 脚
电源	-V	4 脚	6 脚
	+V	7 脚	11 脚
调零	OA_1	1 脚	3 脚
	OA_2	5 脚	9 脚
输出 OUT		6 脚	10 脚
空断 NC		8 脚	1、2、7、8、12、13、14 脚

② CF158 系列运算用集成块。CF158 系列运算用集成块是两组独立的高增益的内部频率补偿的低功耗运算放大器。它既可使用单电源，也可使用双电源（5～15V）。CF158 系列的型号主要有 CF158（工作温度 0～70℃）、CF258（工作温度-25～+85℃）、CF358（工作温度-55～+125 ℃）。其特点是：差模电压增益高（100 dB），单位增益带宽宽（1 MHz），静态功耗低（500 μA），输入失调电压和输入失调电流小（2 mV/5 nA）。CF158 封装形式和外引线功能见表 2-43。

表 2-43　CF158 的封装形式和外引线功能表

外引线功能＼封装形式		Y-8	C-8
输入（1）	IN_-	2 脚	2 脚
	IN_+	3 脚	3 脚
输入（2）	IN_-	6 脚	6 脚
	IN_+	5 脚	5 脚
电源	GND	4 脚	4 脚
	+V	8 脚	8 脚
输出 1OUT		1 脚	1 脚
输出 2OUT		7 脚	7 脚

③ CF124 系列运算用集成块。CF124 系列运算用集成块是 4 组独立的低功耗运算放大器。它的性能与 CF158 系列相同。CF124 系列的型号有 CF124、CF224、CF324 等几种。CF324 的外引线排列如图 2-52 所示。

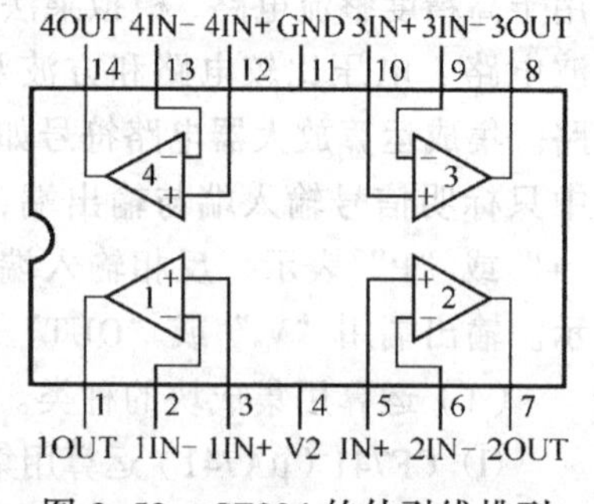

图 2-52　CF324 的外引线排列

（2）运算用集成块的检测。可用万用表测量引脚间直流电阻的方法来判别运算用集成块的好坏，可以说这是一种简单而有效的方法。但应有一组正常电阻数据作为参考，这组数据可查资料或自己从完好的运算用集成块上测得后记录保存。当然，用不同型号的万用表测量同一种集成块，或者用同种型号万用表去测量多个同种集成块，所测结果虽然有较大的分散性，不可能与参考数据完全一致，但数据变化的规律应当相同，否则说明被测集成块已受到损坏。

2．功率放大用集成块

功率放大用集成块（又称集成功率放大器）组成功率放大电路实现功率放大，它一般位于多级放大电路的输出级，起驱动执行机构（如扬声器等）工作的作用。

（1）功率放大用集成块的种类。功率放大用集成块的种类很多，如 8FY386（LM386）音频功率放大用集成块、8FG2030（TDA2030）功率放大用集成块等。

① 8FY386（LM386）音频功率放大用集成块。这种集成块一般采用 8 引脚双列直插封装，如图 2-53 所示。特点：工作电压（V_{CC}）4～12V，输出端静态电压为电源的一半，1 脚、8 脚接 RC 串联电路，增益在 20～200 倍可调，不接元器件增益为 20 倍，典型值 V_{CC}=6 V。

② 8FG2030（TDA2030）功率放大用集成块。这种集成块一般采用单列直插封装，如图 2-54 所示。其特点是工作电压 12～36 V，静态电流为 40～60 mA，输出功率较大一般可达 14 W。

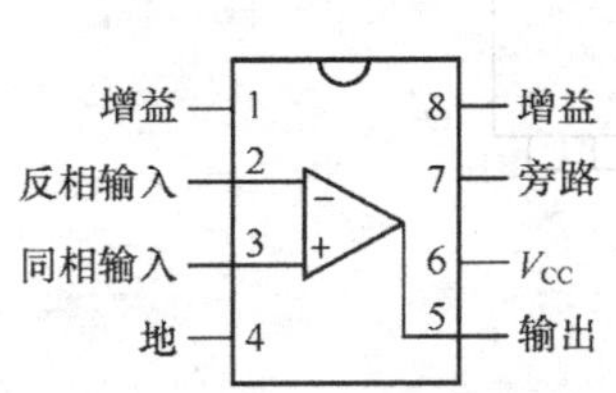

图 2-53　8FY386 的外引脚排列图

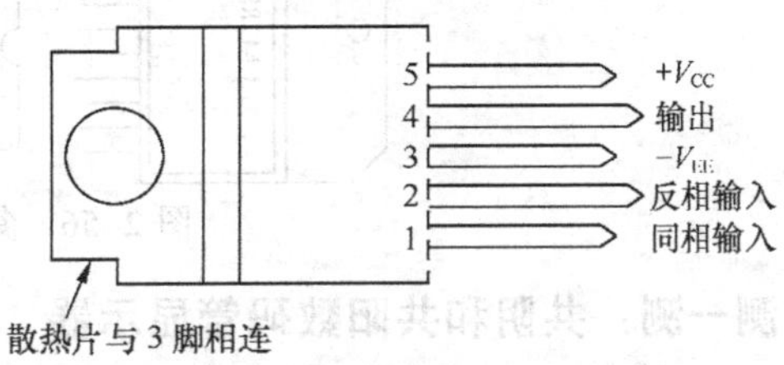

图 2-54　功率放大器 8FG2030 外引线排列

（2）功率放大用集成块的检测。音频功率放大用集成块一般可通过测量其引脚间直流电阻来判别集成块的好坏。由于使用万用表型号的不同，以及被测集成块本身参数存在分散性，测量结果不可能与参考数据完全相同，但作为同型号的正常集成块，其基本规律应当相同，否则说明被测集成块有问题。

3．稳压用集成块

（1）稳压用集成块的种类。在直流稳压电源领域，随着集成块的普及，稳压用集成块的应用也越来越多，从而使直流稳压电源的电路大为简化，体积越来越小。常用的稳压用集成块有 4 种类型，分别是三端固定输出正稳压集成块、三端固定输出负稳压集成块、三端可调输出正稳压集成块、三端可调输出负稳压集成块。其中三端固定输出正稳压集成块的型号有 CW78××系列等。若按其输出电压的不同可分为 CW7805、CW7806、CW7809、CW7812、CW7815、CW7818 和 CW7824；按其最大输出电流可又分为 CW78L××、CW78M××、CW78××等。图 2-55 所示是由三端固定输出正稳压集成块组成的电源电路图。

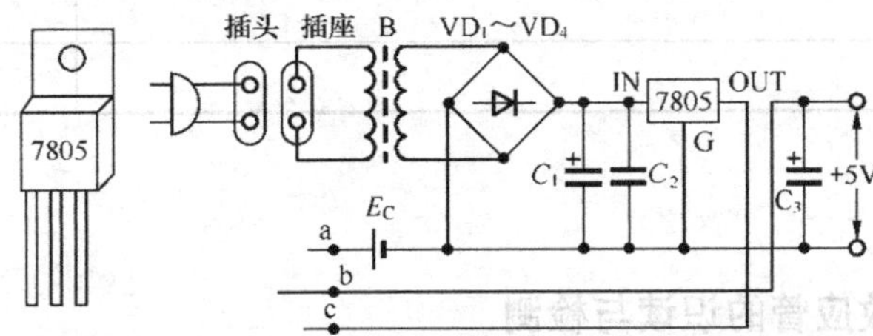

图 2-55　用固定输出集成块组成的稳压电源电路

（2）稳压用集成块的检测。稳压用集成块一般可用万用表 $R\times1k$ 挡实测各引脚间直流电阻来判别集成块的好坏。如果与同型号集成块本身参数（正常电阻值）相差很远，说明该集成块已损坏。必要时可采用典型（基本）应用电路作进一步测试。但因仪表电阻测量挡位不同引起测量结构显著不同又另当别论。

操作分析

◎想一想

压电蜂鸣片和驻极体话筒在功能和用途上有何区别，做简要说明。

◎认一认：集成块引脚识别

请识别下列集成块的引脚顺序，并在图 2-56 中标出具体引脚。

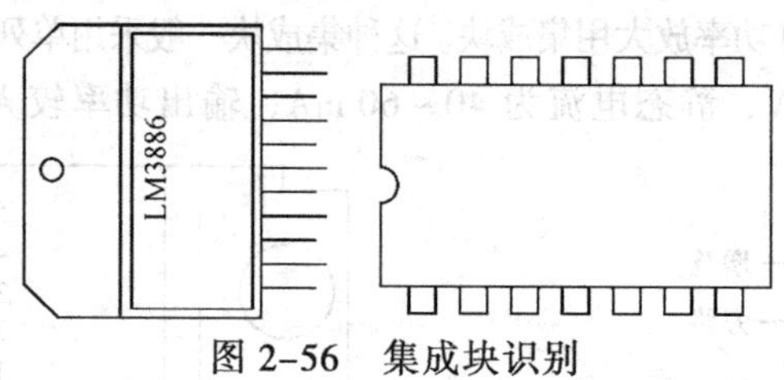

图 2-56　集成块识别

◎测一测：共阴和共阳数码管显示器

使用万用表电阻挡检测所给数码管显示器是共阴还是共阳。

任务总结

把学习数码管显示器检测的收获与体会写在表 2-44 中，并完成评价。

表 2-44　数码管显示器检测任务总结表

课　　题	数码管显示器检测						
班级		姓名		学号		日期	
收获与体会							
实训评价	评定人	评　　语			等级		签名
	自　评						
	互　评						
	师　评						
	综合评定						

知识拓展

知识拓展 1：场效应管的识读与检测

场效应管是一种较新型的半导体器件。它具有输入阻抗大、噪声低、热稳定性好、抗辐射能力强等特点，与电流控制器件的三极管相比，它是电压控制器件，输入阻抗可以为 $10^9 \sim 10^{14}\Omega$，因而被广泛使用，如各种放大电路和数字电路等。场效应管主要分为结型场效应管和绝缘栅型场效应管。

1. 结型场效应管

（1）结型场效应管的结构。结型场效应管的结构如图2–57所示。它是在一块N型半导体材料的两侧，各制成两个PN结。在N型半导体的两端各引出一个电极，分别称为源极（用S表示）和漏极（用D表示），将两侧P区连接在一起，引出一个电极，称为栅极（用G表示）。两个PN结中间的N区，是载流子从源极流向漏极的通道，称为导电沟道。根据导电沟道将结型场效应管分为N型沟道型和P型沟道型两种。

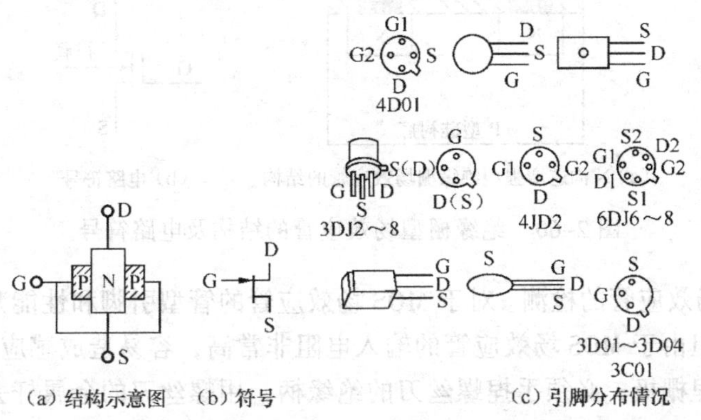

图2–57　N沟道结型场效应管的结构、符号与引脚分布情况

由于结型场效应管在G–S、G–D之间各有一个PN结。我们可用万用表很容易地就能检测到2个PN结，并判别出栅极。同时根据各引脚对应的半导体材料（P型还是N型材料），来判别出沟道的材料，如图2–58所示。

对于结型场效应管而言，其栅极、源极与漏极呈现对称的结构。在多数情况下，源极和漏极可互换使用且能正常工作。但极少数的结型场效应管在反接后会导致电压放大倍数大大降低，应通过检测其放大能力加以识别。

（2）结型场效应管的检测。在判断结型场效应管好坏时，应先检测G–S、G–D之间的PN结的良好情况；再按图2–59所示，将万用表调至$R\times100$挡，红表笔接源极，黑表笔接栅极。这时表针指示为R_{DS}的直流电阻值。在测量电阻的同时，用手触摸栅极，观察表针有无明显偏转。若表针偏转越大，则表示管子的性能越好；若测得电阻值趋向零时，说明管子内部已经击穿；若测得电阻值趋于无穷大，则说明管子内部开路。

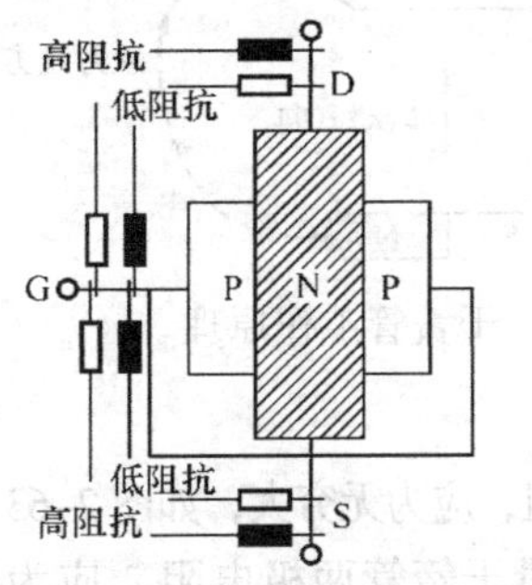

图2–58　结型场效应管管型和引脚的检测（指针式万用表）

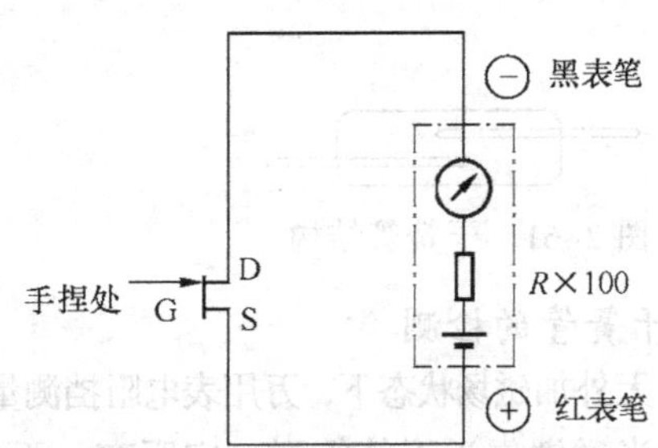

图2–59　判断场效管的性能

2. 绝缘栅型场效应管

（1）绝缘栅型场效应管的结构。绝缘栅型场效应管（简称 MOS 场效应管）按其工作状态分为增强型与耗尽型两类，每类又有 N 沟道和 P 沟道之分。图 2-60 所示为绝缘栅型场效应管的结构图，它是在一块低掺杂的 P 型硅片上，通过扩散工艺形成两个相距很近的、高掺杂的 N 型区，分别称为源极 S 和漏极 D。

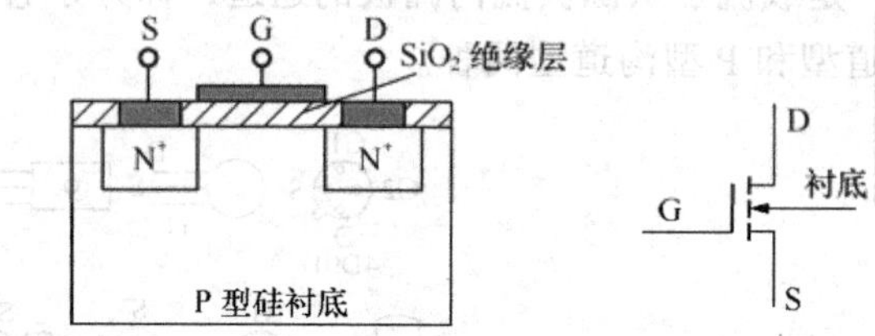

（a）N 沟道增强型绝缘栅场效应管的结构　　（b）电路符号

图 2-60　绝缘栅型场效应管的结构及电路符号

（2）绝缘栅型场效应管的检测。对于 MOS 场效应管的管型引脚和性能判断可参考结型场效应管的判断方法。但由于 MOS 场效应管的输入电阻非常高，容易造成感应电压过高而被击穿，故不能直接用手去捏栅极，必须手捏螺丝刀的绝缘柄，用螺丝刀的金属杆去碰触栅极，以防人体感应电荷直接加到栅极上，引起 MOS 管子的栅极击穿。另外，MOS 场效应管在焊接时，应先将 3 个引脚短路。焊接顺序为漏极、源极，最后才焊栅极，并注意电烙铁要有良好的接地，或者断开电源进行焊接。

知识拓展 2：干簧管的识读

1. 干簧管结构

干簧管又称磁簧开关，是一种磁控元件，结构如图 2-61 所示。干簧管的玻璃管中充有惰性气体，有两片平行的即导磁又导电的簧片。永久磁铁远离干簧管时，内部触头无磁性，处于断路状态，而当永久磁铁靠近干簧管时，簧片沿磁力线方向被磁化，因而簧片触点就感生出极性相反的磁极，因异性磁极有相互吸引的趋势，故当吸引磁力超过簧片的弹力时，触点就会吸合。而在磁铁离开簧管时，磁场不复存在，触点就会被弹力打开，如图 2-62 所示。

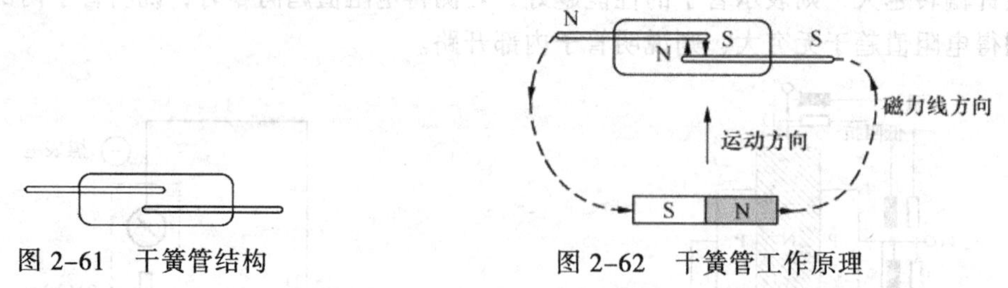

图 2-61　干簧管结构　　　图 2-62　干簧管工作原理

2. 干簧管的检测

（1）无外加磁场状态下，万用表电阻挡测量干簧管两极电阻，应为无穷大，如图 2-63 所示。

（2）当磁铁靠近干簧管到一定距离，万用表电阻挡测量干簧管两极电阻，应为 0 Ω，说明干簧管的两个触点接通，如图 2-64 所示。

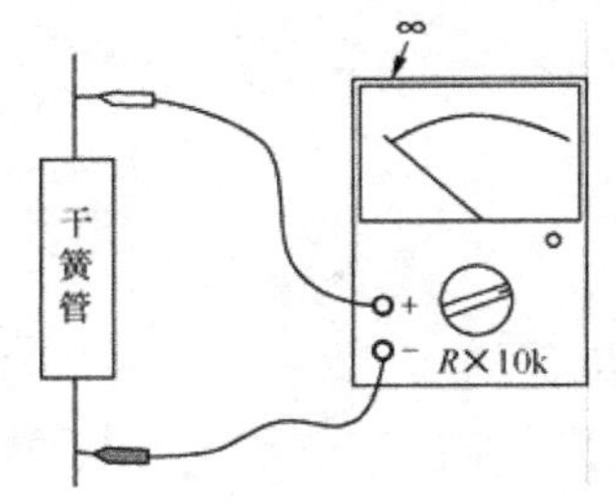

图 2-63　干簧管未外加磁场测试

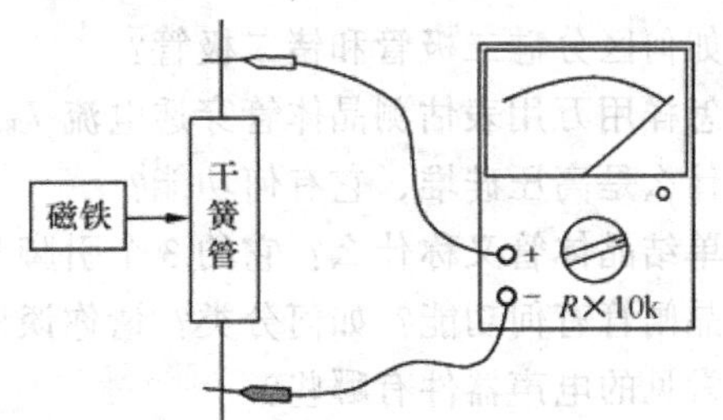

图 2-64　干簧管外加磁场测试

思考与练习

一、填空题

1. 电阻器在电路中起________和限流等作用，是电子产品中用得最多的元件。

2. 固定电阻器的主要参数有________等级等。

3. 色环电阻颜色依次为棕、红、红、银，该电阻为________；依次为绿、蓝、黑、红、棕，该电阻为________；依次为红、紫、黑、棕、棕，该电阻为________。

4. 电容器是一种________器件，它被广泛地用于________电路中，以及与电感组件组成________电路。

5. 电容器的参数有________等。

6. 贴片式元器件又称表面组装元器件，是一种________电子元器件。

7. 二极管具有________特性。

8. 晶体管是具有________的电子器件。

9. 某晶体管型号为 3AD6A，即为________晶体管。

10. 高压硅堆是由________而成的元件。

11. 晶闸管是一种能控制强电的半导体器件，广泛的应用于各种________及________设备中。

12. LED 数码管的内部构造分________2 种。

13. 电声器件是指能将________或者将________的器件。

14 场效应管具有________等特点，

二、判断题

1. 电阻正温度系数是指温度升高时，阻值增大。（　）

2. 电解电容器极性的判别，长引线为负极，短引线为正极。（　）

3. 正温度型电阻器（用字母 NTC 表示）随着温度升高，阻值增大；负温度型电阻器（用字母 PTC 表示）随着温度升高，阻值反而下降。（　）

4. 集电极最大允许电流 I_{CM} 是指当三极管的 β 值下降到最大值的一半时，管子的集电极电流。（　）

5. 光耦合器检测主要有输入级检测、输出级检测、绝缘性能检测。（　）

6. 单结晶体管其 PN 结具有负阻特性，所以它可以方便地构成定时电路和振荡电路。（　）

7. 液晶数字显示器 LCD 是一种功耗极小的场效应器件，属于有源显示器件。（　）

三、简答题

1. 用万用表测量电阻器时要注意什么问题？

2. 如何区分硅二极管和锗二极管？
3. 怎样用万用表估测晶体管穿透电流 I_{CEO}？
4. 什么是高压硅堆，它有何功能？
5. 单结晶体管又称什么？它的 3 个引脚分别是什么？
6. 晶闸管有何功能？如何分类？请你谈谈它有什么特点。
7. 常见的电声器件有哪些？

项目 3

常用仪器仪表操作

人类通过感官来认识这个世界，仪器仪表却是人类感官的延伸。

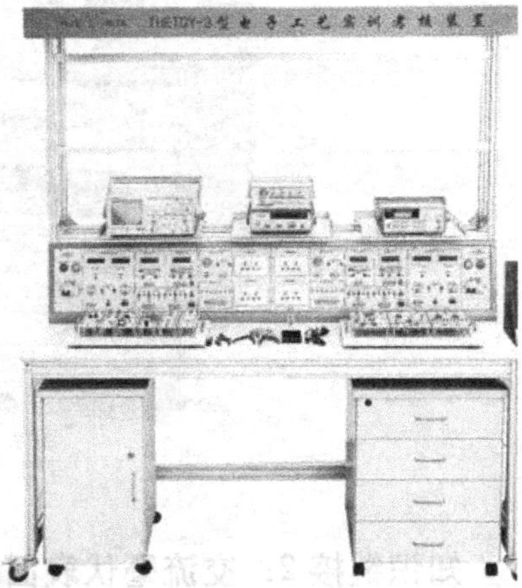

在电子产品的世界里，电子仪表就是人们的眼睛和耳朵。因此，熟悉各类仪表仪器的特性，掌握正确选择和合理使用方法，对于保证电子整机（产品）的质量，加快检测、维修的速度至关重要。

通过本项目的理论学习和实践操作，学会通用示波器、信号发生器、晶体管特性图示仪等仪表的面板识读及基本使用技能。

项目目标

- 熟悉通用示波器面板结构，了解其基本功能；
- 了解低频信号发生器面板结构，理解低频信号发生器的主要功能；
- 熟悉常用直流稳压电源和交流毫伏表面板结构，以及它们的基本功能；
- 了解晶体管特性图示仪面板结构，理解晶体管特性图示仪的主要功能；
- 会正确使用通用示波器进行电压信号的检测，并进行准确的识读；
- 会正确使用低频信号发生器；
- 会正确使用直流稳压电源进行指定电压的输出，会正确使用交流毫伏表进行测试点的测量；
- 初步掌握晶体管特性图示仪进行二极管和三极管特性检测技能。

任务 1　交流毫伏表和直流稳压电源的选用

情景模拟

一天，忠师傅带着小车检修一台小型逆变器。忠师傅告诉小车："逆变器就是将直流电转换成交流电的装置，检修的时候就是看看它的转换功能是否完整。"小车仔细观察忠师傅的检修操作，只见师傅取出两只仪表分别接在逆变器的输入和输出端，摆弄仪表后记录读数。看着小车疑惑的表情，忠师傅对小车说："这是直流稳压电源给逆变器提供稳定的直流电压，那个是交流毫伏表是测量逆变器输出交流电的有效值的。”

同学们，想知道如何使用这两只仪表吗？让我们一起来学习吧！

基础知识

知识链接 1：交流毫伏表的用途

晶体管毫伏表是一种专门用来测量正弦交流电压有效值的交流电压表。主要用于测量毫伏级以下的交流电压。根据测量结果的显示方式及测量原理的不同，电压测量仪器可分为两类：模拟式电压表和数字式电压表。模拟式电压表是指针式的，多用磁电式电流表作为指示器，并在表盘上刻以电压刻度；数字式电压表经模数转化后用电子计数器计数，并以十进制数字显示被测电压值。常见的交流毫伏表如图 3-1 所示。

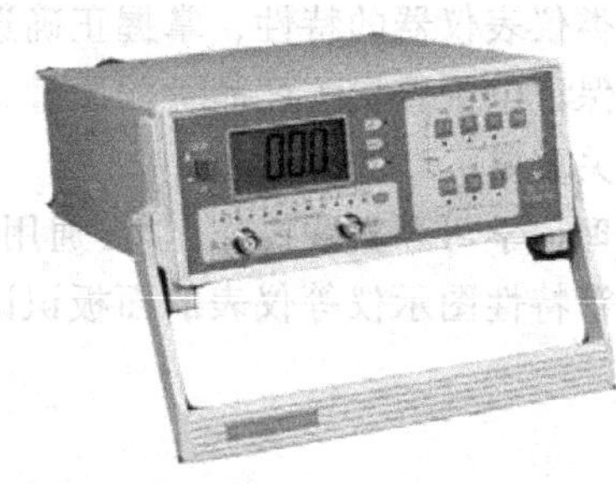

图 3-1　常见的交流毫伏表

知识链接 2：交流毫伏表面板的识读

KH-DD 型晶体管毫伏表是一种常见的交流毫伏表。它能测量 100 μV ~ 300 V 交流电压，−60 ~ +30 dB 的电平测量范围，被测电压频率范围是 10 Hz ~ 2 MHz。其面板布置如图 3-2 所示，各部分功能见表 3-1。

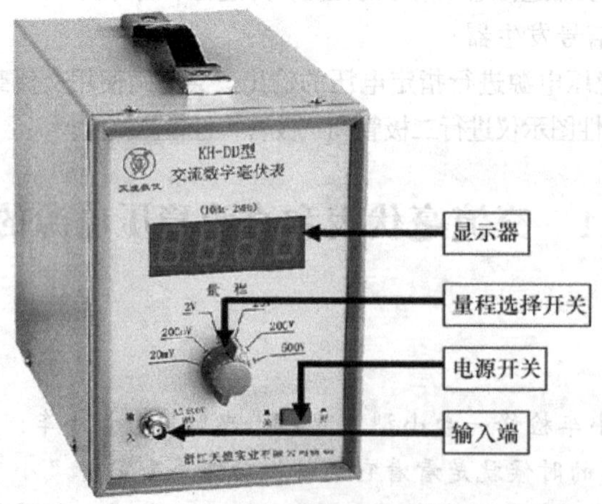

图 3-2　KH-DD 型交流数字毫伏表面板

表 3-1　KH-DD 型晶体管毫伏表的面板各部分功能

面板部分	功　能
电源开关	接通电源后，开关置于开位置，LED 显示器亮
量程选择开关	用于选择测量范围（量程）的开关，共分 20 mV、200 mV、2 V、20 V、200V、600V 六挡。量程开关所指示的电压挡为该量程最大的测量电压。为减少测量误差，应将量程开关放在合适的量程。如果测量前，无法确定被测电压的大小，量程开关应由高量程挡逐渐过渡到低量程挡，以免损坏设备
输入端插座	供输入信号电压用。被测信号通过屏蔽同轴电缆接入，电缆芯线（红色）是高端（信号端），另一端（黑色）是低端（接地端）。低端是接仪器外壳的，所以测量时该端应与被测电路的公共地端连接在一起，否则仪器外壳引入的干扰会使被测电路的工作状态发生变化，测量结果不可靠
LED 显示器	由 4 位 LED 显示器组成，可直接显示测量电压

知识链接 3：交流毫伏表的使用

（1）插上电源。

（2）将量程开关先置于 600 V 量程上，预热 10 min 后即可开始测试。（当电源开关刚接通时，数码管应亮，数字表数字乱跳数秒，这并非故障。）

（3）估计被测电压大小，选取合理的量程。

（4）用红、黑测试夹连接到待测电路两端。

（5）电压显示器显示的数值即为测量的电压。

操作分析

◎找一找：目前交流毫伏表产品情况

请通过仪表商店或者 Internet，收集常用毫伏表型号和技术参数，并将相关内容填写在表 3-2 中。（可根据实际情况每类选择其中 2～3 种填写）。

表 3-2　各种毫伏表性能价格比较表

序号	分类	型号	功　能	品牌	价格	生产厂家
1	指针式					
2	数字式					

◎读一读：毫伏表读数

请根据老师手中数字指示毫伏表的指示读数，并把结果填入表 3-3 中。

表 3-3　毫伏表读数

序号	量程	电压	序号	量程	电压
1			4		
2			5		
3			6		

◎测一测：检测降压变压器实际输出电压

使用交流毫伏表测量降压变压器实际输出电压，并将结果记录如下：

（1）降压变压器标称输出电压值________。

（2）使用交流毫伏表测量降压变压器实际输出电压值：________。

任务总结

把检测降压变压器实际输出电压的认识体会写在表 3-4 中，并完成总结表中各项评价。

表 3-4 总结表

<table>
<tr><td>课　　题</td><td colspan="7">检测降压变压器实际输出电压</td></tr>
<tr><td>班级</td><td colspan="2"></td><td>姓名</td><td></td><td>学号</td><td></td><td>日期</td></tr>
<tr><td>收获与体会</td><td colspan="7"></td></tr>
<tr><td rowspan="5">实训评价</td><td>评定人</td><td colspan="4">评　　语</td><td>等级</td><td>签　　名</td></tr>
<tr><td>自己评</td><td colspan="4"></td><td></td><td></td></tr>
<tr><td>同学评</td><td colspan="4"></td><td></td><td></td></tr>
<tr><td>老师评</td><td colspan="4"></td><td></td><td></td></tr>
<tr><td>综合评定</td><td colspan="4"></td><td></td><td></td></tr>
</table>

知识拓展

知识拓展 1：晶体管毫伏表的使用注意事项

（1）在使用晶体管毫伏表测量较高电压时，一定要注意安全。尽量避免接触可能产生漏电的地方。

（2）当不知被测电路中电压值大小时，必须首先将毫伏表的量程开关置最高量程，然后根据表针所指的范围，采用递减法合理选挡。

（3）晶体管毫伏表具有较高的输入阻抗，容易受到外界电磁干扰的影响。模拟式毫伏表特别在低电压量程下，当输入端悬空，可能造成指针大幅度的摆动，甚至指针持续满偏。这样很容易造成指针损坏。因此，在长期不使用晶体管毫伏表时，应将电源关闭，在短期不使用时，应将量程置于较高电压挡。

（4）只有在保证被测信号是标准正弦波时，才不需要示波器并联检测。否则，一定要用示波器监视被测波形，以保证其是正弦波。这样，测量的结果才有意义。

（5）交流，直流纽子开关：（某些型号的毫伏表）当此纽子开关扳向“交流”，须使用 220 V、50 Hz 的电源供电，扳向“直流”，须外接 12 V 直流电源供电。将外接直流电源线插入仪表右侧面“DC 12V”插孔。注意当纽子开关置于“直流”状态时，不能理解为毫伏表可以测量直流电压。（DA-16 型、DF2173 型和 KH-DD 型面板上没有此开关。）

（6）不可用万用表的交流电压挡代替交流毫伏表测量交流电压（万用表内阻较低，用于测量 50 Hz 左右的工频电压）。

知识拓展2：直流稳压电源及其使用

直流稳压电源是提供直流电压的电源设备，在电网电压波动或负载变化时，能使输出电压保持稳定不变。在向负载提供功率输出时，它可以近似看成一个理想电压源，其电源内阻近似为零。常见的直流稳压电源有JWY-30F型直流稳压电源，具有单路、双路和多路输出，输出电流最小0.5 A，最大10 A，每路输出0～30 V连续可调等特点。其面板结构如图3-3所示。

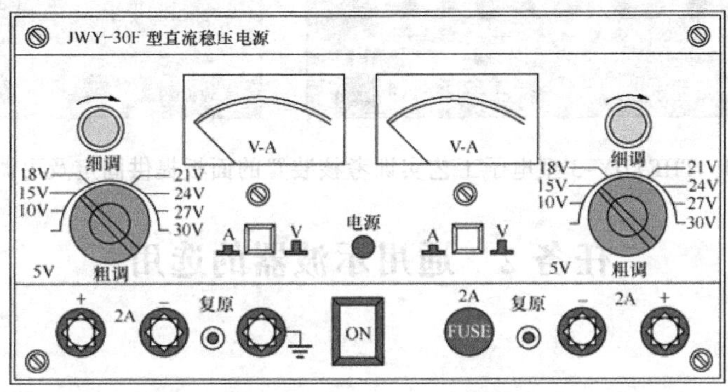

图3-3　JWY-30F型直流稳压电源面板

JWY-30F型直流稳压电源有3种供电方式，分别为单路或者双路独立输出的连接方式、共地的正负电源连接方式（例如输出±12 V）、单路高压电源输出的连接方式（例如输出+40 V）。这3种连接方式的接线详见表3-5。

表3-5　JWY-30F型直流稳压电源连接方式与使用

连接方式	示意图	注意事项
单路、双路独立输出	+ − − +	（1）根据所需要的电压，先调整“粗调”旋钮，再逐渐调整“细调”旋钮，要做到正确配置 （2）调整到所需要的电压后，再接入负载 （3）在使用过程中，如果需要变换“粗调”挡时，应先断开负载，待输出电压调到所需要的值后，再接入负载 （4）在使用过程中，因负载短路或过载引起保护时，应首先断开负载，然后按动“复原”按钮，也可重新开启电源，电压即可恢复正常工作，待排除故障后再接入负载 （5）两路电压可以串联使用，绝不允许并联使用。由于电源是一种供给量的仪器，不允许将输出端长期短路
共地的正负电源连接	+ GND −	
单路高电压输出连接	+ −	

THETDY-3型电子工艺实训考核装置的面板也提供了±12 V/2 A、±5 V/2 A固定直流稳压电源，设有短路、过流保护及自动恢复功能如图3-4所示，还提供了0.0～30 V/0～2 A连续可调直流稳压电源，也具有过载、短路软保护功能，如图3-4所示。

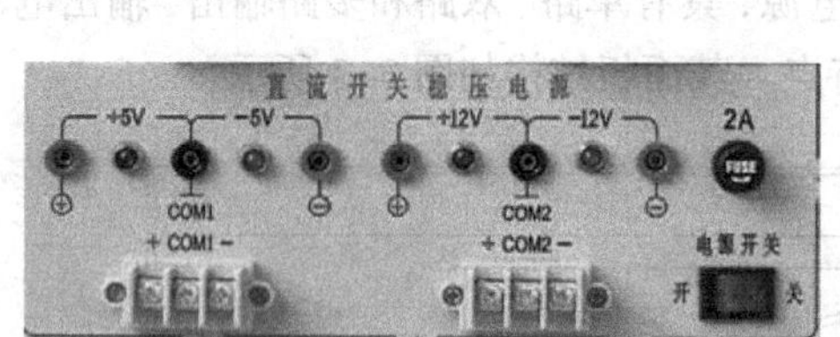

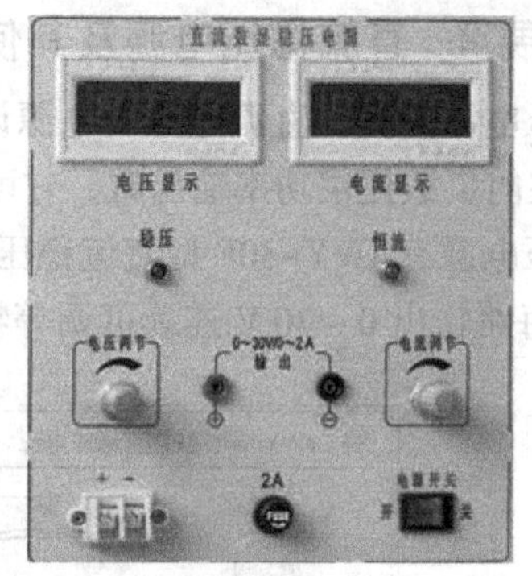

图 3-4 THETDY-3 型电子工艺实训考核装置的面板提供固定及可调电源

任务 2 通用示波器的选用

情景模拟

忠师傅带着小车检修小型逆变器，检修完毕后。忠师傅搬出了一台仪器接在了逆变器的输出端，然后接通电源。这时，在仪器上就显示了一段正弦弧形，忠师傅仔细观看了一会儿很满意地笑了笑，小车知道逆变器已经修好了。忠师傅指着仪器对小车说："这叫示波器，是我们检测电子装备的另一个法宝。"

师傅为什么看了示波器上显示的弧线就能判断出逆变器修好了？这是一台怎样的仪器呢？让我们一起来学一学，做一做！

基础知识

知识链接 1：通用示波器的用途

示波器是一种用途十分广泛的电子测量仪器。它能把肉眼看不见的电信号变换成看得见的图像，便于人们研究各种电现象的变化过程。它可进行交、直流电压，周期性信号的周期或频率，脉冲波的脉冲宽度，上升和下降时间，同一信号中任意两点的时间间隔，同频率两信号间的相位差，调幅波的调幅系数和调频指数与频偏等各种电量参数的测量。常见的示波器如图3-5所示。

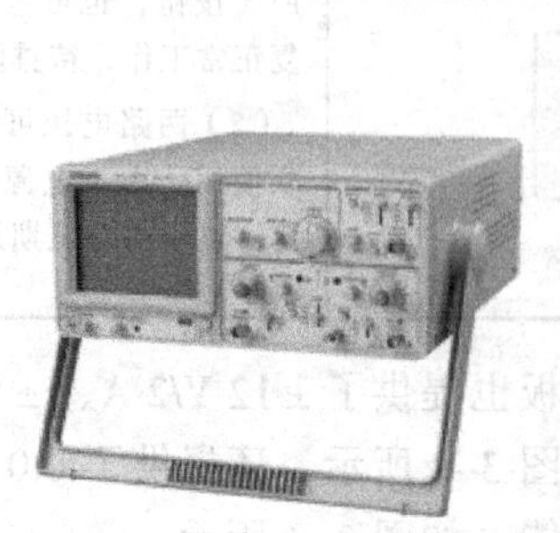

图 3-5 常见的通用示波器

知识链接 2：通用示波器面板的识读

通用示波器是一种应用较为广泛的示波器，它是采用单束示波管的宽带示波器。常见的有单踪和双踪示波器。麦创 MOS-620CH 型示波器的面板布置如图 3-6 所示，各部分功能见表 3-6。

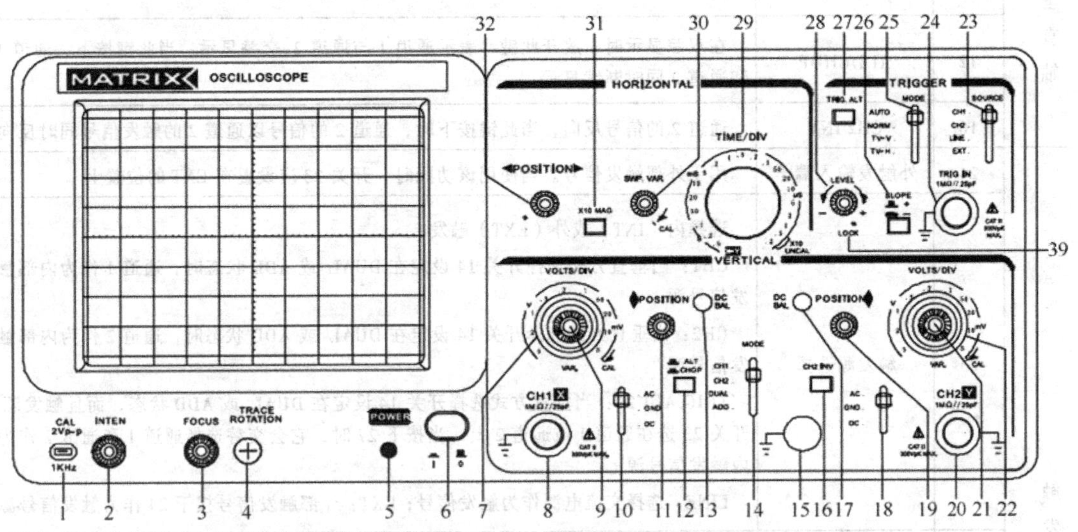

图 3-6　麦创 MOS-620CH 模拟示波器前面板

表 3-6　麦创 MOS-620CH 型示波器的面板各部分功能

模　块	序号	面板名称	功　　能
CRT	6	电源	主电源开关，当此开关开启时发光二极管⑤发亮
	2	亮度	调节轨迹或亮点亮度
	3	聚焦	调节轨迹或亮点聚焦
	4	轨迹旋转	半固定的电位器用来调整水平轨迹与刻度线的平行
	33	滤色片	使波形看起来更加清晰
垂直轴	8	CH1（X）输入	在 X-Y 模式下，作为 X 轴输入端
	20	CH2（Y）输入	在 X-Y 模式下，作为 Y 轴输入端
	10 18	AC-GND-DC	选择垂直轴输入信号的输入方式： AC：交流耦合。GND：垂直放大器的输入接地，输入信号被断开。DC：交流耦合
	7 22	垂直衰减开关	调节垂直偏转灵敏度从 5 mV/div～5 V/div，分 10 挡
	9 21	垂直微调	微调灵敏度大于或等于 1/2.5 标示值，在校正位置时，灵敏度校正为标示值
	13 17	CH1 和 CH2 DC　BAL	这两个用于衰减器的平衡调试
	11 19	垂直位移	调节光迹在屏幕上的垂直位置

续表

模块	序号	面板名称	功能
垂直轴	14	垂直方式	选择 CH1 和 CH2 放大器的工作模式；CH1 或 CH2：通道 1 或通道 2 单独显示；DUAL：两个通道同时显示；ADD：显示两个通道的代数和 CH1+CH2
	12	ALT/CHOP	在双踪显示时，放开此键，表示通道 1 与通道 2 交替显示，当此键按下，通道 1 和通道 2 同时断续显示
	16	CH2 INV	通道 2 的信号反向，当此键按下时，通道 2 的信号以通道 2 的触发信号同时反向
触发	24	外触发输入端子	用于外部触发信号。当使用该功能时，开关 23 应设置在 EXT 的位置上
	23	触发源选择	选择内（INT）或外（EXT）触发 CH1：当垂直方式选择开关 14 设定在 DUAL 或 ADD 状态时，通道 1 作为内部触发信号源 CH2：当垂直方式选择开关 14 设定在 DUAL 或 ADD 状态时，通道 2 作为内部触发信号源 TRIG.ALT 27：当垂直方式选择开关 14 设定在 DUAL 或 ADD 状态，而且触发源开关 23 选在通道 1 或通道 2 上，当按下 27 时，它会交替选择通道 1 和通道 2 作为内触发信号源 LINE：选择交流电源作为触发信号；EXT：外部触发信号接于 24 作为触发信号源
	26	极性	触发信号的极性选择。“+”上升沿触发，“-”下降沿触发
	28	触发电平	显示一个同步稳定的波形，并设定一个波形的起始点。向“+”旋转触发电平向上移，向“-”旋转触发电平向下移
	25	触发方式	选择触发方式： AUTO：自动。当没有触发信号输入时扫描在自由模式下 NORM：常态。当没有触发信号时，踪迹处在待命状态并不显示 TV-V：电视场。当想要观察一场的电视信号时 TV-H：电视行。当想好观察一行的电视信号时
时基	29	水平扫描速度开关	扫描速度可以分为 20 挡，从 0.2 μs/DIV 到 0.5 s/DIV。
	30	水平微调	微调水平扫描时间，使扫描时间被矫正到面板上 TIME/DIV 指示的一致。TIME/DIV 扫描速度可连续变化，当反时针旋转到底为矫正位置
	32	水平位移	调节光迹在屏幕上的水平位置。
	31	扫描扩展开关	按下时扫描速度扩展 10 倍
其他	1	CAL	提供峰-峰值为 2V，频率 1kHz 的方波信号，用于校正 10:1 探头的补偿电容器和检测示波器垂直于水平的偏转因素
	15	GND	示波器机箱的接地端子
	40	频率数码显示	波形同步后准确地显示出被测信号的频率

知识链接 3：通用示波器的使用

1. 通用示波器使用前的准备

使用示波器检测信号前，要对几个旋钮的位置进行检查。

按表 3-7 所示对各控制器件进行设置。

表 3-7 麦创 MOS-620CH 型示波器开机前各控制器件设置

功 能	序 号	设 置
电源（POWER）	6	关
亮度（INTEN）	2	居中
聚焦（POCUS）	3	居中
垂直方式（VERT MODE）	4	通道 1
交替/断续（ALT/CHOP）	12	释放（ALT）
通道 2 反向（CH2 INV）	16	释放
垂直位置（▲▼POSITION）	11、19	居中
垂直衰减（VOLTS/DTV）	7、22	0.5 V/DIV
调节（VARIABLE）	9、21	CAL（校正位置）
AC-GND-DC	10、18	GND
触发源（Source）	23	通道 1
极性（SLOPE）	26	+
触发交替选择（TRTG.ALT）	27	释放
触发方式（TRIGGER MODE）	25	自动
扫描时间（TIME/DIV）	29	0.5 ms/DIV
微调（SWP.VER）	30	校正位置
水平位置（◀▶POSITION）	32	居中
扫描扩展（X10 MAG）	31	释放
元件测试端口	42	元件接入口
元件测试开关按钮	43	元测测试开关按钮

将开关和控制部分按以上设置后，接上电源线。

（1）电源接通，电源指示灯亮越 20 s 后，屏幕出现光迹；如果 60 s 后还没有光迹，再重新检查开关和控制旋钮的设置。

（2）分别调节亮度、聚焦，使光迹亮度适中，清晰。如果图像不在正中央，可以微调一下水平或垂直位移旋钮使其移至中央。

（3）调节通道 1 位移旋钮与迹旋转电位器，使光迹与水平刻度平行。

（4）用 10：1 探头将校正信号输入至 CH1 输入端。

（5）将 AC-GND-DC 开关设置在 AC 状态。一个如图 3-7 所示的方波将会出现在屏幕上。

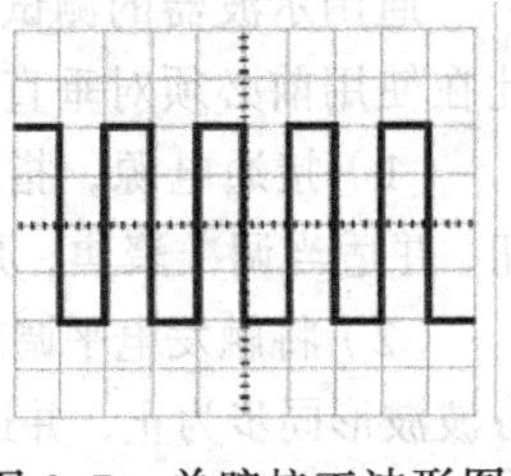

图 3-7 单踪校正波形图

（6）调整聚焦使图形清晰。

（7）对于其他信号的观察，可通过调整垂直衰减开关，扫描时间到所需的位置，从而得到清晰的图形。

（8）调整垂直和水平位置旋钮，使得波形的幅度与时间容易读出。

以上为示波器最基本的操作，通道 2 的操作与通道 1 的操作基本相同。

2. 用通用示波器进行测量

通用示波器可测量直流、交流电压，具体方法见表 3-8。

表 3-8 通用示波器测量交、直流电压

项目	测量直流电压	测量交流电压	
		测量交流电压值	测量周期和频率
使用要点	① 将“Y轴被测信号输入耦合方式的转换开关”置于“⊥”位置 ② 将“电平旋钮”置于自激状态（“自动”），此时荧光屏上出现扫描基线，即零电平参考基准线 ③ 调节“垂直位移旋钮”，使扫描基线正好处于荧光屏中央坐标上 ④ 将“Y轴被测信号输入耦合方式的转换开关”置于“DC”位置，加入被测信号，扫描基线在Y轴方向产生位移 ⑤ 根据荧光屏坐标刻度读出扫描基线与零电平基线之间的距离H（几个DIV）； ⑥ 根据U=V/DIV×HDIV算出直流电压值	① 在调出扫描基线后，将“Y轴被测信号输入耦合方式的转换开关”置于“AC”位置 ② 将被测的输入信号送入，根据被测信号的幅度与频率的大小选择合适的V/DIV和t/DIV的挡位，让波形的振幅与数量在屏幕上适中 ③ 通过调节电平按钮使波形稳定 ④ 根据荧光屏坐标刻度读出整个波形所占Y轴方向的高度H（几个DIV）； ⑤ 根据U_{p-p}=V/DIV×H DIV算出交流电压峰-峰值	① 选择合适的t/DIV，使波形适中且易读； ② 根据荧光屏坐标刻度读出整个波形所占X轴方向的距离H（几个DIV）； ③ 读取t/DIV时基扫描速率选择开关的标称值； ④ 根据T=t/DIV×HDIV算出交流电压周期，取倒数即为交流电压频率
图示	V/DIV　H　零电平基准线　t/DIV V/DIV挡标称值为2 V/DIV，H为3 DIV，U=2 V/DIV×3 DIV=6 V	V/DIV　H　t/DIV V/DIV挡标称值为0.5 V/DIV，H为4 DIV，U_{p-p}=0.5 V/DIV×4 DIV=2 V	D=8DIV　V/DIV　H　t/DIV 选用扫描速率为0.2 ms/DIV，H为8 DIV，T=0.2 ms/DIV×8 DIV=1.6 ms，f=1/T=6 25Hz

注：如果使用10:1衰减探头，计算的电压值应增加10倍。

通用示波器的测试精度与电源电压有关，当电网电压偏离时，会产生较大的测量误差。因此在使用前必须对垂直和水平系统进行校准，具体步骤如下：

（1）接通电源，指示灯亮，进行预热，顺时针调节辉度旋钮，并适当调准聚焦，屏幕上就显示出不同步的校准信号方波。

（2）将触发电平调离“自动”位置，逆时针方向旋转旋钮使方波波形同步为止，并适当调节水平移位旋钮和垂直移位旋钮。

（3）分别调节垂直输入部分增益校准旋钮和水平扫描部分的扫描校准旋钮，使屏幕显示的标准方波的垂直幅度为5 DIV，水平宽度为10 DIV，如图3-8所示，示波器便可正常工作了。

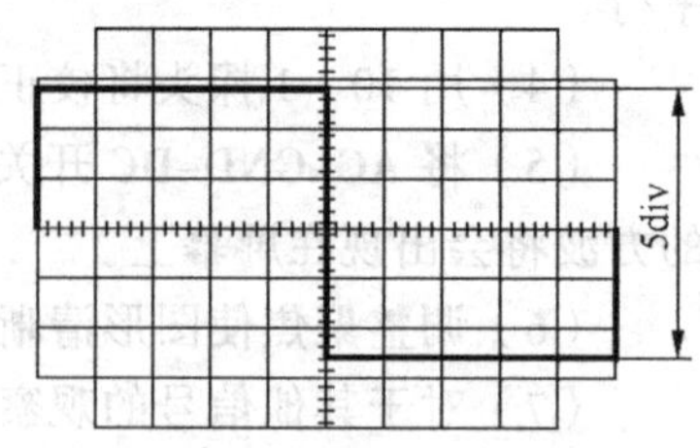

图 3-8 标准方波波形

操作分析

◎认一认：波形读数

示波器屏幕显示如图3-9所示，请根据量程进行读数，并把结果填入空格中。

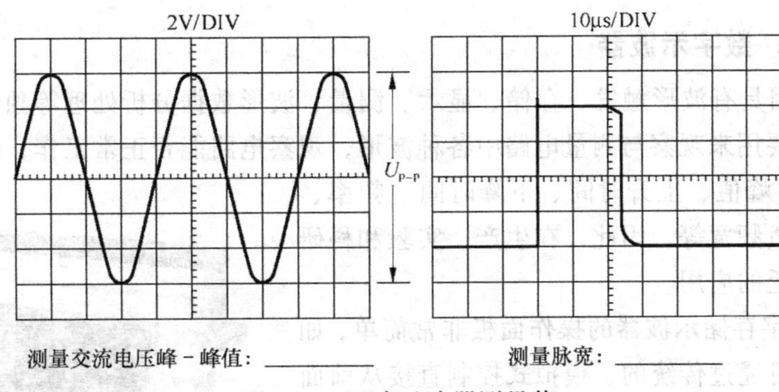

图 3-9 识读示波器测量值

◎测一测：某信号

参见表 3-8 操作步骤，使用通用示波器检测某信号的电压值和周期，并填写在表 3-9 中。

表 3-9 检测某信号的电压值和周期

项 目	电 压 值	周 期 值
波形图		
选择挡位		
读数		

任务总结

把通用示波器（面板）的识读与使用的认识体会写在表 3-10 中，并完成总结表中各项评价。

表 3-10 通用示波器（面板）的识读与使用总结表

课 题	通用示波器（面板）的识读与使用						
班级		姓名		学号		日期	
收获与体会							
实训评价	评定人	评 语				等级	签名
	自己评						
	同学评						
	老师评						
	综合评定						

知识拓展 1：数字示波器

数字示波器因具有波形触发、存储、显示、测量、波形数据分析处理等独特优点，其使用日益普及。它主要用来观察与测量电路中各种波形，观察电路能否正常工作，测量波形的有效值、平均值、峰-峰值、上升时间、下降时间、频率、周期、正频宽、负频宽等。因此，在生产、实验和科研工作中，有着广泛的应用。

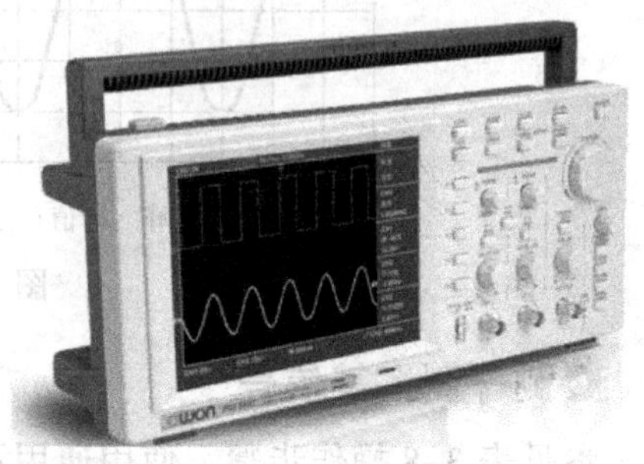

图 3-10　TDS 1002 数字示波器

TDS 1002 数字存储示波器的操作面板非常简单，如图 3-10 所示。可通过传统的、模拟式控制直接从前面板使用最常用的功能。自动设置（autoset）功能可自动检测正弦波、方波以及视频信号，并可提供有关测量的读出值，还可通过该功能选择信号的其他图谱，如上升和下降边沿图、视频行和场图以及 FFT 图。探头校验向导可协助设定衰减系数，并进行探头补偿。通过示波器所提供的上下文相关菜单、主题索引和超链接等，使用者可以有选择地学习示波器各项功能的操作方法。

知识拓展 2：虚拟示波器

现在计算机的普及程度也达到了相当的规模，利用计算机以及附加的数字采集模块实现一个灵活便捷的虚拟示波器能够满足大多数的工作、学习和开发需要，并且可以通过较低代价的硬件和软件升级实现相当复杂的信号处理功能，能够以较低的成本、较小的体积实现配置灵活的智能仪器组合；完全可以与便携计算机结合，构成便携式检测维修工作站。目前已经有计算机并口通信的数据采集器，随着 USB 的应用日趋广泛和深入，如果将 USB 功能融合在里面则可以实现更高的数据传输率，更方便的使用方式，更为优越的体现出虚拟仪器的性能。FlashDSO XP USB 接口的数字存储示波器硬件外形和软件界面如图 3-11 所示。

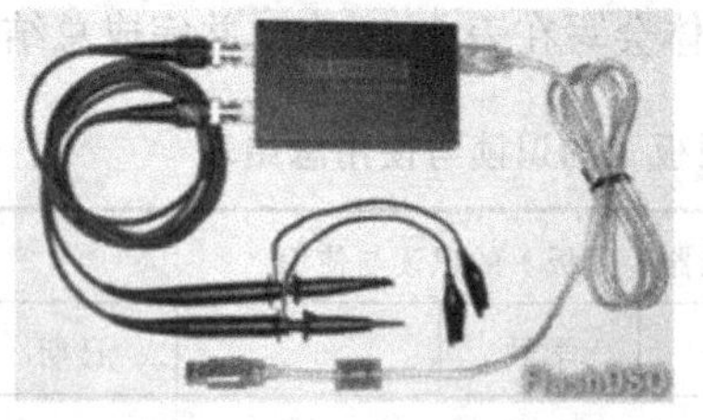

（a）实物图

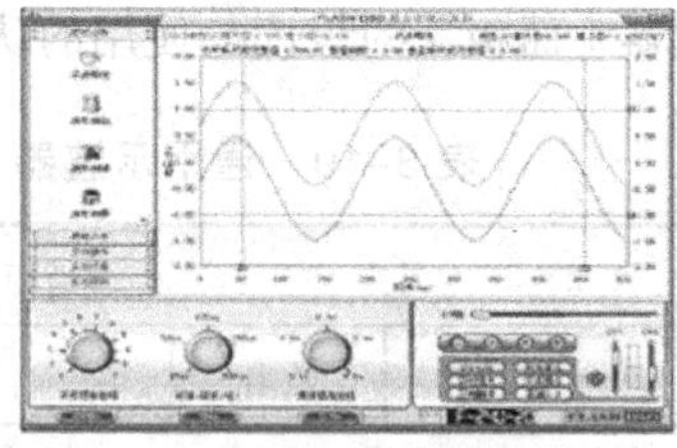

（b）软件界面

图 3-11　FlashDSO XP USB 接口的数字存储示波器

虚拟仪器（Virtual Instruments，VI）技术发展非常迅速，所有测量测试仪器的主要功能可由：①数据采集，②数据测试和分析，③结果输出显示 3 大部分组成。其中数据分析和结果输出完全可由基于计算机的软件系统来完成，因此只要另外提供一定的数据采集硬件，就可构成基于计算机组成的测量测试仪器。基于计算机的数字化测量测试仪器就称之为虚拟仪器（VI）。虚拟仪器可使用相同的硬件系统，通过不同的软件就可以实现功能完全不同的各种测量测试仪器，即软件系统是虚拟仪器的核心，软件可以定义为各种仪器，因此可以说“软件即仪器”。

任务3　信号发生器的选用

情景模拟

学校操场上的一台功率放大器坏了。检修电子设备又是小田的弱项，得好好向忠师傅请教。忠师傅让小田打开功率放大器，指导小田用万用表测试几个点的电位，然后让小田更换了元器件，最后让小田搬出一台仪器接入功率放大器的输入端口，再通过示波器观察功率放大器的输出信号波形，经检查功率放大器已经能正常工作了。忠师傅告诉小田接在功率放大器输入端的仪器叫做信号发生器，主要是给功率放大器提供一定频率的信号，用来检查功率放大器的放大能力。

你想知道信号发生器是如何使用的吗？让我们一起来学一学，做一做！

基础知识

知识链接1：信号发生器的用途

信号发生器是一种能提供各种频率、波形和输出电平电信号，常用做测试的信号源或激励源的设备。信号发生器又称信号源或振荡器，在生产实践和科技领域中有着广泛的应用。由于各种波形曲线均可以用三角函数方程式来表示。因此我们把能够产生多种波形，如三角波、锯齿波、矩形波（含方波）、正弦波的电路被称为函数信号发生器。按其输出信号的频率又分为超低频、低频、高频和超高频信号发生器，这里介绍高频和低频信号发生器，如图3-12所示。

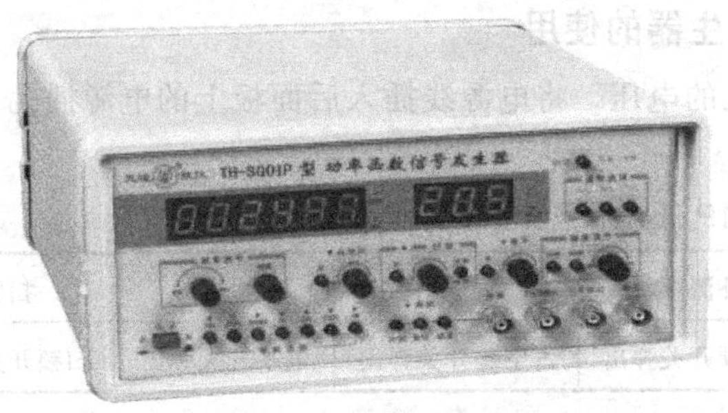

（a）低频信号发生器

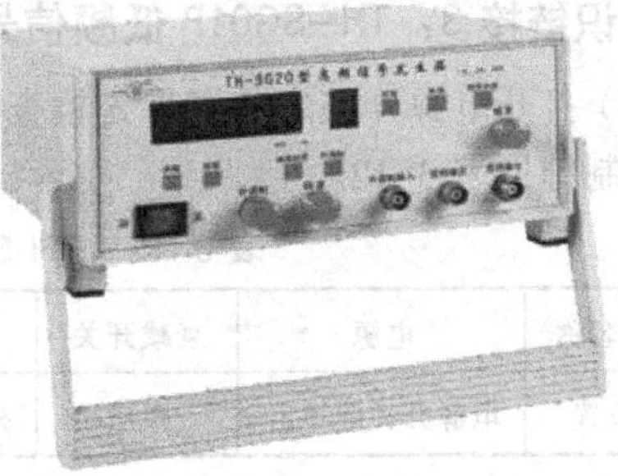

（b）高频信号发生器

图 3-12　信号发生器

知识链接2：低频信号发生器面板的识读

低频信号发生器产生幅度和频率 1 Hz ~ 1 MHz 可调的低频正弦波信号，常用的低频信号发生器有 TH-SG01P 型等。高频信号发生器能产生频率范围为 100 kHz ~ 350 MHz 的正弦波信号，常用的高频信号发生器有 TH-SG20 型等。TH-SG01P 型低频信号发生器的面板布置如图 3-13 所示，各部分功能见表 3-11。

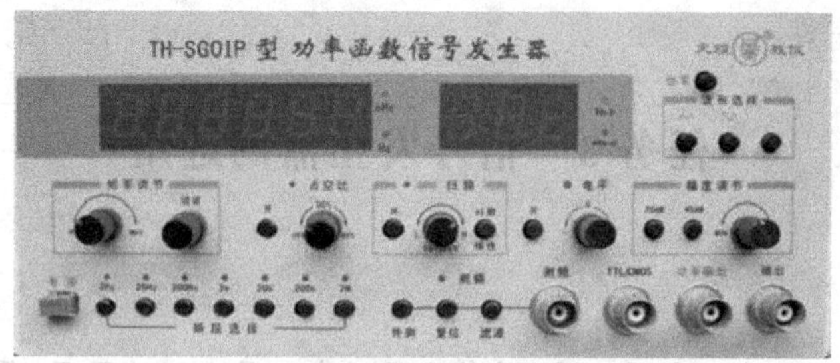

图 3-13　TH-SG01P 型低频信号发生器的面板

表 3-11　TH-SG01P 型低频信号发生器的面板各部分功能

面板部分	功　能
频率显示	此窗口指示输出信号的频率，当“外测”开关按入，显示外测信号的频率
频率调节	调节此旋钮改变输出信号频率，顺时针旋转，频率增大，逆时针旋转，频率减小，微调旋钮可以微调频
频率范围	根据所需要的频率，按其中一键
电压幅度显示	3 位 LED 显示输出电压值，输出接 50 Ω 负载时应将读数/2
电压波形选择	按对应波形的某一键，可选择需要的波形（三角波、方波、正弦波）
电压幅度调节	顺时针调节此旋钮，增大电压输出幅度。逆时针调节此旋钮可减小电压输出幅度
占空比调节	将占空比开关按入，占空比指示灯亮，调节占空比旋钮，可改变波形的占空比
扫频	按入扫频开关，电压输出端口输出信号为扫频信号，调节速率按钮，可改变扫频速率，改变线性/对数开关可产生线性扫频和对数扫频
测频	测量外部输入的频率，在输出频率显示床显示
电平调节	按入电平调节开关，电平指示灯亮，此时调节电平调节旋钮，可改变直流偏置电平

知识链接 3：TH-SG01P 低频信号发生器的使用

（1）打开电源开关之前，首先检查输入的电压，将电源线插入后面板上的电源插孔，设定各个控制键见表 3-12。

表 3-12　TH-SG01P 低频信号发生器开机设置

控制键名称	电源	衰减开关	外测频	占空比	电平	扫频
设置位置	电源开关键弹出	弹出	外测频开关弹出	占空比开关弹出	电平开关弹出	扫频开关弹出

所有的控制键如上设定后，打开电源。函数信号发生器默认 20k 挡正弦波，LED 显示窗口显示本机输出信号频率。

（2）波形、频率选择，将“波形选择开关”分别按需要设置成正弦波、方波、三角波；根据所需频率，调节“频段选择按钮”和“频率调节旋钮”，示波器显示的波形以及 LED 窗口显示的频率将发生明显变化。

（3）输出电压幅度调节，调节“幅度调节旋钮”得到所需电压值，示波器显示的波形幅度最大值为 20V，按下“20dB”按钮则对应电压衰减 10 倍。从而得到微小的输出电压信号。

（4）在“三角波”输出时，调节“占空比”旋钮，三角波将变成所需的斜波。

（5）使用完毕，应将“幅度调节”旋钮旋至最小，然后关闭电源。

操作分析

◎找一找：目前函数信号发生器产品情况

请通过仪表商店或者 Internet，收集常用函数信号发生器型号和技术参数，并将相关内容填写在表 3-13 中。（可根据实际情况每类选择其中两三种填写）。

表 3-13　各种函数信号发生器性能价格比较表

序号	型号	功能	品牌	价格	生产厂家
1					
2					
3					
4					
5					
6					

◎测一测：检测低频信号发生器输出信号幅值

将 TH-SG01P 型低频信号发生器的输出频率调至 1 kHz，调节“幅度调节”旋钮使该仪器上显示输出电压为 4V，将“输出衰减”按钮置于 20dB、40dB 位置，分别用晶体管毫伏表与万用表测量结果，并将测量值填入表 3-14 中。

表 3-14　检测低频信号发生器输出信号幅值

输 出 衰 减	0 dB	20 dB	40 dB
电压表 4 V 时实际输出值	4 V	0.4 V	0.04 V
晶体管毫伏表测量结果			
万用表测量结果			

◎想一想：为什么两组测量值不同

为什么使用晶体管毫伏表和万用表测量低频信号发生器输出信号幅值时，两组测量值不同？

任务总结

把检测低频信号发生器输出信号幅值的认识体会写在表 3-15 中，并完成总结表中各项评价。

表 3-15　检测低频信号发生器输出信号幅值总结表

<table>
<tr><td>课　题</td><td colspan="7">低频信号发生器输出信号幅值的检测</td></tr>
<tr><td>班级</td><td></td><td>姓名</td><td></td><td>学号</td><td></td><td>日期</td><td></td></tr>
<tr><td>收获与体会</td><td colspan="7"></td></tr>
<tr><td rowspan="5">实训评价</td><td>评定人</td><td colspan="4">评　语</td><td>等级</td><td>签名</td></tr>
<tr><td>自己评</td><td colspan="4"></td><td></td><td></td></tr>
<tr><td>同学评</td><td colspan="4"></td><td></td><td></td></tr>
<tr><td>老师评</td><td colspan="4"></td><td></td><td></td></tr>
<tr><td>综合评定</td><td colspan="4"></td><td></td><td></td></tr>
</table>

知识拓展

知识拓展 1：高频信号发生器面板的识读

高频信号发生器能产生频率范围为 100 kHz ~ 350 MHz 的正弦波信号，常用的高频信号发生器有 XFG–7 型等。XFG–7 型的高频信号发生器的面板布置如图 3–14 所示，各部分功能见表 3–16。

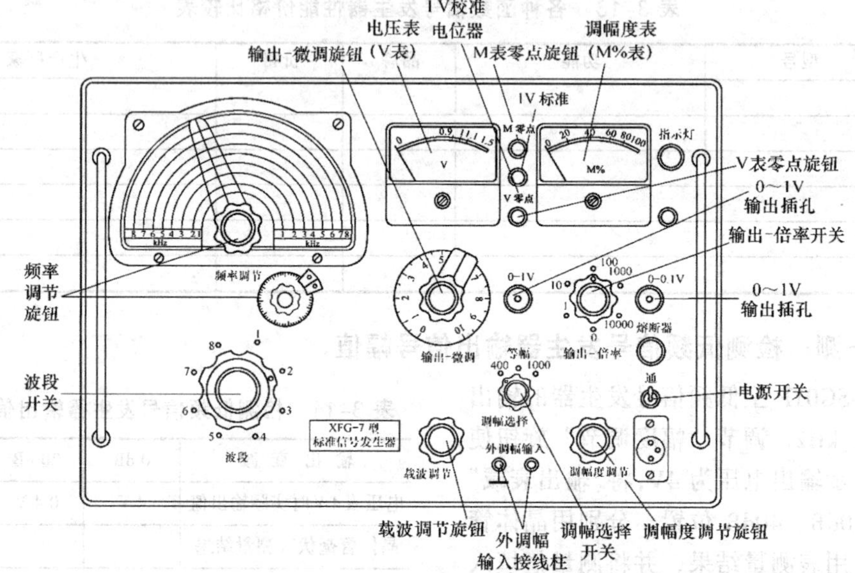

图 3–14　XFG–7 型高频信号发生器的面板

表 3–16　XFG-7 型高频信号发生器的面板各部分功能

面 板 部 分	功　　能
频率调节旋钮	分粗调、细调，供在每个频段上连续任意调节所需高频信号
电压表（V 表）	指示等幅输出信号电压，开路输出电压 0 ~ 1V
1V 校准电位器	校准电压表的 1V 挡读数
V 表零点旋钮	调节电压表零点平衡，使电压表无输入时指在零点
调幅度表（M%表）	“M%”表，指示输出调幅波信号的调幅度
0 ~ 1V 输出插孔	输出信号 0.1V 时使用该插孔。当载波电压为 1V 时，该插孔输出的信号电压为 0 ~ 1V
输出-倍率开关	分 1、10、100、1000、10000 五挡，仅对“0 ~ 0.1 V”插孔的输出有影响
0 ~ 0.1V 输出插孔	该插孔的输出信号幅度由“输出-微调”旋钮和“输出-倍率”开关的乘积决定，单位为 μV
调幅选择开关	用以改变内调制信号发生器的输出频率，分三挡：“400”挡时输出 400Hz 调幅波；“等幅”挡时输出等幅波；“1000”挡时输出 1000Hz 调幅波
调幅度调节旋钮	调幅度表“M%”，用以改变内调制信号发生器的音频输出信号的幅度
外调幅输入接线柱	作为 1kHz 和 400Hz 以外的调制信号输入端。 注意：黑色接线柱表示接地
载波调节旋钮	用来改变载波信号的幅度，使电压表始终指示 1 V
输出-微调旋钮	用以连续改变输出信号的幅度
波段开关	用以改变工作频段，分八个频段，输出信号频率为 100kHz ~ 30MHz

知识拓展 2：XFG-7 型高频信号发生器的使用

1. XFG-7 型高频信号发生器使用前的准备

（1）开机前，检查机壳接地是否良好，将各旋钮旋至初始位置，“载波调节”和“调幅度调节”旋钮逆时针旋到底，“输出-微调”旋钮逆时针旋至最小，“输出-倍率”开关置“1”处。

（2）电表的机械调零，调节“V”表和“M%”表的机械调零旋钮，使表的指针对准零位。

（3）接通电源，仪器预热 5min 后即可使用，若要进行高精度测量，则需要预热 30 min。

（4）电压表电气调零，将“波段”开关置于任何两挡之间，也就是波段开关不在固定位置上，这时主振荡器回路的电感没接通，振荡器不工作，无信号输出，然后再调节面板上的“V 表零点”旋钮，使“V”表的指针对准零位。

2. XFG-7 型高频信号发生器的操作

等幅波输出和调幅波输出操作具体步骤见表 3-17。

表 3-17　等幅波输出和调幅波输出操作步骤

项目	等幅波输出	调幅波输出	
		内　调　制	外　调　制
使用要点	① 将“调幅选择”开关置于“等幅”位置 ② 将“波段”开关旋至所需波段，调节“频率调节”粗调旋钮到所需频率，然后再调节微调旋钮以得到准确的频率 ③ 调节“载波调节”旋钮，使电压表指针指在红线“1V”的位置，然后将带有分压器的电缆插入“0～0.1V”插孔中，并用铜盖盖在“0～1 V”插孔上，拧紧以防泄漏辐射 ④ 当需要输出 1 μV～0.1 V 电压时，从电缆“1 V”端输出，然后调节“输出-微调”旋钮和“输出-倍率”开关，可得到所需电压。计算电压值时，用“输出-微调”旋钮的读数乘“输出-倍率”开关指示的数即可，单位为 μV ⑤ 若要得到 1μV 以下的输出电压，必须使用带有分压器的输出电缆，如果是在电缆的“0.1”接线柱上引出信号，则还应将按④的方法计算而得的数值上乘 0.1。 ⑥ 若需输出 0.1V 的电压值，应从“0～1 V”的插孔输出，然后调节“输出-微调”旋钮，即可得所需电压	① 将“调幅选择”开关置于 400Hz 或 1 000Hz 位置。 ② 将“调幅度调节”旋钮逆时针旋到底，用前述方法对“V”表进行电器调零。 ③ 按选择等幅振荡频率的方法选择载波频率。 ④ 调节面板上的“M%零点”按钮，使“M%”表指针对准零位。 ⑤ 调节“调幅度调节”旋钮，使“M%”表的指针指在 30%的标准调幅度刻度线上。 ⑥ 调节“输出-调节”旋钮和“输出-倍率”开关得到所需电压，计算方法与等幅输出相同	① 将“调幅选择”开关置于“等幅”位置。 ② 按选择等幅振荡频率的方法选择载波频率。 ③ 选择适当的音频信号发生器作为外调制信号源。 ④ 接通音频信号发生器的电源，预热后将输出调到最小，然后将它接到“外调幅输入”接线柱上并逐渐加大信号幅度，一直加到“M%”表指示的调幅度满足要求位置。 ⑤ 调节“输出-微调”旋钮和“输出-倍率”开关，达到所需的电压值，计算方法与等幅输出相同

任务 4　晶体管特性图示仪的选用

情景模拟

一天，小车在修理部整理元器件，看到废物箱里有一些很新的三极管。于是，他就把这些新元件拾起来，准备放到工具箱里备用。这时，忠师傅注意到他的行为，立刻制止了他的行动。告诉小车这些元器件是报废的不能再使用了。这么新的元器件，怎么不能用了呢？小车流露出疑惑的眼神。忠师傅就带小车到仪器旁，对小车说：“这是晶体管特性图示仪，是专用测试晶体管质量的仪器，你可以用它来检测你捡到的三极管。”说着就指导小车使用仪器进行三极管质量检测。

同学们，你想知道忠师傅是如何使用晶体管特性图示仪进行三极管质量检测的吗？让我们来一起学一学，做一做！

基础知识

知识链接 1：晶体管特性图示仪的用途

晶体管特性图示仪又称晶体管图示仪，在示波管屏幕上，能直接观察晶体管的特性曲线，借助屏幕上的标尺刻度，能直接或间接地测定晶体管的各项参数。常见的晶体管特性图示仪外形如图 3-15 所示。

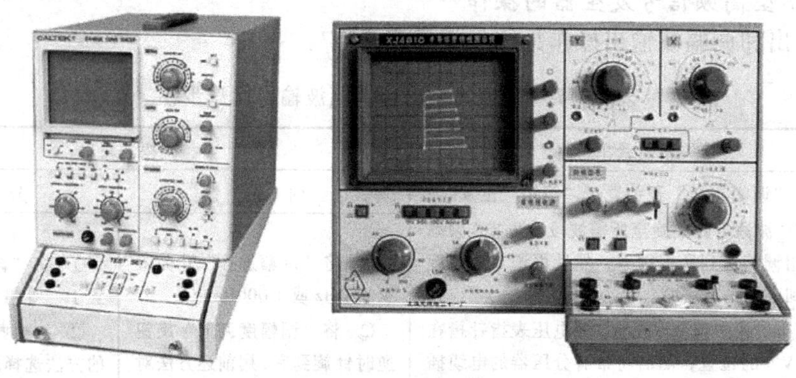

图 3-15　常见的晶体管特性图示仪

知识链接 2：晶体管特性图示仪面板的识读

XJ4810 型图示仪是一种晶体管特性图示仪，它既能测试 PNP、NPN 型晶体三极管的共发射极、共集电极和共基极的输出特性、输入特性和参数特性，还能测量晶体三极管的各种极限参数。其面板布置如图 3-16 所示，各部分功能见表 3-18。

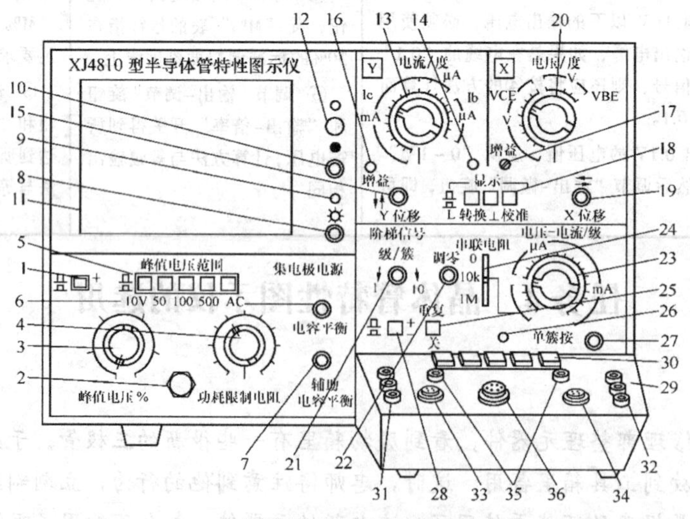

（a）XJ4810 型晶体管特性图示仪面板

图 3-16　XJ4810 型晶体管特性图示仪的面板图

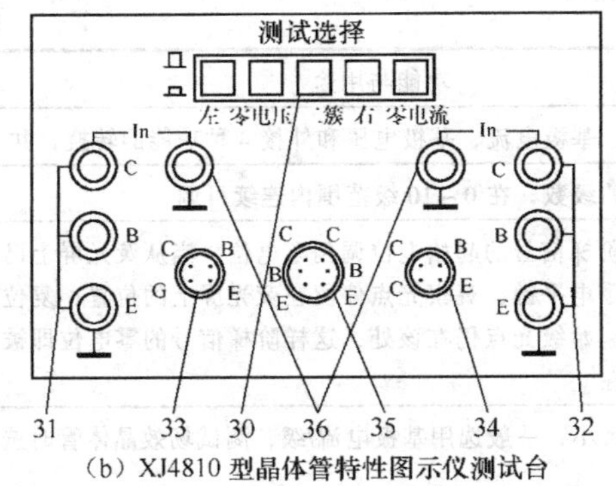

（b）XJ4810 型晶体管特性图示仪测试台

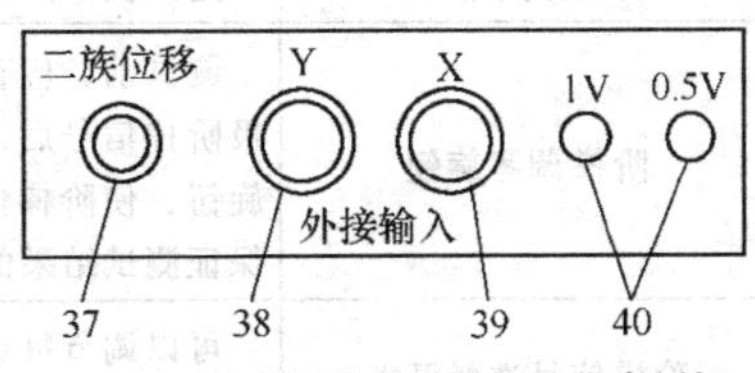

（c）XJ4810 型晶体管特性图示仪右侧板

图 3-16 XJ4810 型晶体管特性图示仪的面板图（续）

表 3-18 XJ4810 型晶体管特性图示仪面板各部分功能

序号	面板部分	功能与用途
1	“集电极电源极性”按钮	测量 NPN 管时置“+”，测量 PNP 管时置“－”
2	集电极峰值电压熔断器	容量 1.5A，过载保护
3	“峰值电压%”旋钮	转动“峰值电压”旋钮，可以分 4 挡（0～10 V、0～50 V、0～100 V、0～500 V）连续调节，精确的读数应由 X 轴偏转灵敏度读测
4	“功耗电阻”旋钮	串联在被测管的集电极电路上，限制功耗，可作为被测晶体三极管集电极的负载电阻
5	“峰值电压范围”开关	用来选择集电极扫描信号电压的大小，共分为 4 挡（0～10 V/5 A、0～50 V/1A、0～100 V/0.5A、0～500 V/0.1A），换挡时，须将“峰值电压”旋钮调到 0 值后再按需要的电压逐渐增加，以避免被测晶体三极管被击穿
6	“电容平衡”开关	测试前应调节电容平衡，可减小电容性电流造成的测量误差
7	“辅助电容平衡”开关	针对集电极变压器二次绕组对地电容的不对称，而再次进行电容平衡调节
8	“电源及辉度调节”开关	电源开关和显示亮度调节，旋转旋钮可以改变示波管光点亮度
9	电源指示灯	接通电源时灯亮
10	“聚焦”旋钮	调节旋钮时光点最清晰
11	荧光屏幕	示波器屏幕，外有坐标刻度
12	“辅助聚焦”旋钮	与聚焦旋钮配合使用
13	Y 轴选择（电流/度）开关	可以进行集电极电流、基极电压、基极电流和外接 4 种功能的变换
14	电流/div×0.1 倍率指示灯	灯亮，指示仪器进入电流/DIV×1 倍率工作状态
15	垂直位移及电流/div 倍率开关	调节迹线在垂直方向的位移。旋钮拉出放大器增益扩大 10 倍，电流/ DIV 各挡 I_C 标值×0.1，同时“电流/DIV×0.1 倍率”指示灯亮
16	Y 轴增益旋钮	用以校正 Y 轴增益
17	X 轴增益旋钮	用以校正 X 轴增益
18	显示开关：转换	使图像在Ⅰ、Ⅱ象限内相互转换，便于 NPN 管和 PNP 管的转换
	显示开关：接地	放大器输入接地，表示输入为零的基准点
	显示开关：校准	按下后，光点在 X、Y 轴方向移动的距离刚好为 10°，以达到 10°校正的目的
19	X 轴移动开关	用来调节迹线在水平方向的位移

续表

序号	面板部分	功能与用途
20	*X*轴选择（电压/度）开关	可进行集电极电压、基极电流、基极电压和外接4种功能的转换，共17挡
21	级/簇调节旋钮	用来调节阶梯信号的级数，在0~10级范围内连续可调
22	阶梯调零旋钮	测试前，应首先将阶梯信号的起始电位调到零电位，当从荧光屏上已观察到基极阶梯信号后，按下零电平键，观察光点停留在荧光屏上的位置，复位后调节零旋钮，使阶梯信号的起始级光点仍在该处，这样阶梯信号的零电位即被校正，以保证测试结果的准确性
23	阶梯信号选择开关	可以调节每级电流大小，一般选用基极电流/级，测试场效晶体管时选用基极源电压/级
24	串联电阻开关	当阶梯信号选择开关置于电压/级的位置时，串联电阻将串联在被测管的输入电路中
25	重复–关按钮	弹出时，阶梯信号重复出现，进行正常测试。按下为关，阶梯信号处于待触发状态
26	阶梯信号待触发指示灯	重复按钮按下时灯亮，阶梯信号已进入待触发状态
27	单簇按钮	预先调整好的电压（电流）/级，出现一次阶梯信号后回到等待触发位置，可利用它来观察被测管的各种极限瞬间特性
28	阶梯信号极性开关	极性的选择取决于被测晶体三极管的特性
29	测试台	其结构如图3–14（b）所示
30	测试选择开关	用以在测试时交替地转换被测左右两个晶体三极管的特性，当置“二簇”时，即自动地交替显示左右两簇特性曲线，以便分析、比较左右两管特性
31、32	左右测试插座插孔	插上专用插座，可测试F1、F2型管座的功率晶体三极管
33、34、35	晶体管测试插座	被测晶体管管脚插座
36	二极管反向漏电流专用插孔	供测二极管反向漏电流专用
37	二簇移位旋钮	在二簇显示时，可改变右簇曲线的位置，便于配对晶体管各种参数的比较
38	*Y*轴信号输入	*Y*轴选择开关置于外接时，*Y*轴信号由此输入
39	*X*轴信号输入	*X*轴选择开关置于外接时，*X*轴信号由此输入
40	校准信号输出端	1 V、0.5 V校准信号由此二孔输出

知识链接3：晶体管特性图示仪的使用

1．晶体管特性图示仪测量前的准备

（1）打开电源开关，进行预热10 min。

（2）调节“辉度”及“聚焦”旋钮，使屏幕上出现亮度适当且清晰的亮度。

（3）将扫描电压调节置于零点，其他各旋钮分别置于所需测量的位置。

（4）*X*、*Y*灵敏度校准。将“峰值电压%”旋钮选为0，屏幕上的亮点移至左下角，按下“显示开关”部分中的“校准”按键，此时亮点应准确地跳至右上角。否则，应调节*X*轴增益旋钮或*Y*轴增益旋钮来校准。

（5）阶梯调零。当测试中要用到阶梯信号时，必须先进行阶梯调零，其过程如下：将阶梯信号及集电极电源均置于“+”极性，“电压/度”置于“1 V/度”，“电流/度”置于“mA/度”，“电压–电流/级”置于“0.05 V/级”，“重复–开关”置于“重复”，“级/簇”置于适中位置，“峰值电压范围”置于10 V挡，调节“峰值电压%”旋钮使屏幕上的扫描线满度，然后按下“⊥”按键，观察此时亮点在屏幕上的位置，再将按键复位，调节调零旋钮使阶梯波起始级处于亮点位置，这样，阶梯信号的零电平即被校准。

（6）将测量选择开关置于“关”的位置，接地开关置于要求的位置，插上被测晶体管，再将测试选择开关拨到A或B，即可进行测量。

2. 晶体管特性图示仪的测量

使用晶体管特性图示仪可以进行共发射极输出特性曲线（I_C–U_{CE}），NPN型小功率晶体三极管输出特性测试。测试时，各旋钮位置见表3–19。

表3–19 NPN型小功率晶体三极管输出特性的测试

调节参数	挡位	旋钮名称
峰值电压范围	0～10V	峰值电压旋钮
集电极极性	+	集电极电源极性按钮
功耗电阻	250Ω	功耗电阻旋钮
X轴集电极电压	1V/度	X轴选择（电压/度）开关
Y轴集电极电流	1mA/度	Y轴选择（电流/度）开关
阶梯信号	重复	重复–关按钮
阶梯极性	+	阶梯信号极性开关
阶梯选择	20μA	阶梯信号选择开关

逐渐调节“峰值电压%”旋钮（由0逐渐加大），使荧光屏上显示输出特性曲线，如图3–17所示。通过图中的输出特性曲线，可以求出晶体三极管直流电流放大系数$\overline{\beta}$，交流放大系数β，公式如下。

$$\overline{\beta}=\frac{I_C}{I_B} \qquad \beta=\frac{\Delta I_C}{\Delta I_B}$$

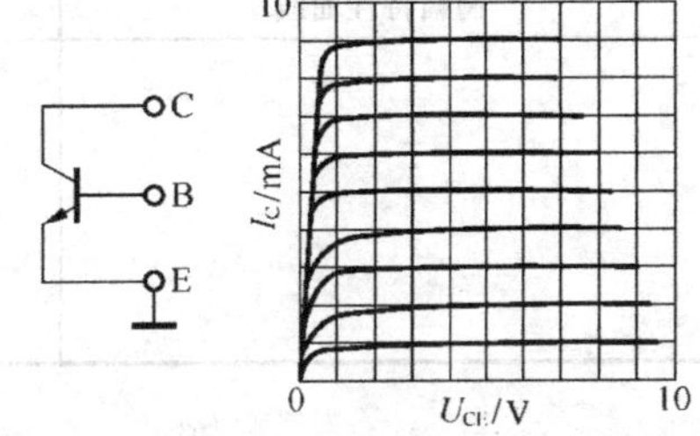

图3–17 晶体三极管输出特性曲线图

测试完成后将“峰值电压%”旋钮调至0位，以防止损坏被测晶体管。

操作分析

◎认一认：晶体管特性图示仪的读数

将被测三极管9013对应管脚插入晶体管图示仪的晶体管测试插座，顺时针调节“峰值电压%”旋钮，逐级增大峰值电压。此时，在荧光屏幕上可以看到该晶体三极管的特性曲线，如图3–18所示。

读出X轴上U_{CE}=5V与特性曲线中最上面一根曲线交点所对应的在Y轴上I_C的值，I_C=______mA。

由于电压–电流/级取值为10μA/级，则特性曲线中最上面一根曲线的基极电流为I_B=10μA/级×9级=________μA。

直流放大倍数 $\bar{\beta}=\dfrac{I_C}{I_B}=$ ________。

交流放大倍数 $\beta=\dfrac{\Delta I_C}{\Delta I_B}=$ ________。

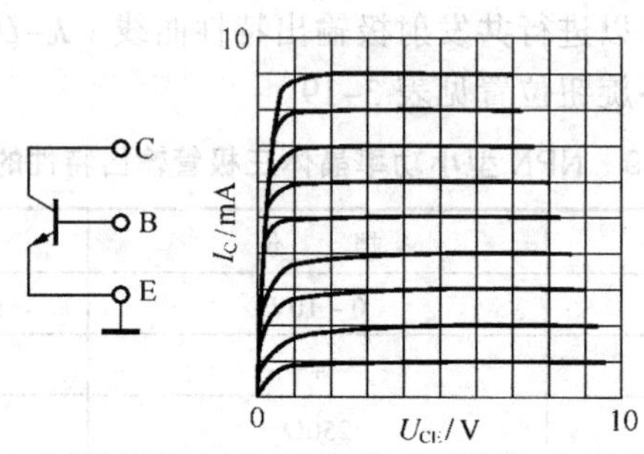

图 3-18　晶体三极管的特性曲线

◎测一测：

使用晶体管特性图示仪检测晶体三极管 S8050 放大倍数，并填入表 3-20。

表 3-20　晶体管特性图示仪检测晶体三极管 S8050

满幅特性曲线	读　　数	放大倍数计算

任务总结

把使用晶体管图示仪检测晶体三极管 S8050 放大倍数的认识体会写在表 3-21 中，并完成总结表中各项评价。

表 3-21　晶体管图示仪检测晶体三极管总结表

<table>
<tr><td>课　　题</td><td colspan="7">晶体管图示仪检测晶体三极管 S8050 放大倍数</td></tr>
<tr><td>班级</td><td></td><td>姓名</td><td></td><td>学号</td><td></td><td>日期</td><td></td></tr>
<tr><td>收获与体会</td><td colspan="7"></td></tr>
<tr><td rowspan="5">实训评价</td><td>评定人</td><td colspan="4">评　　语</td><td>等级</td><td>签名</td></tr>
<tr><td>自己评</td><td colspan="4"></td><td></td><td></td></tr>
<tr><td>同学评</td><td colspan="4"></td><td></td><td></td></tr>
<tr><td>老师评</td><td colspan="4"></td><td></td><td></td></tr>
<tr><td>综合评定</td><td colspan="4"></td><td></td><td></td></tr>
</table>

知识拓展

知识拓展1：稳压二极管特性曲线检测

测试时仪器各部件的置位详见表3-22。

逐渐增大“峰值电压%”旋钮，在荧光屏上即可显示稳压二极管的特性曲线如图3-19所示。

表3-22　测试时仪器各部件的置位

调节参数	挡　　位	旋钮名称
峰值电压范围	AC　0～10V	峰值电压旋钮
功耗电阻	5kΩ	功耗电阻旋钮
X轴集电极电压	5V/度	X轴选择（电压/度）开关
Y轴集电极电流	1mA/度	Y轴选择（电流/度）开关

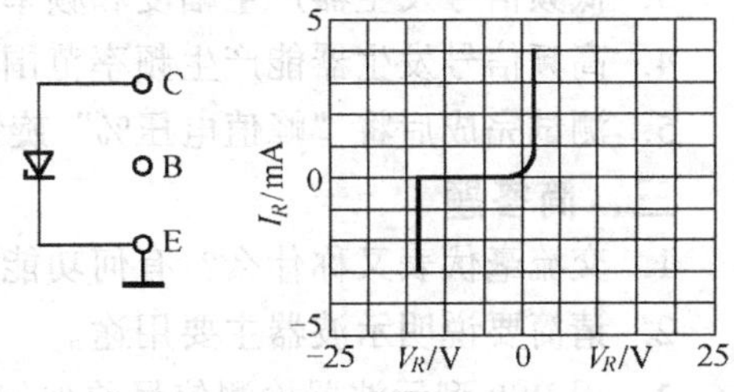

图3-19　稳压二极管特性曲线

知识拓展2：整流二极管反向漏电电流的测试

测试时仪器各部件的置位详见表3-23。

表3-23　测试时仪器各部件的置位

调节参数	挡　　位	旋钮名称
峰值电压范围	0～10V	峰值电压旋钮
功耗电阻	1kΩ	功耗电阻旋钮
X轴集电极电压	1V/度	X轴选择（电压/度）开关
Y轴集电极电流	0.2μA/度	Y轴选择（电流/度）开关
倍率	Y轴位移拉出×0.1	垂直位移及电流/DIV倍率开关

逐渐增大峰值电压旋钮，在荧光屏上即可显示被测管反向漏电电流特性，如图3-20所示。

读数：I_R=4 DIV × 0.2 μA/DIV × 0.1（倍率）=80 nA

测量结果表明，被测管性能符合要求。

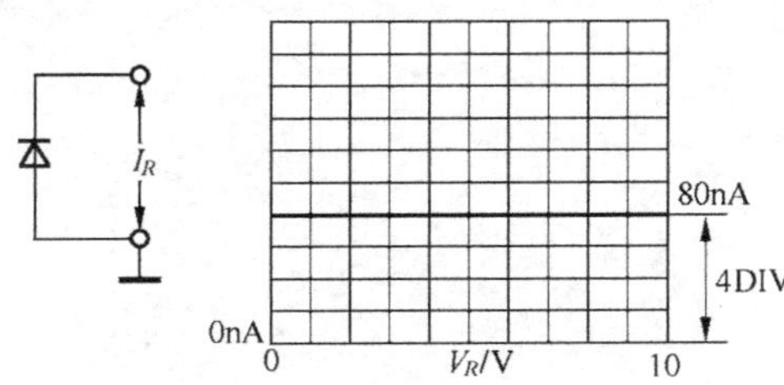

图3-20　二极管方向电流测试

思考与练习

一、填空题

1. 晶体管毫伏表是一种专门用来测量________的交流电压表。

2. 示波器可进行________，周期性信号的________，脉冲波的________电量参数的测量。

3. 基于________测试仪器就称之为虚拟仪器（VI）。
4. 信号发生器是一种能提供各种________的设备。
5. 晶体管图示仪，在示波管屏幕上，能直接观察晶体管的________。

二、判断题

1. 直流稳压电源，在电网电压波动或负载变化时，能使输出电压保持稳定不变。（　）
2. 晶体管毫伏表具有较高的输入阻抗，不受到外界电磁干扰的影响。（　）
3. 低频信号发生器产生幅度和频率 1 Hz ~ 10 MHz 可调的低频正弦波信号。（　）
4. 高频信号发生器能产生频率范围为 100 kHz ~ 350 MHz 的正弦波信号。（　）
5. 测试完成后将“峰值电压%”旋钮调至 0 位，以防止损坏被测晶体管。（　）

三、简答题

1. 交流毫伏表又称什么？有何功能？
2. 请简要说明示波器主要用途。
3. 用 RS8 型示波器检测信号前如何操作？
4. 虚拟仪器主要由哪三大部分组成？其数据分析和结果输出由哪些设备完成？
5. 信号发生器有何功能？分成哪几类？
6. 晶体管特性图示仪有何功能？

项目 4

电子产品整机的装接操作

要生产出高质量的电子整机（产品），除了精心设计电路、正确选用元器件以及对整机（产品）的结构、零部件的合理布局外，还要有良好的装接工艺来保证，否则，电子整机（产品）的可靠性就无法得到保证。

通过本项目的理论学习和操作分析，将熟悉电子整机装接要求、装接前的工艺、装接工序、装接基本工艺等知识，学会正确进行电子整机的装接。

项目目标

- 了解电子整机装接的要求，理解电子整机的一般安装工序；
- 了解导线端头加工工艺、导线捆扎工艺；
- 熟悉电子整机基本装接工艺，主要包括元器件的安装工艺、锡焊工艺、紧固件连接工艺、接插件连接工艺；
- 了解电子整机总体安装工艺。
- 会正确使用工具对绝缘导线进行剪截、剥头、捻头、浸锡等加工，初步掌握屏蔽导线线端加工；
- 会正确进行导线捆扎、线绳捆扎，掌握元器件的安装方式；
- 会正确使用电烙铁进行手工锡焊；
- 初步掌握使用 Protel DXP 绘制电路原理图的技能。

任务 1　电子整机装接要求和工序识读

情景模拟

小忠进入电子设备装配车间的第一天，就被宽敞、明亮、井然有序的装接流水线深深吸引了。看着工人师傅们个个精神饱满、高效地进行装接操作，小忠想“如果自己能够在生产线上成为他们中的一员该多好”。师傅看出了小忠的心思，对小忠说：“你想要成为一名合格的电子装配工必须知道电子整机装接的工序和要求，我先带你参观一下，做一个简单的了解。”

你想知道电子整机装接要求和工序有哪些吗？让我们一起来学一学，做一做！

基础知识

知识链接 1：电子整机装接要求

1．电子整机装接的基本要求

（1）保证整机装接与图样一致。

（2）提交的所有元器件、零部件和材料均应符合现行标准和设计文件要求，经检验合格方可安装。

（3）对装接后的整机（产品），必须进行检查调试，并保持其整洁。

2．电子整机装接的具体要求

（1）对元器件、零部件和材料进行清洁处理，消除附着的杂质。装接的元器件无损伤，做到美观、整齐、高矮有序、不歪斜。

（2）元器件的装插应遵循“先小后大、先轻后重、先低后高、先里后外”的原则。

（3）电阻、二极管（发光二极管除外）均采用水平安装，贴紧印制板或铆钉板，标记应向上，方向应一致。

（4）发光二极管采用立式安装，底面离印制板 6 mm ± 1 mm。三极管、单向晶闸管、场效应管采用直立式安装，底面离印制板 5 mm ± 1 mm。

（5）电解电容器、涤纶电容器尽量插到底，元器件底面离印制板不大于 4mm；元片电容器底面离印制板一般为 2 ~ 4 mm。

（6）微调电位器尽量插到底，不能倾斜，3 只引脚均须焊接。

（7）扳手开关用配套螺母安装，开关体在印制板的导线面，扳手在元器件面。

（8）输出、输入变压器安装时紧贴印制板。

（9）集成块（电路）、继电器、接触式按钮开关底面与印制板贴紧。

（10）用螺钉紧固电源变压器，所用的螺母应在导线面，伸长的螺钉用作支撑；变压器次级绕组向内，引出线焊在印制板上；变压器初级绕组向外，接电源线。

（11）所有插入印制板焊片孔的元器件引线及导线均采用直脚焊，剪脚留头在焊面上，焊点要求圆滑、光亮，防止虚焊、搭焊和散锡。

（12）安装或固定的元器件、零部件和材料不允许松动，对活动连接的零部件应能在正常间隙、规定方向下灵活、均匀地运动。

（13）机械零部件在装配过程中不允许产生裂纹、凹陷、压伤和可能影响设备（整机）性能的其他损伤。

（14）相同的零部件应具有互换性。

（15）大功率三极管、彩色电视机中的高压包等大型元器件要用铜铆钉或螺钉加固。

（16）CMOS 集成电路、场效管的输入阻抗很高，极易被静电击穿，所以在装插时，操作人员须带接地手环扣进行操作。

（17）集成电路的封装形式有晶体管封装、单列式封装、双列式封装和扁平式封装。装插时要弄清引线脚排列顺序，并和插孔位置一一对应。

（18）对需要屏蔽的元器件（如伴音中放集成块、遥控红外接收器等），屏蔽装置的接地应良好。

知识链接 2：电子整机的一般装接工序

电子器件装接是指对电子整机（产品）进行元器件焊接、部件装配和整机调试的过程，它们是电子整机（产品）生产中一个极其重要的环节，其装接的一般工序如图 4-1 所示。

图 4-1　电子整机装接的一般工序

对比较简单的电子整机（产品），则须进行清洁→上锡→装接。

在装接电子整机（产品）的工作中，备料是最重要的作业。对于初学者来说，大多没有这种经验，是边装接边分类。这样不仅浪费时间，而且也容易装错。如果切实地将元器件事先分类，那么就不至于发生元器件装错，还能提高装接速度和质量。图 4-2 所示是装接准备作业的顺序。

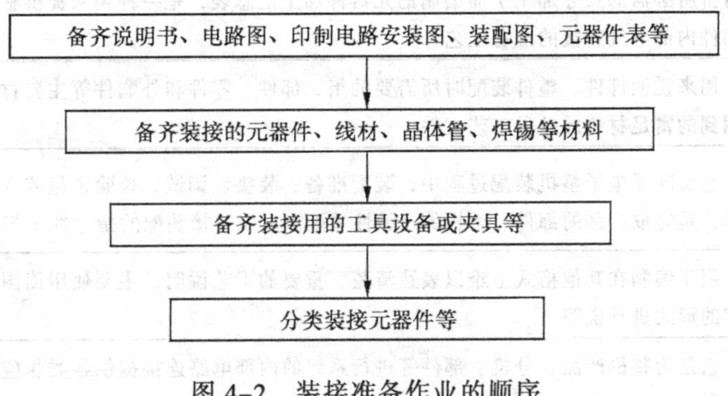

图 4-2　装接准备作业的顺序

知识链接 3：工艺文件的识读

工艺文件是用于指导工人操作和用于生产、工艺管理等的各种技术文件的总称。它是工业生产部门实施生产的技术文件。工艺文件是产品加工、装配、检验的技术依据，也是生产线路、计划、调度、原材料准备、劳动力组织、定额管理、工模具管理等的主要依据。只有建立一套完整的、合理且行之有效的工艺文件体系，企业才能实现优质、高效、低消耗和安全的生产，获得最佳的经济效益。工艺文件可分为工艺管理文件和工艺规程，它们的特点详见表 4-1。

表 4-1　工艺文件分类及其特点

<table>
<tr><th>名　称</th><th>功　能</th><th colspan="2">包 含 部 分</th></tr>
<tr><td>工艺管理文件</td><td>企业科学地组织生产和控制工艺工作的技术文件</td><td colspan="2">包括工艺文件目录
工艺线路图
材料消耗工艺定额明细表
关键、重要零部件明细表</td></tr>
<tr><td rowspan="2">工艺规程</td><td rowspan="2">规定参评和零件的制造工艺过程和操作方法等的工艺文件</td><td>使用性质分类</td><td>加工专业分类</td></tr>
<tr><td>专用工艺规程
通用工艺规程
标准工艺规程</td><td>机械加工工艺卡片
电气装配工艺卡片
扎线工艺卡片
油漆涂覆工艺卡片</td></tr>
</table>

工艺文件有着较为固定的格式，主要包括：工艺文件封面、工艺文件目录、工艺路线表、元器件工艺表、配套明细表、装配工艺过程卡、工艺说明及简图、导线及线扎加工表等，各部

分主要功能详见表 4–2。目前，我国的电子产品工艺文件通常采用中华人民共和国电子行业标准 SJ/T 10320—1992 中的规定格式。

表 4–2　工艺文件的固定格式及其说明

工艺文件各部分名称	主 要 内 容
工艺文件封面	作为产品的全套工艺文件或部分工艺文件装订成册的封面
工艺文件目标	归档时齐套的依据，在移交外单位时，也可作为移交的清单
工艺线路表	用来简明列出产品组、部件和零件的生产过程以及它们装入关系的一览表，从而可以用来作为车间分工和安排生产计划的依据，也可以用来作为工艺部门专门工艺员编制工艺文件分工的依据
元器件工艺表	为了提高插装的装配效率和适应流水生产的需要而对采购的元器件进行预处理加工（引线进行弯折所必需的尺寸加工）而编制的元器件加工汇总表，是一种用来提供整机产品、分机、整件、部件内部电气连接的准备工艺
配套明细表	用来说明部件、整件装配时所需要的组、部件、零件和外购件等主要材料，以及生产过程中所用到的富足材料的一种工艺文件
装配工艺过程卡	它反映了电子整机装配过程中，装配准备、装接、调试、校验、包装入库等各道工序的工艺流程，是完成产品的部件、整机的机械性装配和电气连接装配的指导性工艺文件
工艺说明及简图	用于编制在其他格式上难以表达清楚，重要的工艺说明，主要使用简图、流程图、表格以及文字的形式进行说明
导线及线扎加工表	它是为整机产品、分机、部件等进行系统的内部电路连接提供各类相应的导线机线扎、排线等的材料加工要求

操作分析

◎想一想：

电子整机装接要求有哪些？

◎补一补：

图 4–3 中缺少几项电子整机（产品）生产一般工序，请补全。

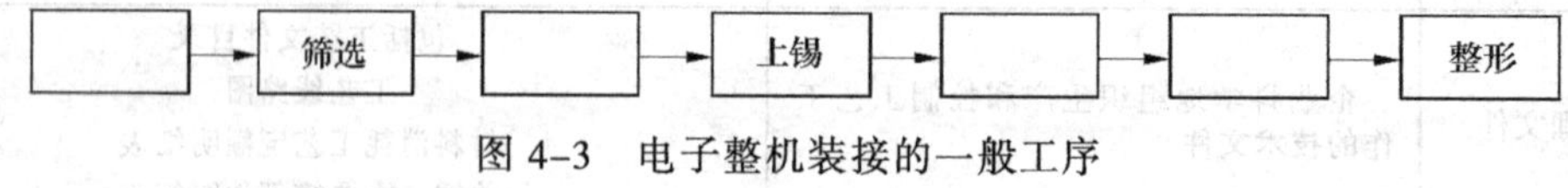

图 4–3　电子整机装接的一般工序

◎找一找：

请通过图书馆的资料或者 Internet，搜集一份电子整机（产品）的工艺文件。

任务总结

把电子整机（产品）工艺文件搜集体会以及你对这份工艺文件功能的认识填写在表 4–3 中，并完成总结表中各项评价。

表 4-3　电子整机（产品）工艺文件搜集总结表

<table>
<tr><td>课　题</td><td colspan="7">电子整机（产品）工艺文件搜集</td></tr>
<tr><td>班　级</td><td></td><td>姓　名</td><td></td><td>学　号</td><td></td><td>日　期</td><td></td></tr>
<tr><td>收获与体会</td><td colspan="7"></td></tr>
<tr><td rowspan="5">实训评价</td><td>评定人</td><td colspan="4">评　语</td><td>等级</td><td>签名</td></tr>
<tr><td>自己评</td><td colspan="4"></td><td></td><td></td></tr>
<tr><td>同学评</td><td colspan="4"></td><td></td><td></td></tr>
<tr><td>老师评</td><td colspan="4"></td><td></td><td></td></tr>
<tr><td>综合评定</td><td colspan="4"></td><td></td><td></td></tr>
</table>

知识拓展

知识拓展 1：识读电子电路图和印制电路板要领

对于初学者来说，识读电路原理图遵循从左到右、从上到下、从整体结构到局部结构、从核心器件到外围电路的原则。按照先找出单元电路的输入端和输出端，再分析各单元电路之间的连接情况；先看单元电路的类型，再分析各元器件的作用；先看直流供电电路，再分析交流信号流程的 3 种分析方法进行电路图的识读。为了更好地理解电路图的具体工作原理和功能，电路原理图的识读可以从掌握常用电子元器件的基本知识、掌握基本单元电子电路知识、理解电路图中有关基本概念、对电子产品应有基本了解、画出整机方框图、先找熟悉的元器件或电路、理解交流信号流程和变换、熟悉直流供电通路、多读图多请教等几个方面入手。

印制电路板图是一种用来表示电路原理图中各元器件在实际电路板上的位置的电路图。正确识读印制电路板是安装、调试和维修电子设备的基础。但由于印制电路不像原理图那样按一定规律排列元器件，普遍存在元器件分布比较杂乱的现象，所以给初学者读图带来一定的困难。常见的印制电路板识读可遵循的规律为：先找核心件、外围连一片，转换在开关、耦合通信号，接地面积大、供电看两端。还可以从以下几个方面正确识读印制电路板图，详见表 4-4。

表 4-4　正确识读印制电路板的要领

识 读 要 领	具 体 内 容
接地面积大	印制电路板中大面积的铜箔通常是作为电路的地线，不同位置的地线往往是相通的，某些组件的外壳是接地线的，如开关、中周、变压器等
抓住主要元器件	由于晶体管、集成电路、开关、变压器等标志醒目，很容易在杂乱无章的印制电路板上找到，可以视为核心元器件
根据元器件的分布规律去寻找	某一级电路中的元器件基本上是集中在一起的，如集成电路引脚上的元器件基本上分布在集成电路附近
根据外接引脚的功能读图	外接部件主要包括电源开关、电位器、扬声器、电动机、接触器、继电器等，它们和印制电路板通常是用导线连接起来的，所以这些导线的作用就很容易知道，当然可以通过这些导线所传输的信号来理解电路的基本原理和功能
根据一些元器件的特征去寻找	根据型号确定所找的集成电路，体积最大的电解电容器多是电源滤波电容，变压器的输入输出端，电位器的引脚等都是元器件的明显特征

工艺文件是产品试制生产和定型过程中形成的，在试制生产过程阶段，除了要编制工艺路线，编制试制生产工艺文件和处理试制生产中的技术问题外，还要根据要求审查产品的工艺。产品在经过试制生产、全面检测、鉴定合格并正式生产时，就要对产品生产的工艺文件进行整理和定型。

知识拓展 2：认识设计文件

设计文件是产品从设计、试制、鉴定到生产的各个阶段的实施过程中形成的样图及技术资料。它规定了产品的组成、形式、结构尺寸、原理以及在制造、验收、使用、维护和修理时所必需的技术数据和说明。

设计文件可根据形成过程、表达内容、绘制过程和使用特征进行分类，分类情况详见表 4-5。

表 4-5 设计文件的分类及其功能

分类依据	文件	功能
按形成过程分	试制文件	设计性试制过程中所编制的各种文件
	生产文件	设计性试制完成后，经整理修改，为进行生产所用的文件
按表达内容分	图样	以投影关系绘制，用来说明产品加工和装配的要求，如产品的装配图、零件图、外形图等
	简图	以图形符号为主绘制，用来说明产品的装配连接、相关原理及其他示意性内容的设计文件
	文字和表格	以文字和表格的方式，说明产品的组成和技术要求
按绘制过程和使用特征分	草图	设计产品时所绘制的演示图样，是供生产和设计部门使用的一种临时性文件，草图可以用徒手方式绘制
	原图	供描绘底图用的设计文件
	底图	作为确定产品及其组成部分的基本凭证样图，它用以复制复印图的设计文件
	所有程序的媒体	计算机用的磁盘、光盘、U 盘等

任务 2 电子整机装接准备操作

情景模拟

师傅告诉小忠，在电子整机（产品）装接前，要对整机（产品）进行导线、元器件等部件加工，它是顺利完成电子整机（产品）装接任务，提高操作（生产）效率和质量的重要保证。随后，师傅就带着小忠进入电子整机装接准备部门，去学习需要做哪些准备工作。

你想知道小忠在车间电子整机装接准备部门看到了什么吗？让我们一起来学一学，做一做！

基础知识

知识链接 1：导线端头加工工艺

导线端头加工工艺主要包括绝缘导线线端的加工、屏蔽导线线端加工、同轴电缆（软线）线端的加工。

1．绝缘导线线端加工

（1）绝缘导线线端加工要求

① 绝缘导线剪截长度应符合设计或工艺文件要求。

② 绝缘导线剥头长度应根据芯线截面积和接线端子的形状来确定。如以一般电子设备所用接线端子为例，搭焊连线端子剥头长度约为3 mm，勾焊连线端子剥头长度约为6 mm，绕焊连线端子剥头长度约为15 mm。

③ 绝缘导线剥头时不应损伤芯线。

④ 绝缘导线多股芯线剥头后应捻紧再浸锡。

⑤ 绝缘导线芯线浸锡层与绝缘层之间应留出1～2mm间隙。

（2）绝缘导线线端加工工艺

绝缘导线加工工艺有剪截、剥头、捻头（对多股芯线）和浸锡等。

① 剪截。将绝缘导线用剪刀按设计或工艺文件规定长度截取的过程。

② 剥头。将绝缘导线的两端用专用剥线钳（大批量生产中使用自动剥线机）、电工刀或小刀片去掉一段绝缘层而露出芯线的过程。绝缘导线剥头，如图4-4所示。利用剥线钳剥头时，应先将要剥削的绝缘长度用标尺定好，再把导线放入剥线钳相对应的刃口中（比导线直径稍大），用手将钳柄握紧，即可将导线绝缘剥掉。利用电工刀或小刀片剥头时，应将刀口朝外贴近导线线芯进行剥削操作。电工刀或小刀片使用完毕应及时把刀身插入刀柄内，以免刀刃受损或伤及皮肤。

③ 捻头。对绝缘导线松散线端进行扭紧的过程。捻头时应按芯线原来合股方向扭紧，捻线角一般为30°～45°，如图4-5所示。捻头时用力不宜过猛，以防捻断芯线。如果芯线上有油漆层，应将油漆层去掉后再捻头。

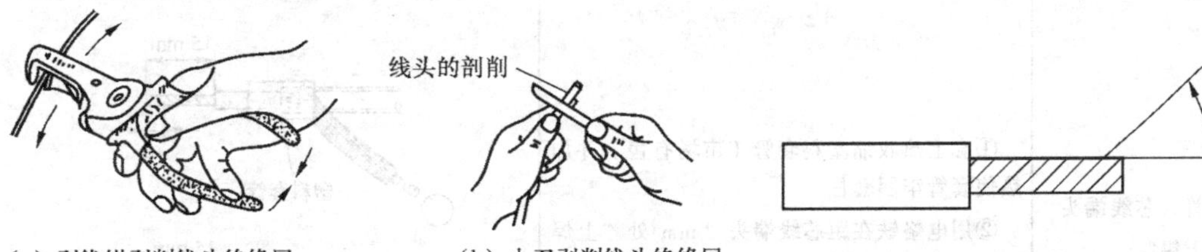

（a）剥线钳剥削线头绝缘层　（b）小刀剥削线头绝缘层

图4-4　绝缘导线的剥头　　图4-5　多股导线线端的捻头角度

④ 浸锡。将剥头和捻头后的绝缘导线线头蘸上助焊剂，浸上焊锡的过程。利用锡锅浸锡时，导线应垂直插入锡锅中，并使浸锡层与绝缘层之间留有1～2 mm间隙，浸锡时间为1～3 s。

2．屏蔽导线线端加工

由于屏蔽导线的质地和设计不同，对它们的线端加工方法也不同。

（1）编织屏蔽线线端加工。编织屏蔽线线端加工，见表4-6。

表4-6　编织屏蔽线线端加工

加工顺序	加工说明	加工图示
剥去绝缘皮	距线端剥去30 mm长的绝缘皮	30 mm

续表

加工顺序	加工说明	加工图示
抽出里面的绝缘芯线	抽出里面的芯线（当扒开屏蔽编织线时，不要用镊子夹断线，否则影响屏蔽效果）	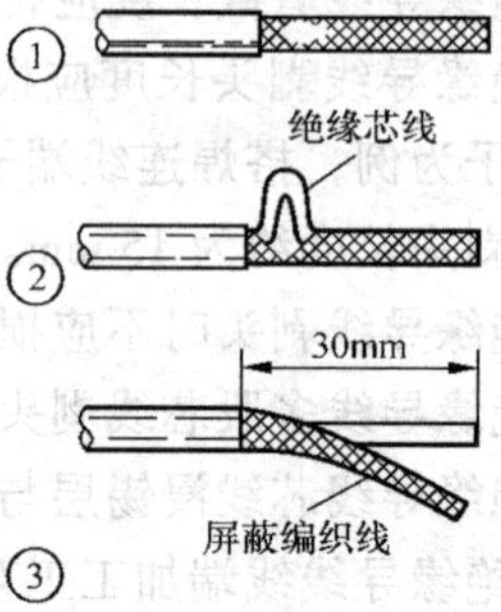 ① 绝缘芯线 ② 30mm 屏蔽编织线 ③
芯线和屏蔽编织线的整形	在距芯线端 15 mm 处，切去 8～10 mm 的绝缘皮。用手指拧去芯线绝缘皮后，再用镊子以适当的力量从根部将屏蔽编织线拉直	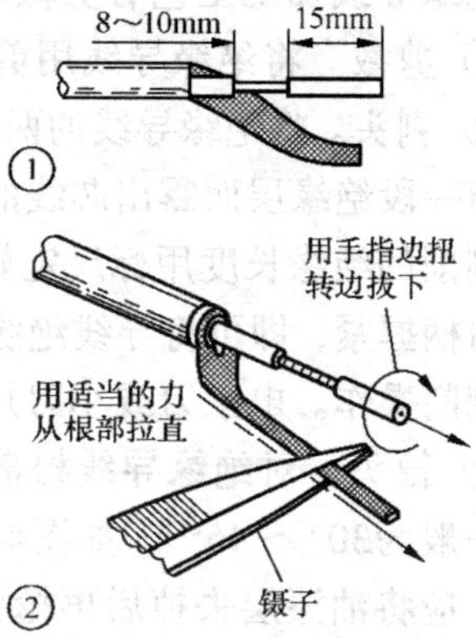 8～10mm 15mm ① 用手指边扭转边拔下 用适当的力从根部拉直 镊子 ②
装塑料套管，芯线端头“上锡”	①套上热收缩塑料套管（市场有售）并加热使套管牢固套住 ②用电烙铁在距芯线端头 3 mm 处“上焊锡” ③注意：不可“上锡”过多	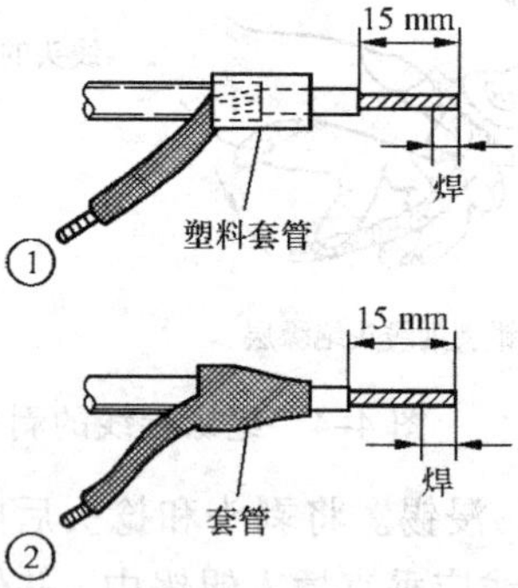 15 mm 焊 塑料套管 ① 15 mm 焊 套管 ②

（2）同轴电缆（软线）线端的加工。同轴电缆（软线）线端的加工见表 4-7。

表 4-7　同轴电缆（软线）线端的加工

加工顺序	加工说明	加工图示	
		单层屏蔽同轴电缆	双重屏蔽同轴电缆
剥去绝缘皮	距线端剥去30mm长的绝缘皮		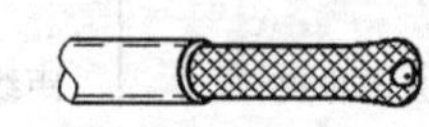

续表

加工顺序	加工说明	加工图示	
抽出里面的绝缘芯线	抽出里面的芯线	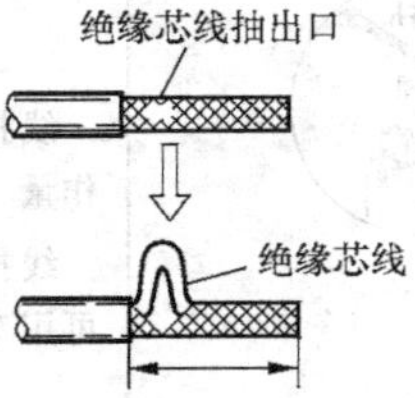 绝缘芯线抽出口 绝缘芯线	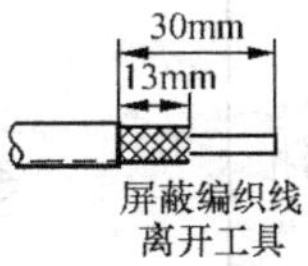 30mm 13mm 屏蔽编织线离开工具
芯线和屏蔽编织线的整形	在距芯线端15mm处，切去8~10mm的绝缘皮（当梳整时，不要把屏蔽编织线弄断，否则影响屏蔽效果）	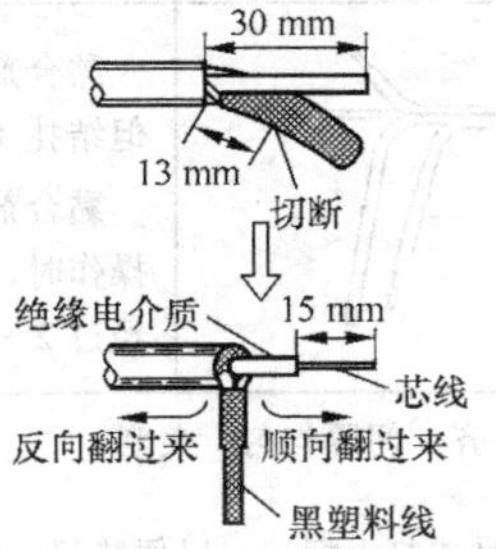 30 mm 13 mm 切断 绝缘电介质 15 mm 芯线 反向翻过来 顺向翻过来 黑塑料线	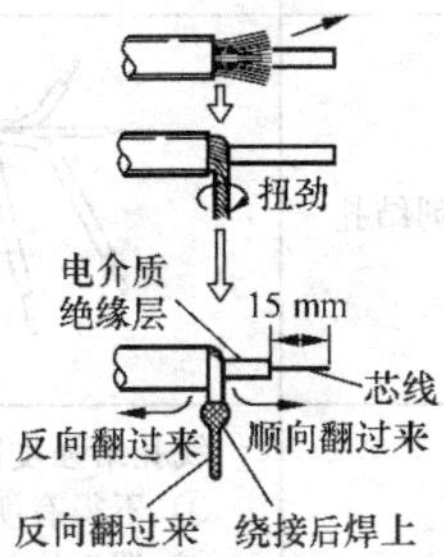 扭劲 电介质绝缘层 15 mm 芯线 反向翻过来 顺向翻过来 反向翻过来 绕接后焊上
		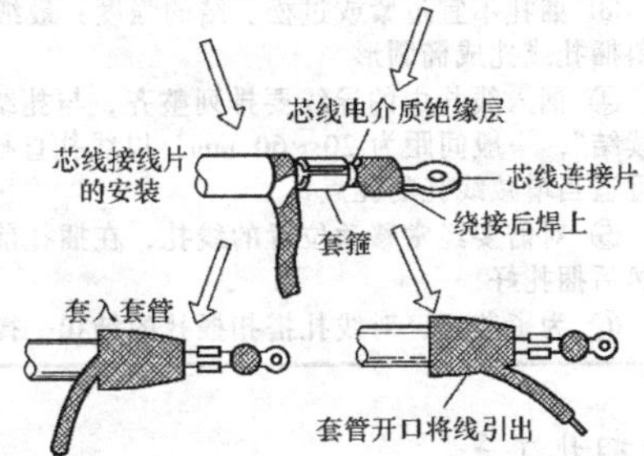 芯线电介质绝缘层 芯线接线片的安装 芯线连接片 绕接后焊上 套箍 套入套管 套管开口将线引出	

知识链接2：导线（连接线）的捆扎工艺

1. 导线捆扎的分类和特征

在电子整机（产品）中，为使导线走线正确、整洁，减少占用空间，常采用导线捆扎工艺。所谓捆扎工艺通常是指将电子整机中一些连接导线采用某种方式绑扎在一起的过程。捆扎的导线一般称为线束（线扎、线把）。其目的是：整洁美观，提高商品价值；缩短长度，稳定整机性能。

导线捆扎的方法有多种，如线绳捆扎、线扎搭扣捆扎、黏合剂结扎等，见表4-8。

表4-8　几种主要导线捆扎工艺种类及特点

种　类	示意图	特　点
线绳捆扎	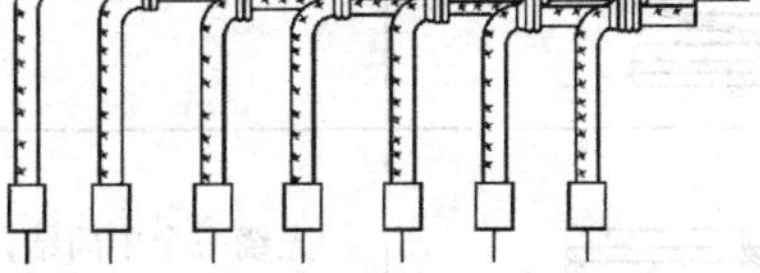	线绳捆扎价格便宜，但是批量使用时工作量较大 捆扎线选用石蜡棉线、尼龙线或亚麻线等

续表

种　类	示　意　图	特　点
线扎搭扣捆扎	线扎搭扣	线扎搭扣捆扎操作方便，有利于批量使用时减少工作量 线扎搭扣一般用尼龙或其他柔软塑料制作。使用时可用专用工具拉紧，最后剪去多余部分
黏合剂结扎	塑胶线间涂黏合剂	黏合剂结扎适用于导线较少时的捆扎。结扎牢固，但结扎（凝固成型）时间较长 黏合剂结扎所用的黏合剂一般为四氢化呋喃等。在操作时，应注意黏合完成后，不要立即移动线束，要经过 2～3 min 后，待四氢化呋喃凝固以后方可移动
工艺要求	线扎结强度高，导线排列整齐，间隔均匀，美观 ① 不得有明显交叉和扭转 ② 捆入线扎中的导线应编号或打上标记，以便装配、维修时的识别 ③ 捆扎不宜过紧或过松。结的强度：最细的地方应在 1 N 以上。为了不至于引起线结松散，不要倾斜捆扎或扎成椭圆形 ④ 捆入线扎中的导线要排列整齐，与扎结之间的间距要均匀。间距的大小要视线扎直径而定。“连续结”，一般间距为 20～60 mm，以线扎直径的 2～3 倍为准。在捆扎时要注意根据线扎的分支情况，可适当增减线扎的扎点 ⑤ 对需要经常移动位置的线扎，在捆扎前应将线扎拧成绳状，并缠绕聚氯乙烯胶带或套上绝缘管，然后捆扎好 ⑥ 为了美观，对线扎搭扣捆扎的结扣一律打在线束下方	

2. 线绳的捆扎工艺

线绳的捆扎分连续结、分支和点结捆扎等几种。所谓连续结是指用扎线打成连续的结，即用一条扎线先打一个初始结，再打若干个中间结，最后打一个终结便为连续的结。所谓分支线捆扎是指将较粗的线扎分为几条支路的捆扎。所谓点结是指用扎绳打成不连续的结。几种捆扎工艺分别见表 4-9～表 4-11。

表 4-9　连续结的操作顺序及说明

操作顺序		示　意　图	说　明
打初始结			先绕一圈拉紧，再绕第二圈，第二圈要与第一圈靠紧
打中间结	双线中间结		可根据线扎的粗细来选用
	单线中间结		
打终端结			先绕一个中间结，再绕一个固定扣

表 4-10　分支线捆扎的操作说明

说　　明	示　意　图
单分支线的捆扎	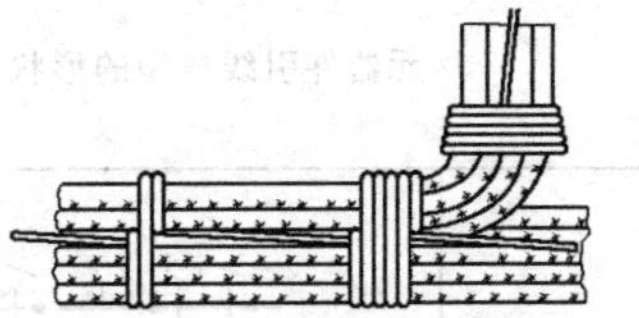
多分支线的捆扎	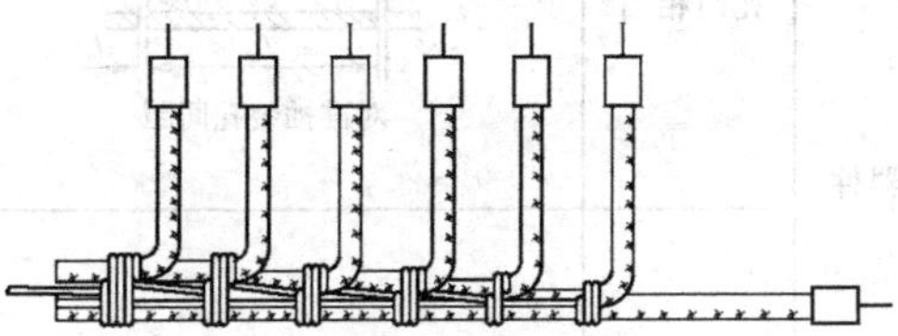
两分支线合并成一支线的捆扎	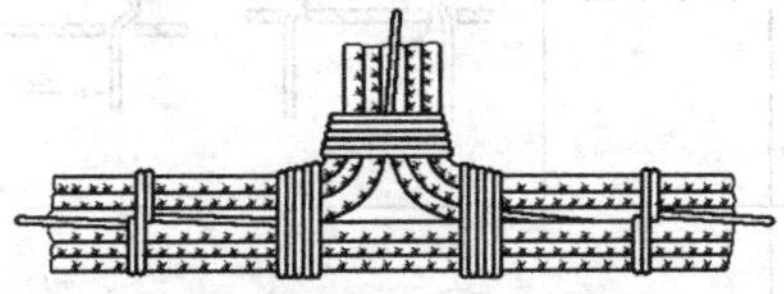

表 4-11　点结、拐角和支线的捆扎操作

种　　类	点 结 捆 扎	拐 角 捆 扎	支 线 捆 扎
示意图	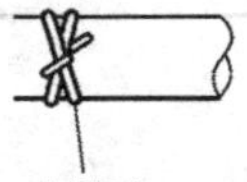 点结形	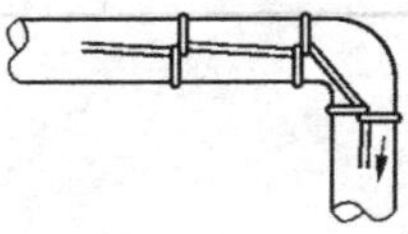	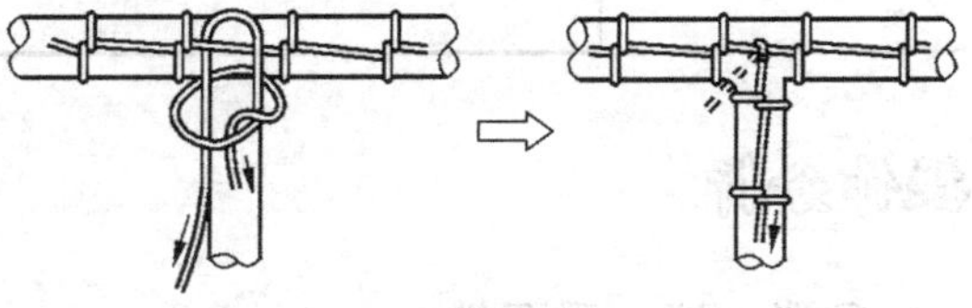

知识链接 3：元器件引线成型工艺

在装焊元器件时，为提高装焊质量，使元器件排列整齐、美观，就要用到尖嘴钳或镊子对元器件引线进行成型加工。

1. 元器件引线成型的方式

元器件引线成型的方式有多种，常见的有卧式插装时元器件引线成型和立式插装时元器件引线成型 2 种方式，见表 4-12。

2. 元器件引线成型的要求

（1）元器件引线弯折处距离引线根部尺寸应大于 1.5 mm。

（2）元器件引线成型后，其标志符号应在查看方便的位置。

（3）对卧式安装的元器件，两引线左右弯折要对称、平行，其间距应与印制电路板（铆钉板）的焊点（孔）相同，以便插装。对立式安装元器件，需弯曲的引线弯曲半径应大于元器件的外形半径。对热敏感的元器件及晶体管，引线可弯折成圆环形，以减少热冲击。

表 4-12　元器件引线成型方式

说明 成型方式		元器件引线成型的形状图/mm	元器件引线成型的方法
卧式插装时元器件引线成型	孔距相当	>1.5　l_a　>1.5　$R \geqslant 2d_a$　L_a　d_a 对准插装孔同距	集成电路　封接点　长嘴钳　弯曲方向 长嘴钳夹制点　集成电路　弯曲方向　封接点 封接点　长嘴钳夹制点　集成电路　长嘴钳夹制点
	孔距不当	R　R　>1.5　l_a　>1.5　R　L_a	
立式插装时元器件引线成型		d_a　R　R　D　R　R	

操作分析

◎谈一谈：重要性

谈一谈，在电子元器件装接前，为什么要对导线端头、元器件引线等进行成型加工？

◎想一想：加工方式

对导线端头、元器件引线等进行成型加工需要哪些工具？导线线绳捆扎和电子元器件引线成型加工有哪几种方式？

◎做一做：三项操作

进行导线端头绝缘层的剥削、导线线绳捆扎和电子元器件引线的成型工作（电子元器件引线的卧式成型和立式成型）。

任务总结

把对导线端头、元器件引线成型操作的认识与体会写在表 4-13 中，并完成总结表中的各项评价。

表 4-13　导线端头、元器件引线成型操作总结表

<table>
<tr><td>课　题</td><td colspan="7">导线端头与元器件引线的加工</td></tr>
<tr><td>班　级</td><td></td><td>姓　名</td><td></td><td>学　号</td><td></td><td>日　期</td><td></td></tr>
<tr><td>收获与体会</td><td colspan="7"></td></tr>
<tr><td rowspan="5">实训评价</td><td>评定人</td><td colspan="4">评　语</td><td>等级</td><td>签名</td></tr>
<tr><td>自　评</td><td colspan="4"></td><td></td><td></td></tr>
<tr><td>互　评</td><td colspan="4"></td><td></td><td></td></tr>
<tr><td>师　评</td><td colspan="4"></td><td></td><td></td></tr>
<tr><td>综合评定等级</td><td colspan="4"></td><td></td><td></td></tr>
</table>

知识拓展

知识拓展 1：铆钉板装配工艺

元器件之间的连接均由导线完成，所以，合理布线的基础是合理地布件（即确定各元器件在铆钉板上的位置）。布件不合理，一般布线也难以合理。

1. 铆钉板线路设计（布线）要求

（1）元器件布局合理、整齐、紧密、均称、成整块。

（2）连线不交叉，尽可能短、直，如图 4-6 所示。

（3）电路的进出线在铆钉板同侧同一排铆钉引出，即靠近接线柱一侧引出，并且第一排铆钉为外引绝缘线接点，不插装元器件。

（4）一个铆钉孔只能插装元器件的一只引脚。

2. 元器件插装要求

（1）元件成型应平直、对称、美观。

（2）元件插装在接线柱同一面，同类元器件高度一致。

（3）电阻、二极管采用卧式安装，两引脚可跨过一个铆钉孔插装，且长度相等，把器件放在中央，高度约为 3 mm，如图 4-7 所示。

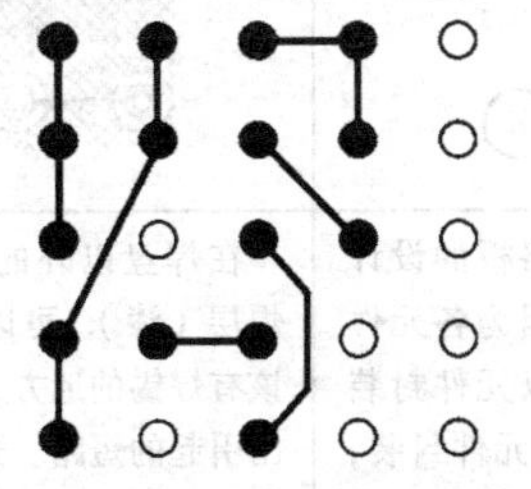

图 4-6　铆钉板线路设计图例

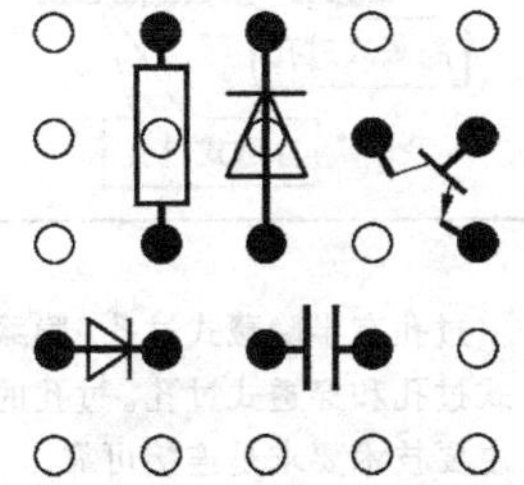

图 4-7　铆钉板元器件插装图例

（4）电容采用立式安装，插于两到三个铆钉孔之间引脚长度相等，高度 5 mm 左右，如图 4-7 所示。

（5）三极管采用立式安装，插于相邻三个铆钉孔成三角形，引脚长度相等，高度 5～8 mm，如图 4-7 所示。

知识拓展 2：印制电路板制作

在制作印制电路板前必须要明确印制电路板制作的几个概念，详见表 4-14。

表 4-14　印制电路板中的概念制作

名　称	焊　盘	连　线	安 全 距 离
意义	元器件与印制电路板的连接点	一个焊盘到另一个焊盘的线	导线与导线之间、导线与焊盘之间、焊盘与焊盘之间所保持的绝缘间距
图示	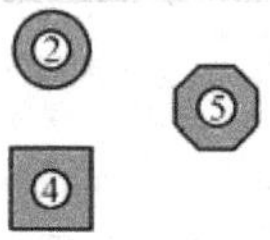 ② ⑤ ④	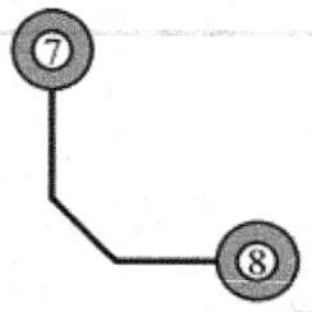 ⑦ ⑧	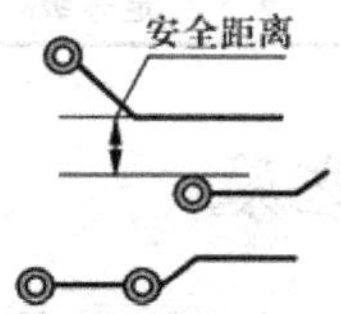 安全距离
说明	焊盘的环宽一般为 0.5～1.5 mm，穿线孔直径一般比元件引线的直径大 0.2～0.3 mm，过大焊接不牢	印制电路板导线宽度为 0.5 mm 时，允许通过的电流为 0.8 A，宽度为 2.0 mm 时，允许通过的电流为 1.9 A。通常选用 1.5～2.0 mm，最窄不要小于 0.5 mm，流过大电流印制导线可放宽到 2～3 mm。对于电源线和公共地线，在布线允许下可放宽到 4～5 mm，甚至更宽	印制电路板导线间的间距直接影响着电路的电气性能。间距过小，绝缘程度就会下降，分布电容就会增大。所以在制作中规定，导线的间距不得小于 0.5 mm，当线间电压超过 300 V 时，其间距应不小于 105 mm
意义	用于改变走线的板层。过孔是为了实现层与层之间的电路连接	实际元件焊接到印制电路板时的外观与引脚位置（焊盘位置）	不能蘸焊锡，甚至会排开焊锡的层面
图示	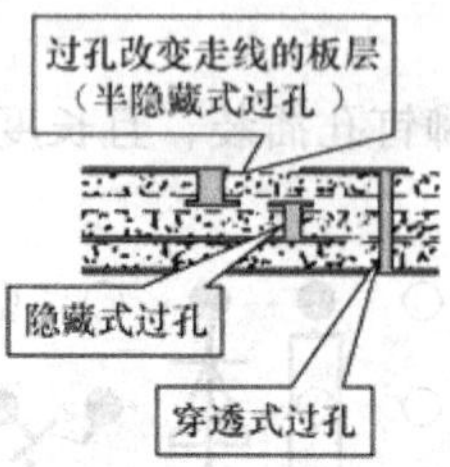 过孔改变走线的板层（半隐藏式过孔） 隐藏式过孔 穿透式过孔	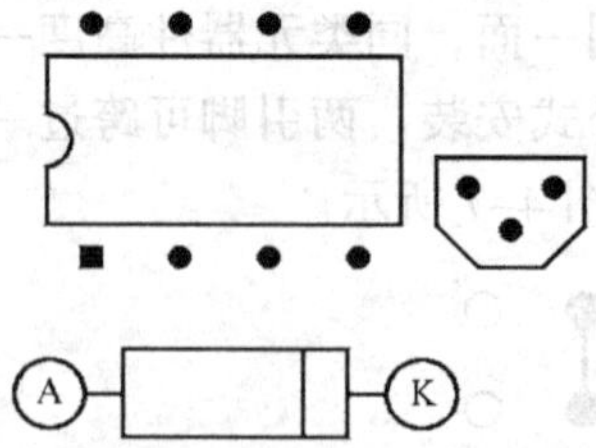 A K	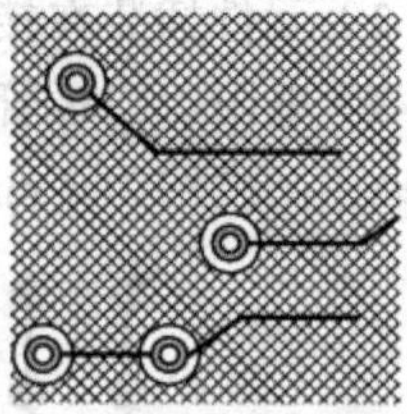
说明	过孔有半隐藏式过孔、隐藏式过孔和穿透式过孔。过孔的主要技术要求是连接可靠	元件封装在印制电路板的设计中扮演着主要角色。因为各元件在印制电路板上都是以元件封装的形式体现的。不知道元件封装，就无法进行设计	在焊盘以外的地方覆盖一层阻焊层（漆），可以防止焊锡跑到不该有焊锡的地方，并可防止焊锡溢出引起的短路。这种方法适合锡炉或喷锡的焊接，适用于批量生产

先让学生熟悉教师提供的电子线路图，并根据电子线路图在印制电路板上描绘出设计好的电路，最后进行腐蚀、钻孔等工作。印制电路板的制作方法，见表 4–15。

表 4–15　印制电路板的制作方法

序号	步骤	说明	序号	步骤	说明
1	设计	根据印制电路板的设计原则，设计出印制电路板的稿件	6	腐蚀印制电路	将涂有防腐层的电路板放入能腐蚀铜的三氧化铁溶液中。把裸露部分的铜箔腐蚀掉 为了加快腐蚀速度，可缓缓搅动腐蚀液。浸放时间大约在 30 min
2	选材	酚醛纸基板：其颜色一般为黑黄色或淡黄色，价格便宜，但性能不如环氧酚醛玻璃布板 环氧酚醛玻璃布板：此材从外表看为青绿色并有透明感。这种板适用于高频电路，并能耐高温，有较好的绝缘性			
3	表面处理	由于加工、储存等原因，在覆铜箔层压板的表面会形成一层氧化层影响复印，为此，要对覆铜箔层压板表面进行清洗处理	7	清洗	放入清水中冲洗
4	复印设计图		8	擦除保护层	
5	描涂防腐层		9	钻孔	

任务 3　电子整机基本装接操作

情景模拟

师傅带着小忠继续参观电子装配车间，一边走一边说道：“等到各项准备工作完成之后，就要进入电子设备装接阶段。分别需要在电路板上进行元器件安装、锡焊、装上紧固件与接插件、加装面板等工序。”小忠一边听着师傅的讲解，一边仔细观看装配工人的操作。这时，紧固件工位上有一个空缺，小忠就在师傅的指导下上岗实践起来。

同学们，想知道小忠是如何进行电子设备装接实践的吗？让我们一起来学一学，做一做！

基础知识

知识链接 1：元器件的安装方式

元器件的安装操作有贴板安装与间隔安装。所谓贴板安装就是元器件与印制电路板紧贴的安装。所谓间隔安装就是元器件与印制电路板间有一定空间距离的安装。贴板安装和间隔安装又分卧式安装和立式安装 2 种。集成电路（块）的安装一般都为贴板安装。其具体操作步骤见表 4–16 和表 4–17。

表 4–16　元器件安装方式

顺序＼方式	卧式		立式	
	示意图	说明	示意图	说明
引线拉直弯曲	用手拿住	① 将引线根部带涂料的部分留有 1～2 mm 长，拉引线时不要碰伤根部。 ② 手拿元器件，用镊子进行弯折	辐射引线型元器件；镊子；用手拿住；轴向引线型元器件；镊子；用手拿住	① 将引线根部带涂料的部分留有 1～2 mm 长，拉引线时不要碰伤根部。 ② 手指拿住元器件，用镊子进行弯折
整形	引线钳子；标记；安装孔	① 元器件标记要朝上 ② 引线左右弯折要对称	尖嘴钳；2mm 以下；用电工钳轻轻夹住引线根部；尖嘴钳；用手指向元器件标记的相反方向弯曲	① 元器件标记要朝上 ② 用手稍加力弯折元器件引线 ③ 引线插入套管，以印制电路板面为标准整齐插入元器件
安装	插入引线；用手指弯曲；弯曲引线；用手指拿住；切断引线；1.5mm 以下；2～4mm；弯曲尺寸；弯曲高度	① 不要搞错元器件标记的方向 ② 装接顺序应从左到右，从下到上 ③ 元器件引线太硬时，可用手指按住，用镊子轻轻弯曲，往印制电路板上贴装 ④ 用剪刀或斜口钳切断多余的引线，弯曲尺寸 2～4 mm，弯曲高度小于 1.5 mm	插入引线；用手指弯曲；用手指弯曲；用手指拿住元器件和套管；用手指拿住；2mm 以下；切断引线；1.5mm 以下；1.5mm 以下；2～4mm；2～4mm	① 元器件贴装在印制电路板上 ② 用剪刀或斜口钳切断多余引线，引脚弯曲尺寸为 2～4 mm，弯曲高度在 1.5 mm 以下

表 4–17　集成器件（块）的安装方法

操作顺序	插　　入	安　　装
示意图	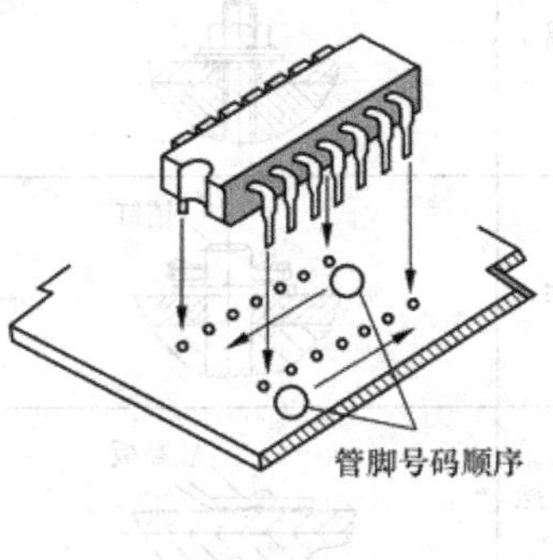 管脚号码顺序	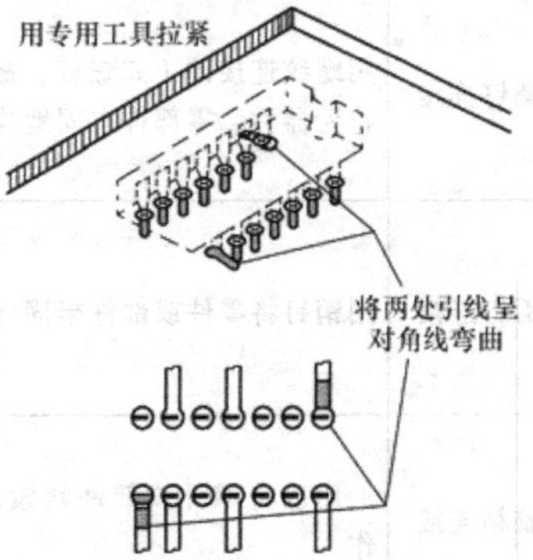 用专用工具拉紧 将两处引线呈对角线弯曲
说明	引脚应对号插入	①用手压紧或用专用工具拉紧 ②将对角线的 2 个引脚弯折，焊接所有引脚

知识链接 2：锡焊

锡焊是电子整机（产品）装接过程中的一种主要连接方式。锡焊工艺是利用焊锡将各种电子元器件、零部件、导线（或印制导线）或接点连接在一起的过程（工艺）。

在电子整机装接中常采用的锡焊方法有手工烙铁锡焊和机器自动锡焊（如波峰焊）两类，其中手工烙铁锡焊又分为点锡焊接和带锡焊接等方法，见表 4–18。

表 4–18　两类不同的锡焊方法

名　　称	示　意　图	说　　明
手工烙铁锡焊	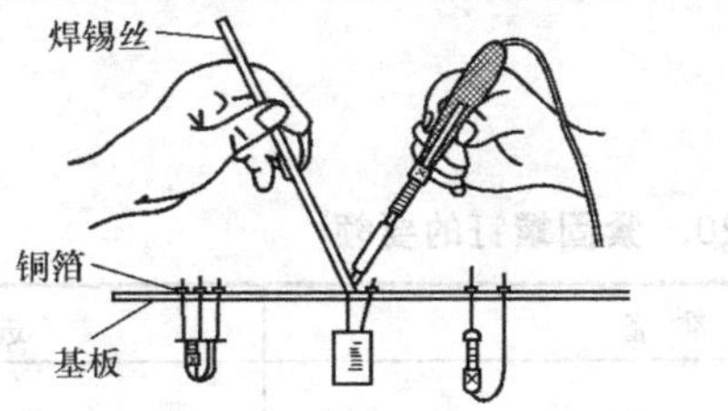 焊锡丝 铜箔 基板	把成型的元器件事先插入印制电路板或铆钉板的焊接位置上，调整好元器件的高度，再在焊点上涂上焊剂，右手握电烙铁，将烙铁头放在元器件的引脚焊接处，左手捏焊锡丝，用焊锡丝的另一端去接触烙铁头。焊锡的多少应根据焊点大小而定。手工烙铁锡焊具体操作方法在任务四中介绍
机器自动锡焊（波峰焊）	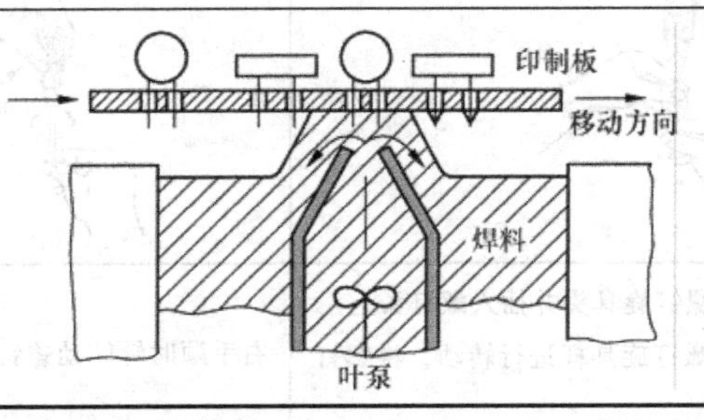 印制板 移动方向 焊料 叶泵	将事先插入元器件的印制电路板放置在波峰焊接机器的传送带上，经传递带的输送自动完成一系列焊接工作。它适用于对电阻器、电容器、二极管、三极管与印制电路板的焊接。由于这种焊接方法既快又好，近几年发展较快

知识链接 3：紧固件连接工艺

1. 紧固连接的分类和特征

紧固连接是电子整机（产品）机械安装中不可缺少的环节，见表 4–19。

表 4-19　紧固连接的种类与特征

分类		特征	示意图	注释
可拆连接	螺钉连接	用螺纹连接件（如螺钉、螺栓、螺母及垫圈）将元器件、零部件牢固地连接起来的操作	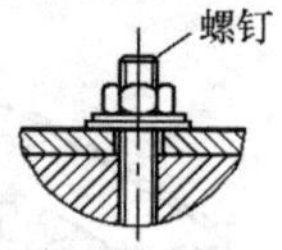 螺钉	在拆散连接时不会损伤任何装配件
	销钉连接	用销钉将零件或部件牢固地连在一起的操作	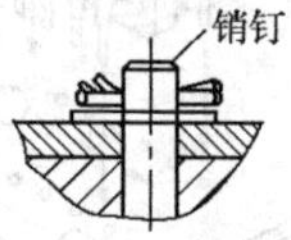 销钉	
不可拆连接	胶粘连接	用胶将零件或部件紧紧地粘接在一起的操作	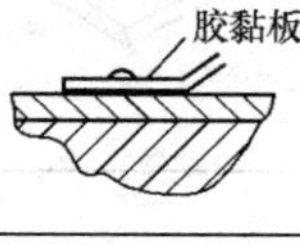 胶黏板	在拆散连接时会损伤装配件或材料
	铆钉连接	用铆钉将两个或两个以上的零部件连接起来的操作	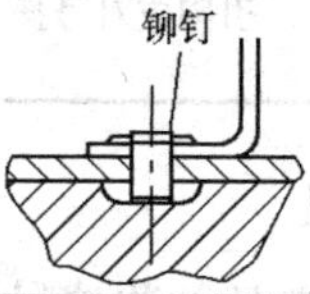 铆钉	
注意事项		① 螺栓连接时，要根据不同情况合理使用螺母、平垫圈或弹簧垫圈。 ② 销钉连接时，选用销钉的直径应根据强度确定，不得随意改变；销钉连接的过盈配合应符合要求，不宜过紧或过松；销钉装配应注意用力均匀，不能过猛，防止头部变形；对于定位要求较高或常装卸的连接，宜选用圆锥销连接。 ③ 铆钉连接时，扩边应均匀、无裂纹，铆接后不出现铆钉杆歪斜或被铆件松动；有多个铆钉连接时，应按对称交叉顺序进行；沉头铆钉铆接后，应与被铆平面保持平整，下凹度不超过 0.2mm		

2．螺钉的紧固

螺钉的紧固要领见表 4-20。

表 4-20　紧固螺钉的要领

操作顺序	紧固准备	进行紧固
示意图	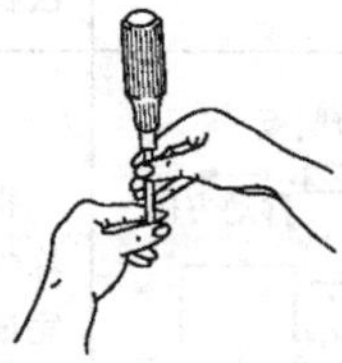	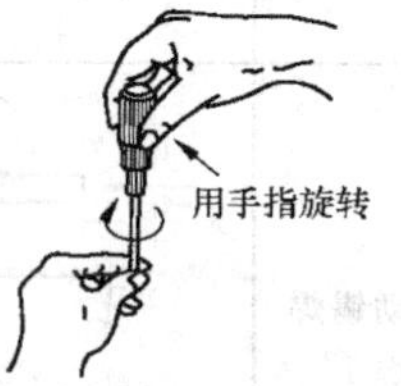 用手指旋转
操作要领	（1）用左手指尖把住螺钉旋具头并插入螺钉头上 （2）用右手指尖抓住螺钉旋具杆进行转动，将螺钉拧进孔里	右手顺时针转动螺钉旋具完全拧紧

3．螺栓、螺母的紧固

当用螺栓、螺母紧固时，必须用合适的螺钉旋具拧紧螺钉，用套筒扳手转动螺母进行紧固，如图 4-8 所示。

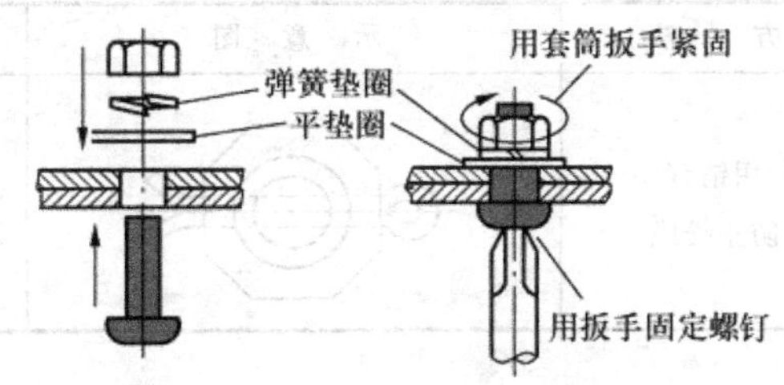

图 4-8 固定螺栓、螺母的操作

4. 防止紧固件松脱的措施

为防止紧固件松脱，可采用表 4-21 中的几种措施。

表 4-21 防止紧固件松脱的措施

场合	方法	示意图	说明
机箱接线板上的连接	用双螺母防止松脱		利用两只螺母互锁起到止动作用
金属元器件上的紧固部位	用弹簧垫圈防止松脱		利用弹簧垫圈的弹性形变，使螺纹间轴向张紧而起到防止松动作用
电子设备（产品）的安装件上	蘸漆防止松脱		利用安装紧固螺钉时，先在螺纹连接处蘸上少许硝基磁漆再拧紧螺纹，通过漆的黏合作用，防止螺纹松动
电子设备（产品）的安装件上	点漆防止松脱	金属 a b d 紧固漆	靠露出的螺钉尾部点紧固漆来防止松动

续表

场　　合	方　法	示 意 图	说　　明
有特殊要求的大螺母上	用销钉 防止松脱		利用开口销穿入带槽螺母和螺柱末端小孔，使螺母不松动

5. 元器件紧固实例

功率晶体管、螺旋式硅整流元器件、拨动开关、旋钮式接线柱、电位器、穿心式陶瓷电容器、保险盒、灯座和氖管灯座的安装及所需配件，分别如图 4-9 ~ 图 4-17 所示。

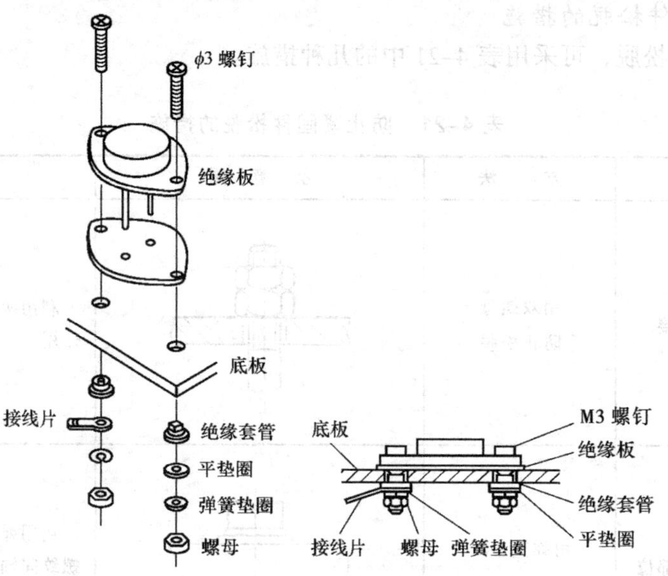

图 4-9　功率晶体管的安装

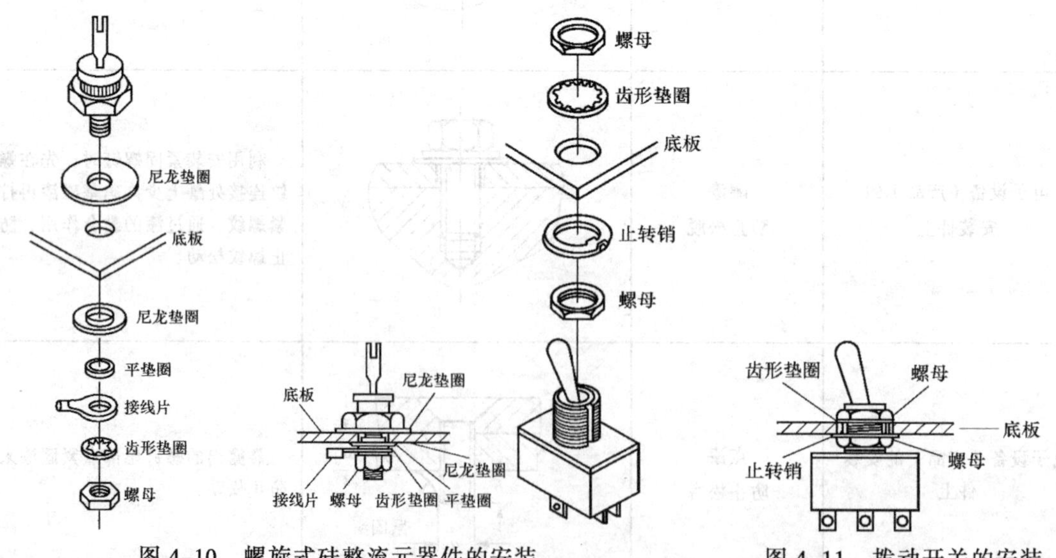

图 4-10　螺旋式硅整流元器件的安装　　　　图 4-11　拨动开关的安装

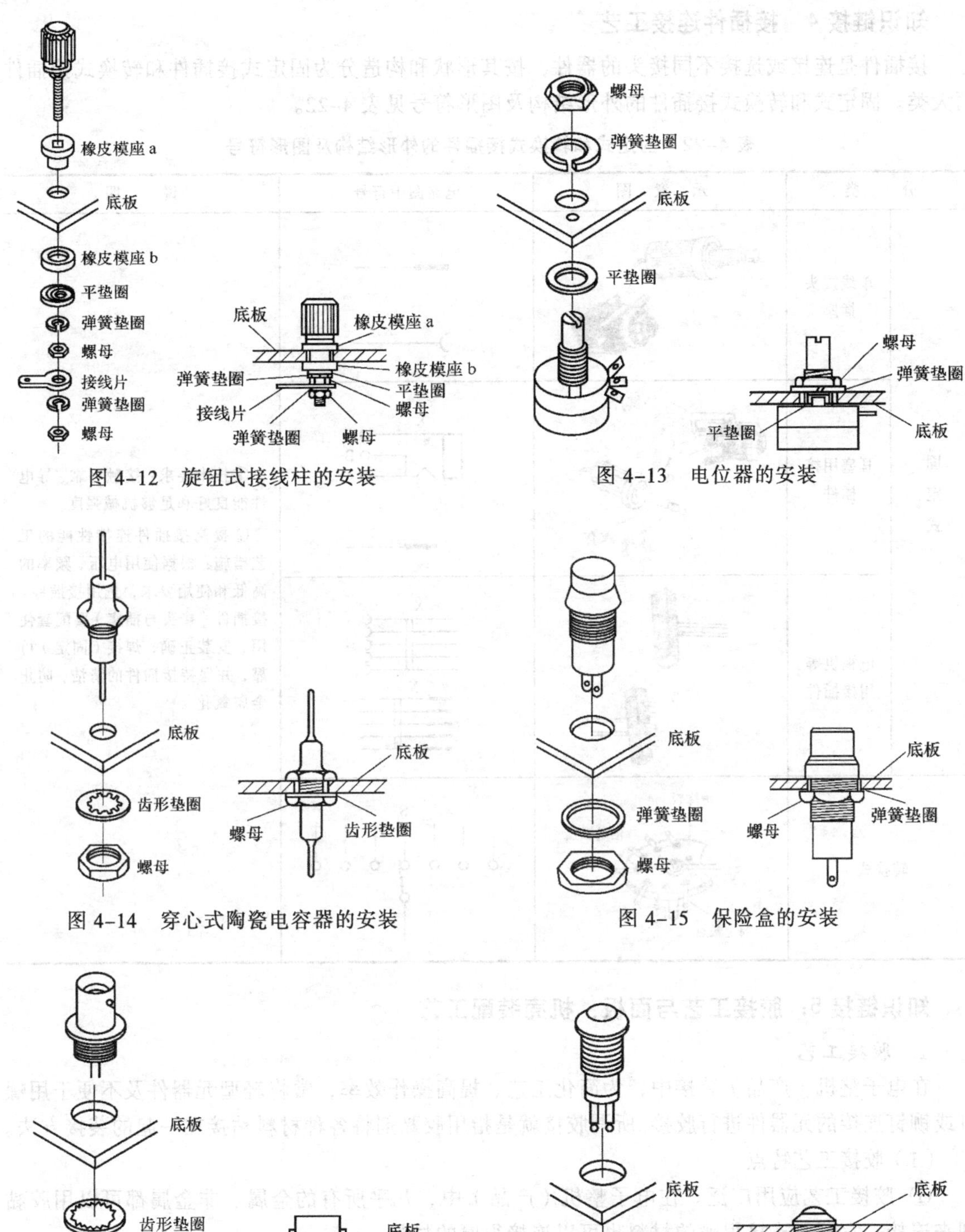

图 4-12　旋钮式接线柱的安装

图 4-13　电位器的安装

图 4-14　穿心式陶瓷电容器的安装

图 4-15　保险盒的安装

图 4-16　灯座的安装

图 4-17　氖管灯座的安装

知识链接 4 接插件连接工艺

接插件是连接或选接不同接头的器件，按其形状和构造分为固定式接插件和转换式接插件两大类。固定式和转换式接插件的外形结构及图形符号见表 4-22。

表 4-22 固定式和转换式接插件的外形结构及图形符号

分类		示意图	电路图中符号	说明
固定式	单线接头插座		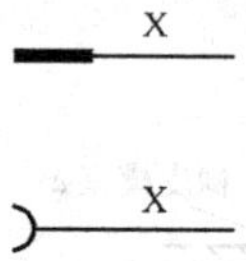 X X	①技术要求：接触可靠、导电性能良好和足够机械强度 ②提高接插件连接性能的工艺措施：根据使用电压、频率的高低和使用要求，选用接插件。接插件（接头与插座）要配套使用、安装正确，焊接（固定）可靠，并保持接插件的清洁，防止金属氧化
	耳塞用接插件	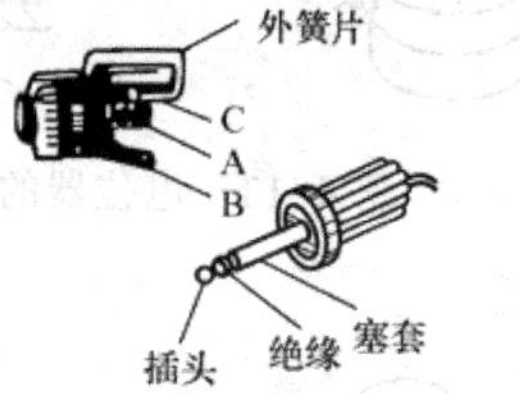 外簧片 C A B 插头 绝缘 塞套	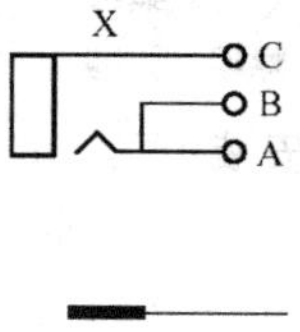 X C B A	
	电视机等用接插件	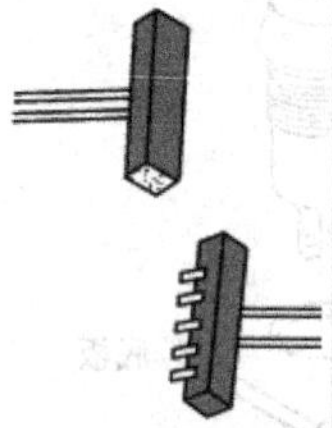	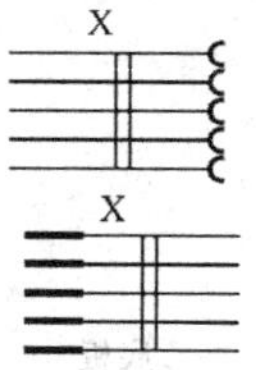 X X	
转换式		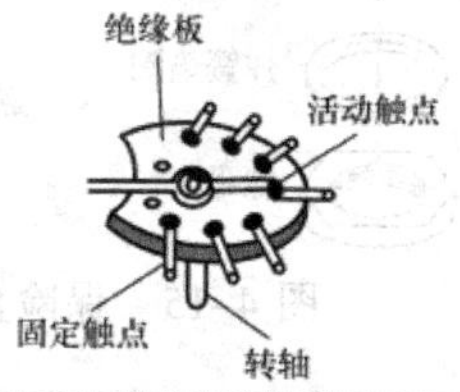 绝缘板 活动触点 固定触点 转轴	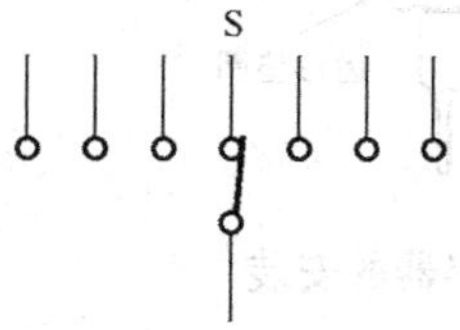 S	

知识链接 5：胶接工艺与面板、机壳装配工艺

1. 胶接工艺

在电子整机（产品）装接中，为简化工艺、提高操作效率，常将轻型元器件及不便于用螺钉或铆钉连接的元器件进行胶接。所谓胶接就是指用胶黏剂将各种材料粘接在一起的装接方法。

（1）胶接工艺特点

① 胶接工艺应用广泛。在电子整机（产品）中，几乎所有的金属、非金属都可以用胶黏剂来连接，它可以连接很薄的材料也可以连接很厚的材料。

② 胶接处应力分布均匀。在电子整机（产品）中，采用的胶接处应力分布均匀，避免了其他连接存在的应力集中现象，因此具有较高的抗震、抗拉强度。

③ 胶接变形小。它克服了焊、铆接时受高温的作用，使工件容易产生变形的缺点，常用于金属薄板、轻型元器件和复杂零件的连接。

④ 胶接具有良好的密封性，绝缘、耐腐蚀性高。

⑤ 用胶黏剂对设备和电气部件进行修复时，工艺简单、成本低。

（2）提高胶接质量的措施

尽管胶接工艺有以上优点，但其性能脆弱（胶接处抗剥离和抗冲击能力差），因此应从以下两方面来提高它的质量。

① 严格执行胶接操作工艺：胶接面的加工→胶接面的清洁处理→涂敷胶黏剂→叠合→固化。

② 高度重视胶接工艺的有关事项：胶接环境的温度和湿度，胶接面的清洁度，胶黏剂的选取合适度，胶黏剂涂敷的均匀度，叠合定位的准确度，固化和保温时间等。

（3）常用胶黏剂简介

常用胶黏剂简介详见表4-23。

表4-23　常用胶黏剂简介

名　　称	胶接温度与固化时间	备　　注
环氧-聚硫（HY-914）	要求温度25℃，胶接3h后使用	适用于一般金属的胶接
尼龙-环氧（SY-8）	要求温度100～150℃，胶接1h后使用	选用范围广，抗压强度高
环氧（SY-146）	要求温度120～140℃，胶接4h后使用	适用于一般金属的胶接
酚醛-缩醛（JF-1）	要求温度180℃，胶接2h后使用	可承受较大的压力
氯丁-酚醛（XY-401）	在常温度下，胶接24～28h后使用	适用于橡胶本身或金属、玻璃等材料的胶接
环氧树脂导电胶	要求温度150℃，胶接2h后使用	适用于要求具有较好导电性能的胶接
压敏胶	在常温下即能起黏合作用	单独使用，也可以涂覆在各种基材上制成胶黏带使用

2. 面板、机壳装配工艺

当今电子整机（产品）的市场是个竞争日益剧烈的市场，人们不仅要求电子设备（产品）的内在质量，还要求电子整机（产品）外观。因此，要求操作人员在装配中，注意面板、机壳表面的保护，做到面板、机壳及装饰件表面无损坏、无伤痕；面板、机壳及装饰件等配合紧密，机械强度高。具体装配工艺要求如下。

（1）注意装配程序，一般为“先里后外，先小后大”。

（2）彩色电视机等家用电器的面板、机壳应用阻燃材料制成。

（3）机壳应有通风排气孔，后机壳盖上应有清晰的安全标志。

（4）搬运面板、机壳要轻拿轻放，注意外观整洁，表面不应有划伤、裂缝、变形，表面涂覆层不应起泡、龟裂或脱落。

（5）零部件应紧固无松动，具有足够的机械强度和机械稳定性。用自攻螺钉紧固应无偏斜、松动，并准确装配到位。

（6）装配在面板上的各种可动零部件应操作灵活、可靠，位置要适当，无明显的缝隙。

（7）粘贴在面板上的铭牌、商标、装饰件、控制指示片等，应按要求贴在指定位置，并要端正牢固。

操作分析

◎看一看：器材价格

收集表4-24中所列工具和器材的相关信息，并将结果填写在该表中。（推荐途径：上网查

询或商店询问）

表 4-24　常用电子器材的价格

序　号	名　称	型号规格	单　位	价　格	生产厂家
1	胶木板				
2	电钻				
3	钻头				
4	铆钉				
5	接线柱				
6	锤子				
7	铆钉冲头				
8	扁锉				
9	电位器				
10	焊片				
11	螺柱、螺母				

◎做一做：铆钉板制作

根据教学要求进行铆钉板的制作，并把操作步骤填写在表 4-25 中。

表 4-25　铆钉板制作的步骤

步　骤	操作说明
第 1 步	按图尺寸裁好胶木板，四边要平直，并且用扁锉去掉毛刺，如右图所示
第 2 步	确定铆钉孔、接线柱、电位器安装孔位置
第 3 步	分别用$\phi2$、$\phi4$、$\phi8$ 钻头打铆钉孔、接线柱、电位器安装孔
第 4 步	铆钉孔要求紧扣面板，呈圆形（铆钉规格按胶木板厚度来定，一般铆钉长度比板厚度大 0.5～1 mm）
第 5 步	安装接线柱，焊片应在接线的两螺母之间

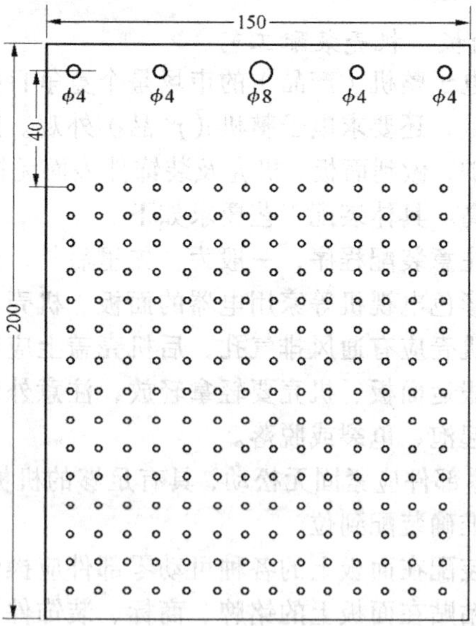

任务总结

把学习制作铆钉板的体会与收获写在表 4-26 中，并进行评价。

表 4-26　铆钉板制作总结表

<table>
<tr><td>课　题</td><td colspan="6">铆钉板的制作</td></tr>
<tr><td>班　级</td><td></td><td>姓　名</td><td></td><td>学　号</td><td>日　期</td><td></td></tr>
<tr><td>收获与体会</td><td colspan="6"></td></tr>
<tr><td rowspan="5">实训评价</td><td>评定人</td><td colspan="3">评　语</td><td>等级</td><td>签名</td></tr>
<tr><td>自　评</td><td colspan="3"></td><td></td><td></td></tr>
<tr><td>互　评</td><td colspan="3"></td><td></td><td></td></tr>
<tr><td>师　评</td><td colspan="3"></td><td></td><td></td></tr>
<tr><td>综合评定</td><td colspan="3"></td><td></td><td></td></tr>
</table>

知识拓展

知识拓展 1：无铅焊接工艺

由于金属铅是一种有毒的物质，长期接触该类物质将会影响人体健康。随着科学技术的发展，焊料合金已经向着无铅化的方向发展，目前各国的不同组织已经开发出了锡银 Sn-Ag、锡铜 Sn-Cu、锡铋 Sn-Bi、锡锑 Sn-Pb 和锡铟 Sn-In 等几大类无铅焊接合金。随着银、铜、铋等元素的加入，锡合金的性能大大改善，从而降低熔点，提高了合金的润湿性、机械性能、可靠性和抗氧化性能等，还使无铅焊料合金具有相当或优于锡铅焊料合金的性能。由于无铅焊料合金种类繁多，欧盟、美国和日本的有关组织结合自己的研究结果和应用情况，提出了各自所推荐的合金。目前推荐较多的主要无铅焊料合金和适用工艺过程详见表 4-27。

表 4-27　主要无铅焊料合金和适用的工艺过程

<table>
<tr><th colspan="2">工艺过程</th><th>焊料合金</th><th>性价比推荐</th><th>备　注</th></tr>
<tr><td colspan="2">波峰焊</td><td>Sn-Ag 系
Sn-Cu 系</td><td>Sn-3Ag-0.5Cu</td><td>元件引脚 Sn-Pb 镀层可能引起焊点剥离，要注意对焊料槽中 Cu 含量的控制</td></tr>
<tr><td rowspan="2">回流焊</td><td>高温与中温</td><td>Sn-Ag 系
Sn-Zn 系</td><td>Sn-3Ag-0.5Cu
Sn-8Zn-3Bi</td><td>控制 PCB 组件的温度分布；注意引脚上 Sn-Pb 等镀层与 Bi 的兼容性；在腐蚀环境中注意 Sn-Zn 的腐蚀问题；高温下考虑对铜电极做 Au/Ni 镀层</td></tr>
<tr><td>低温</td><td>Sn-Ag-In 系
Sn-Bi 系</td><td>Sn-57Bi-1Ag</td><td>注意 Bi 与 Sn-Pb 引脚镀层的兼容性</td></tr>
<tr><td colspan="2">手工/机器人焊接</td><td>Sn-Ag 系
Sn-Cu、Sn-Bi 系等</td><td>Sn-3Ag-0.5Cu</td><td>与不同焊料、阻焊剂的兼容性问题</td></tr>
</table>

知识拓展 2：表面安装技术

表面安装技术，缩写 SMT，它是将电子元器件直接安装在印制电路板的表面，它的主要特征是元器件是无引线或短引线，元器件主体与焊点均处在印制电路板的同一侧面，如图 4-18 所示。它使电子产品能有效地实现“轻、薄、短、小”，具有高功能、高可靠、优质量、低成本的特点。元器件组成密度高、可靠性好、生产成本低、易于自动化等优势。它属于第四代电子装联技术，现在已经广泛应用于电子产品的生产中。

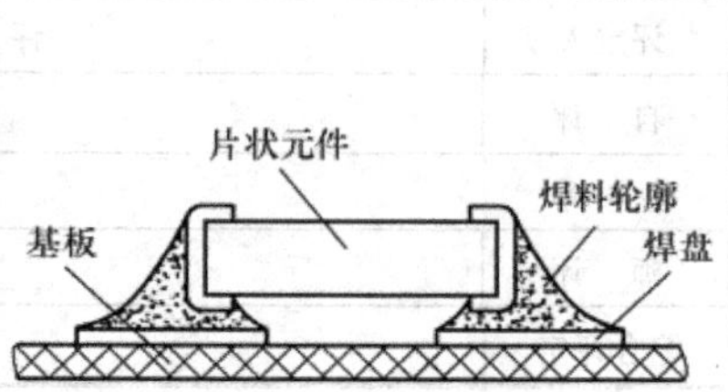

图 4-18　元器件的表面安装

具体地说，就是首先在印制板电路盘上涂布焊锡膏，再将表面贴装元器件准确地放到涂有焊锡膏的焊盘上，通过加热印制电路板直至焊锡膏熔化，冷却后便实现了元器件与印制板之间的互联。20 世纪 80 年代，SMT 生产技术日趋完善，用于表面安装技术的元器件大量生产，价格大幅度下降，各种技术性能好，价格低的设备纷纷面世，用 SMT 组装的电子产品具有体积小、性能好、功能全、价位低的优势，故 SMT 作为新一代电子装联技术，被广泛地应用于航空、航天、通信、计算机、医疗电子、汽车、办公自动化、家用电器等各个领域的电子产品装联中。到了 20 世纪 90 年代，SMT 产业更是发生了惊人的变化，片式阻容元器件自 20 世纪 70 年代工业化生产以来，尺寸从最初的 3.2 mm×1.6 mm×1.2 mm 已发展到现在的 0.6 mm×0.3 mm×0.3 mm，体积从最初的 6.144 mm^3 缩小到现在的 0.054 mm^3，其体积缩到原来的 0.88%。片式元器件的发展还可以从 IC 外形封装尺寸的演变过程看，IC 端子中心距已从最初的 1.27 mm 快速过渡到 0.65 mm、0.5 mm 和 0.4 mm。如今 IC 封装形式又以崭新的面貌出现在人们面前，继 PLCC（Plastic Leadless Chip Carrier）和 QFP（Quad Flat Package）之后出现了 BGA（Ball Grid Array）、CSP（Chip Scale Package）等，令人目不暇接。与元器件相匹配的印制电路板从早期的双面板发展为多层板，最多可达 50 多层，板面上线宽已从 0.2～0.3 mm，缩小到 0.15 mm 甚至 0.05 mm。

用于 SMT 大生产的主要设备——贴片机也从早期的低速（1 s/片）、机械对中，发展为高速（0.06 s/片）、光学对中，并向多功能、柔性连接模块化发展，再流焊炉也由最初的热板式加热发展为氮气热风红外式加热，能适应通孔元器件再流且带局部强制冷却的再流焊炉也已投入使用，再流焊的不良焊点率已下降到百分之十以下，几乎接近无缺陷焊接。

任务 4　手工锡焊操作

情景模拟

小忠的 MP3 经常要拍一拍才能出声，电子修理高手的爸爸指着小忠的 MP3 说："以我的修理经验，MP3 毛病多半出在电源的部分线路脱焊了。”于是，小忠就想试着自己修理 MP3。打开 MP3 的外壳，在爸爸的指点下很快找到了脱焊的位置。于是爸爸就拿出了他补焊用的电烙铁，指导小忠把脱焊的部位焊上了。修理完毕后，小忠迅速地带上耳机，耳机里传来了动听的歌声，爸爸也直夸小忠能干。

你想知道小忠是如何使用电烙铁将 MP3 修好的吗？让我们一起来学一学，做一做！

基础知识

知识链接 1：锡焊基本要求

（1）焊点表面应光滑。焊点不应出现凹凸不平、毛刺、空隙和变色及光泽不均的现象。

（2）焊点上的焊料要适当。注意焊点表面清洁，不应留有污垢，特别是有害残留物。

（3）焊点应有一定的机械强度和良好的导电性，以确保焊件与焊点良好的连接，无松动或脱落现象。

标准焊点如图 4-19 所示。图 4-20 所示为点接焊上的几种焊接状态。

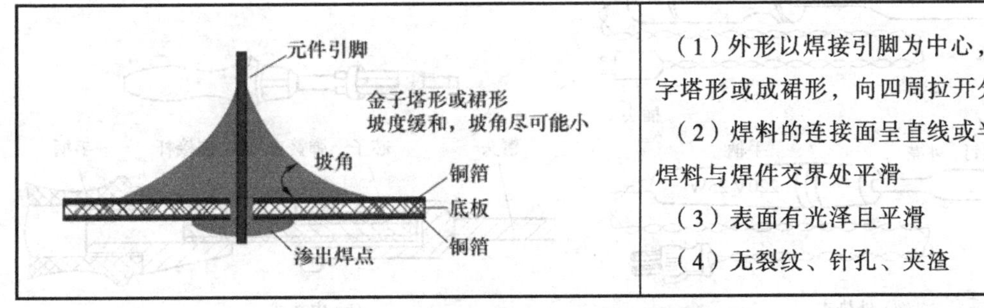

（1）外形以焊接引脚为中心，均匀、成金字塔形或成裙形，向四周拉开分散

（2）焊料的连接面呈直线或半弓形凹面，焊料与焊件交界处平滑

（3）表面有光泽且平滑

（4）无裂纹、针孔、夹渣

图 4-19　标准焊点示意图

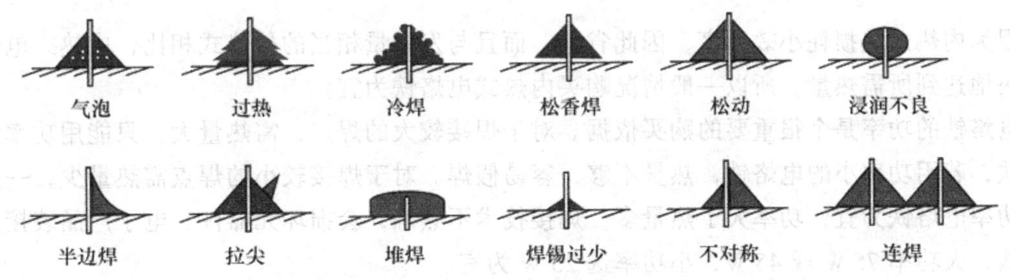

图 4-20　点接焊上的几种焊接状态

图 4-21 所示是芯线钩接在接线上的焊接状态。从图 4-21（a）所示剖面图上可以看出，焊料完全扩散到接线和芯线之间，并产生合金层，而从图 4-21（b）上可以看出焊料过多，即焊料在母材之间不能产生合金层，在使用中会因振动和冲击使焊点开裂，接触电阻增大而发热。

知识链接 2：手工锡焊工具

电烙铁是用来手工焊接的主要工具，用于导线与导线或导线与工件间较紧固的连接，它由发热体、烙铁头和手柄 3 部分组成。电烙铁又有各种类型，按加热方式分为直热式、感应式和气体燃烧式等，按发热功率分为 20 W、30 W、45 W、75 W 等，按功能分为单用式、两用式、调温式、恒温式等。单用、直热式电烙铁是最常用的电烙铁。根据结构的不同又可分为内热式和外热式，常见的电烙铁外形与结构如图 4-22 所示。

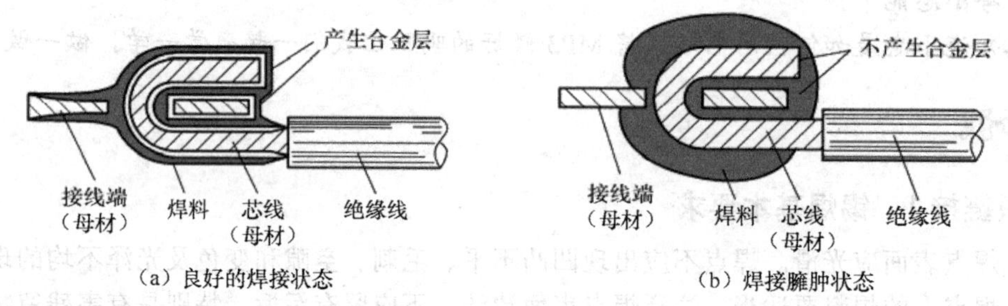

图 4-21　钩接的焊接状态

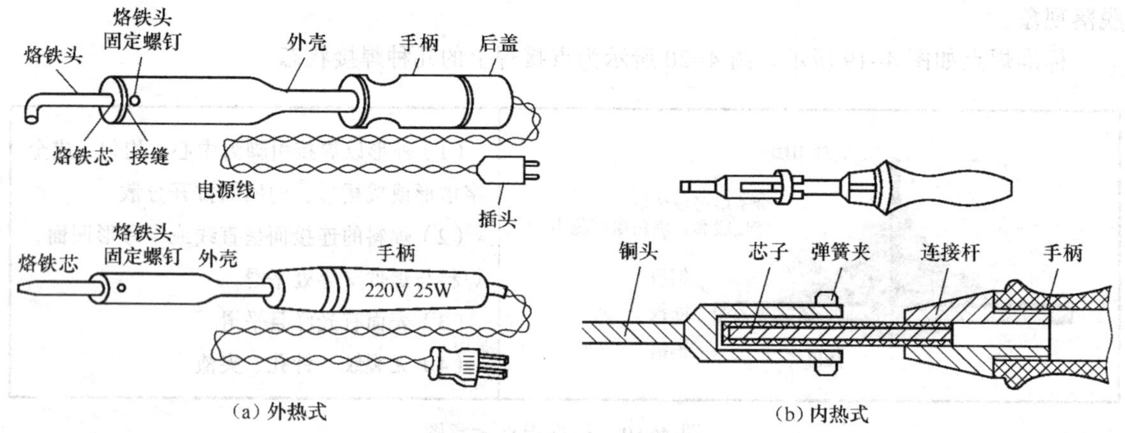

图 4-22　常见电烙铁

因为内热式热损耗小效率高，因此省电，而且与发热量相当的外热式相比，内热式电烙铁能更快地达到所需热量，所以一般情况购买内热式电烙铁为宜。

电烙铁的功率是个很重要的购买依据。对于焊接较大的焊点，需热量大，只能用功率大的电烙铁，若用功率小的电烙铁，热量不够，容易假焊。对于焊接较小的焊点需热量少，一般以用小功率电烙铁为宜，功率大了热量多，焊接技术不熟练，会损坏元器件。电子产品装接用的电烙铁，大功率 75 W 或 45 W，小功率选 25 W 为宜。

在购买时或使用前，应检查烙铁头是否松动，再用万用表欧姆挡测量电烙铁电源插头两端电阻，从而检查电热元器件是否断路。在条件允许的情况下，插上电源试一下，检查电烙铁是否漏电，发热是否太大。

知识链接 3：手工烙铁锡焊姿势

（1）电烙铁的握法。电烙铁的握法有握笔法、直握法和反握法等几种，如图 4-23 所示。

（2）焊锡丝的握法。焊锡丝的握法如图 4-24 所示。

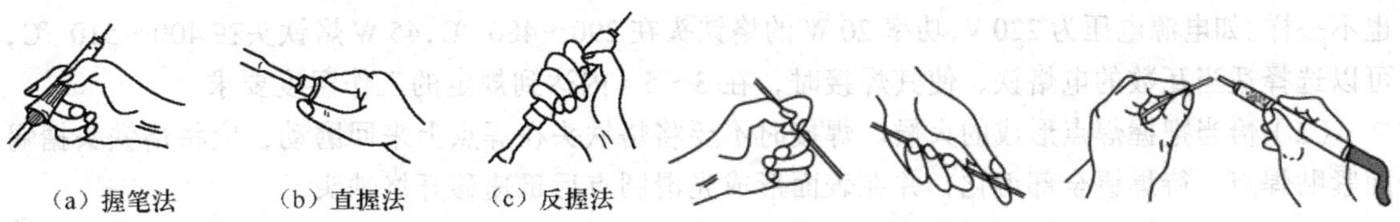
（a）握笔法　（b）直握法　（c）反握法

图 4–23　电烙铁的握法　　　图 4–24　焊锡丝的握法

知识链接 4：手工烙铁锡焊步骤

手工烙铁锡焊的基本操作，一般包括表 4–28 所示的 6 个步骤。

表 4–28　手工烙铁锡焊的基本操作步骤

步骤		示意图	说明
1	准备	焊锡　烙铁	在焊接前应做好元器件引线端和焊接点的上锡、成型工作
2	加热焊件		移近电烙铁，对接焊接点和元器件引线端进行均匀加热
3	熔化焊锡		在焊接点与元器件引线端间熔以适量的焊锡
4	移开焊锡丝		待焊锡完全熔化后，移开焊锡丝
5	移开电烙铁		当熔化的焊锡均匀地流入焊接点与元器件引线端间后，移开电烙铁，让焊锡慢慢冷却凝固。如焊接点与元器件引线端间焊锡不够时，可以适当增加一些焊锡，以保证元器件牢固地焊接在焊接点上
6	焊接质量检查	（a）直插入焊点　（b）半打弯插入焊点	焊接质量检查包括目视检查和手接触检查。如目视检查焊点有无漏焊、连焊，焊点是否光滑，周围是否有残留的焊剂等；手触检查元器件焊接是否松动或焊接不牢的现象等

注：对于容量较小的焊件可以改用“准备—加热焊件和焊料—移开电烙铁和焊锡丝”3 步。

知识链接 5：手工烙铁锡焊注意事项

（1）根据焊接物体的大小来选择电烙铁。

（2）开始焊接前，必须检查电源线、插头、手柄等有无烧坏，以及烙铁尖的定位情况。

（3）在焊接中，要注意焊接表面的清洁和搪锡。一定要及时清除焊接面的绝缘层、氧化层及污垢，直到完全露出金属表面，并迅速在焊接面搪上锡层，以免表面重新氧化。

（4）掌握好焊接的温度和时间。不同的焊接对象，要求烙铁头的温度不同，焊接的时间长短也不一样。如电源电压为220 V,功率20 W的烙铁头在290～480 ℃,45 W烙铁头在400～510 ℃,可以选择适当瓦数的电烙铁，使其焊接时，在3～5 s内达到规定的工作温度要求。

（5）恰当把握焊点形成的火候。焊接时不要将烙铁头在焊点上来回磨动，应将烙铁头搪锡面紧贴焊点，待焊锡全部熔化，并在表面形成光滑圆点后迅速移开烙铁头。

警告：锡焊时，由于焊锡不会马上凝固，因此在焊锡凝固前不能移动被焊件，否则焊锡会凝成砂粒或因焊接不牢而造成虚焊。

操作分析

◎认一认：烙铁形式

如图4-25所示，哪一把是内热式电烙铁，哪一把是外热式电烙铁？

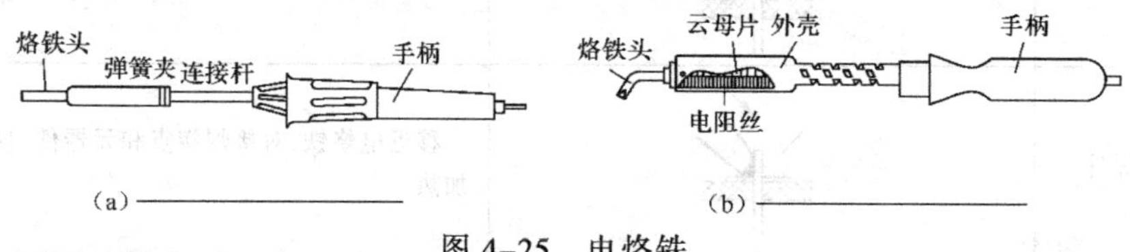

图4-25 电烙铁

◎谈一谈：锡焊要领

进行手工焊接需要哪些焊接材料？谈一谈手工焊接（锡焊）的基本要领及其操作注意事项。

◎做一做：手工焊接

（1）绝缘硬导线（或元器件的引线）与接线端的手工焊接步骤见表4-29。

表4-29 元器件引线与接线端焊接的步骤

操作步骤	示意图	说明
将引线钩接在接线端上	尖嘴钳；元器件引线；中继接线端；绝缘线（股线）	要用尖嘴钳或扁口钳将引线和绞线勾接在接线端上
烙铁尖接近焊点，进行加热	烙铁尖	烙铁尖接近焊点（引线与接线端）进行加热
熔化焊锡丝		在引线和接线端间熔以适量焊锡丝
烙铁移开焊点		在焊锡丝熔化并填满引线和接线端间后移开焊锡丝。必要时可以增加适量焊锡丝

准备工具与材料：25 W 左右的内热式电烙铁 1 把，带接线端装置的焊件 1 块，焊锡丝若干，绝缘硬导线和废元器件若干。

（2）母材的手工焊接步骤见表 4–30。

表 4–30　母材手工焊接步骤

训练科目	步　骤	示　意　图	说　明
大容量母材的焊接	烙铁尖接触		烙铁同时对引线和焊盘接点加热
	熔化焊锡丝		在引线和焊盘接点上熔化适量焊锡
	撤离焊锡丝		在适量焊锡熔化瞬间迅速撤离
	烙铁移开焊点		在助焊剂扩散、浸透、焊锡完全熔接瞬间，45° 方向撤离烙铁
小容量母材的焊接	烙铁尖和焊锡丝同时接触		在引线和焊盘接点上，烙铁尖和焊锡丝同时接触，熔化适量焊锡
	烙铁尖和焊锡丝同时撤离		在焊锡完全熔接瞬间，同时撤离烙铁尖和焊锡丝

准备工具与材料：25 W 和 75 W 内热式电烙铁各 1 把，大容量母材和小容量母材各 1 件，焊锡丝和助焊剂若干，绝缘硬导线和废元器件若干。

（3）元器件在空心铆钉板上的焊接练习。焊接操作方法如下。

① 加热。将烙铁头放于被焊部位，同时接触空心铆钉（又称焊盘）和元器件引脚，时间 1 ~ 2s，如图 4–26（a）所示。

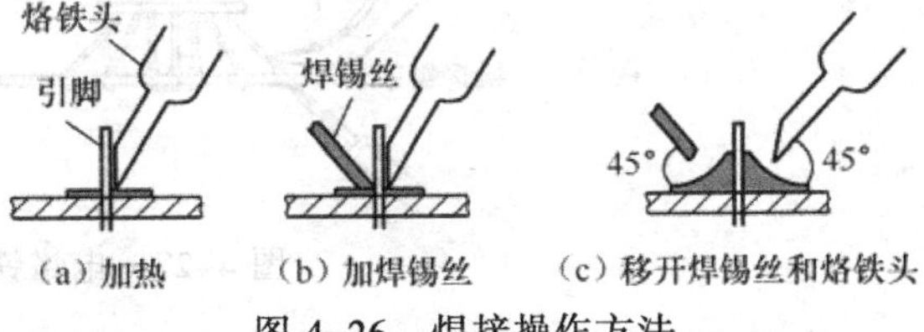

（a）加热　（b）加焊锡丝　（c）移开焊锡丝和烙铁头

图 4–26　焊接操作方法

② 加焊锡丝。被焊部位加热到一定温度时，焊锡丝从烙铁对面接触元器件引脚及空心铆钉（焊盘），时间 1 ~ 2s，如图 4–26（b）所示。

③ 移开焊锡丝和烙铁头。当焊锡丝熔化并浸润空心铆钉和元器件引脚后，同时向左右以方向 45° 移开焊锡丝和烙铁头，整个焊接过程 3 ~ 5s。

④ 焊点要求。一个铆钉只插装元器件的一只引脚；焊锡应覆盖整个空心铆钉（焊盘），并在元器件引脚周围形成小圆形，如图 4–26（c）所示。

任务总结

把学习手工焊接的收获与体会写在表 4–31 中，并完成总结表中的各项评价。

表 4-31　常用装接工具识别训练总结表

课　题	常用装接工具的识别						
班　级		姓　名		学　号		日　期	
收获与体会							
实训评价	评定人	评　语		等级	签名		
	自　评						
	互　评						
	师　评						
	综合评定						

知识拓展

知识拓展 1：拆焊方法

在电子产品的调试、维修过程中，对元器件进行更换时就需要拆焊。更换元器件需要先把原先的元器件拆卸下来。拆焊的方法不当，往往会造成元器件的损坏、印制导线的断裂或焊盘的脱落。良好的拆焊技术，能保证调试、维修工作顺利进行，因此拆焊技术是电子整机装接工作中应熟练掌握的一项技术。

对于电阻器、电容器、晶体管等引脚少，而且每个引脚都能够相对活动的元器件，可以用电烙铁直接进行拆焊。具体方法如下：先将印制板竖立起来加以固定，然后一边用电烙铁加热元器件的焊点至熔化，一边用镊子或尖嘴钳夹住元器件的引线并轻轻地拉离焊盘，如图 4-27 所示。

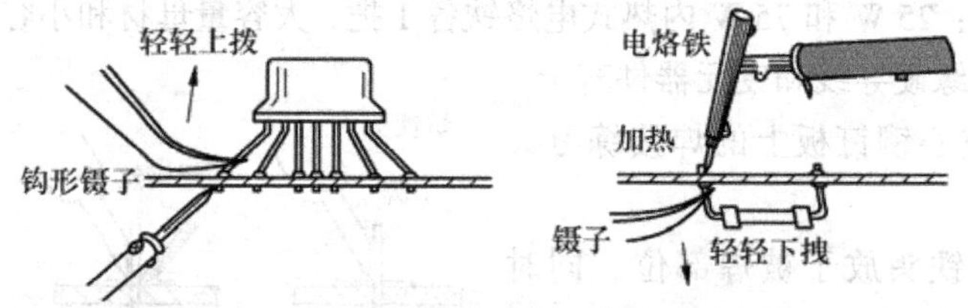

图 4-27　电烙铁直接拆卸元器件

在拆有多个焊点、引脚较硬且不易活动的元器件（如集成电路等）时，可采用吸锡器进行拆卸，具体操作步骤见表 4-32。

表 4-32　使用吸锡器拆卸元器件操作步骤

步　骤	加热拆焊点	吸取焊料	拆下元器件
图示	烙铁	吸锡器　烙铁	镊子
说明	将电烙铁平稳地靠近拆焊点，均匀加热焊点至熔化	待焊料熔化后，用吸锡器吸取焊料	用镊子将元器件拔下

知识拓展 2：导线与典型焊件上的焊接

导线焊接在电子产品装配中也占有重要的地位。在出现故障的电子产品中，导线焊点的失效率高于印制电路板，因此有必要对导线的焊接工艺给予高度的重视。电子产品中的导线通常须与片状焊件、杯形焊件、槽形/柱形/板形焊件、金属板进行焊接，具体的焊接方法见表 4-33 所示。

表 4-33　导线与典型焊件上的焊接方法

焊接名称	示意图	焊接说明
片状焊件上的焊接	焊件预焊　套管　导线钩接　①　②　烙铁　烙铁点焊　套绝缘　③　④	① 先将焊片、导线镀上锡，焊片的孔不要堵死 ② 将导线穿过焊孔并弯曲成钩形 ③ 然后再用电烙铁焊接，不应搭焊 ④ 用套管将焊点套上，避免焊点和电路其他部分短路
杯形焊件上的焊接	焊锡　烙铁　导线　套管　焊剂　夹持散热　①　②　③　④	① 往杯形孔内滴一滴焊剂，若孔较大，可用脱脂棉蘸焊剂在杯内均匀擦一层 ② 用电烙铁将焊锡熔化，使其流满内孔 ③ 将导线垂直插入到焊件底部，移开电烙铁，保持导线不动，一直到凝固 ④ 完全凝固后立即套上套管
槽形/柱形/板形焊件的焊接	2/3　预焊　L　散热器　散热器　套管　套管　槽形搭焊　柱形绕焊　板形绕焊	可采用绕、钩、搭接等连接方法，每个接点一般仅接一根导线，一般都应套上合适尺寸的塑料套管
与金属板的焊接		将导线焊到金属板上，关键是往板上镀锡。一般金属板表面积大，吸热多而散热快，要用功率较大的电烙铁或增加焊接时间。增加焊接牢度，可以先在焊区用力划出一些刀痕再镀锡。有些表面有镀层的铁板，不容易上锡，但这种焊接容易清洗，可使用少量焊油

任务5　电子整机总体安装操作

情景模拟

一晃儿，小忠已经在车间实习一个学期了。师傅带小忠到车间的最后一道工序参观，然后告诉小忠，任何电子产品装接完毕后都需要进入整机总体安装工序进行总装，该工序主要包括束线制作、装配印制电路板、底板安装、总装配线、自检、电性能测试等步骤。

同学们，你们想知道电子产品最后是如何总装完毕的吗？让我们一起来学一学，做一做！

基础知识

知识链接1：电子整机总体安装工序

关于电子整机各部件的装接工艺，已经在前几节里按不同操作分类叙述了其安装要领。本节将结合整机总体安装例子，进一步加以说明。

电子整机的总体安装工序，首先要制订出安装工序及其顺序方案，并概算出安装时间。这就需要有目的地对分项（道）操作进行分析，然后分项（道）解析，直至最后一项（道）操作完毕，如图4–28所示。

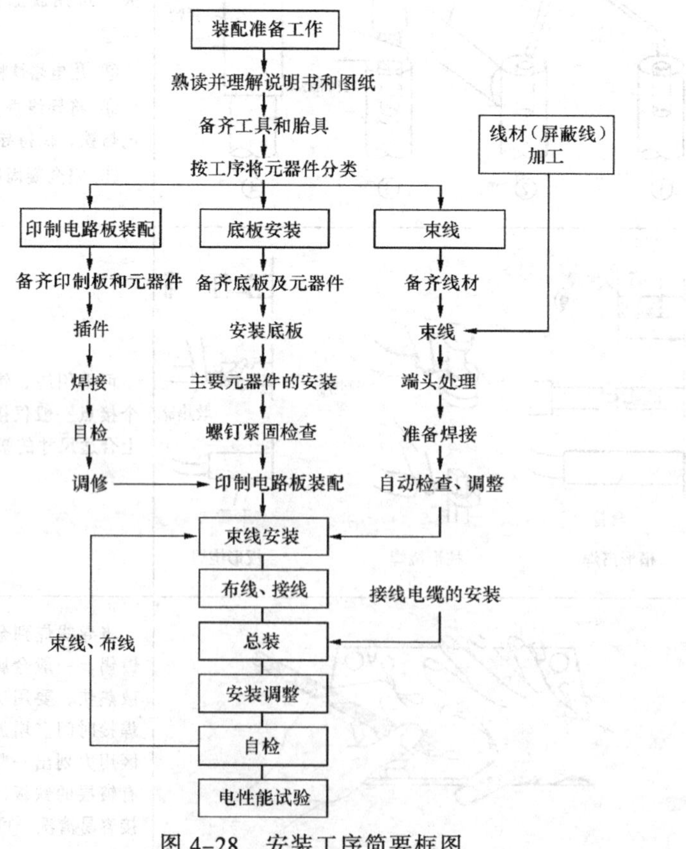

图4–28　安装工序简要框图

知识链接 2：束线制作

关于线束（线扎、线把）的制作，可参照本项目的任务二知识链接 2。

知识链接 3：装配印制电路板

印制电路板上的焊接元器件大致有电阻器、电容器、二极管、三极管等。为了便于插入，将它们按类别分组，这样可提高安装速度，如图 4-29 所示。

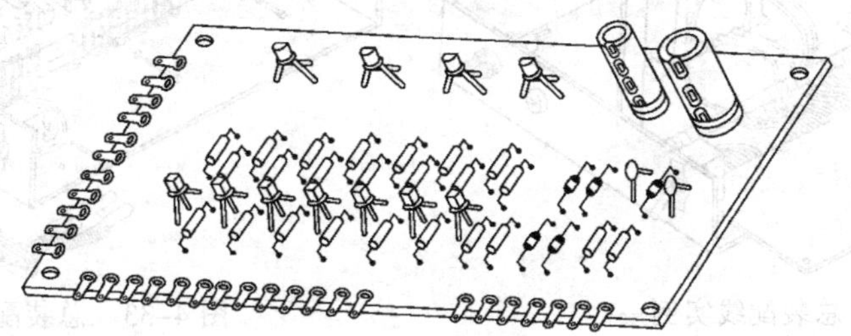

图 4-29　元器件的插入

知识链接 4：底板安装

安装底板时，不仅要考虑操作顺序，而且不能损伤底板和元器件。图 4-30 和图 4-31 所示是底板安装实例。

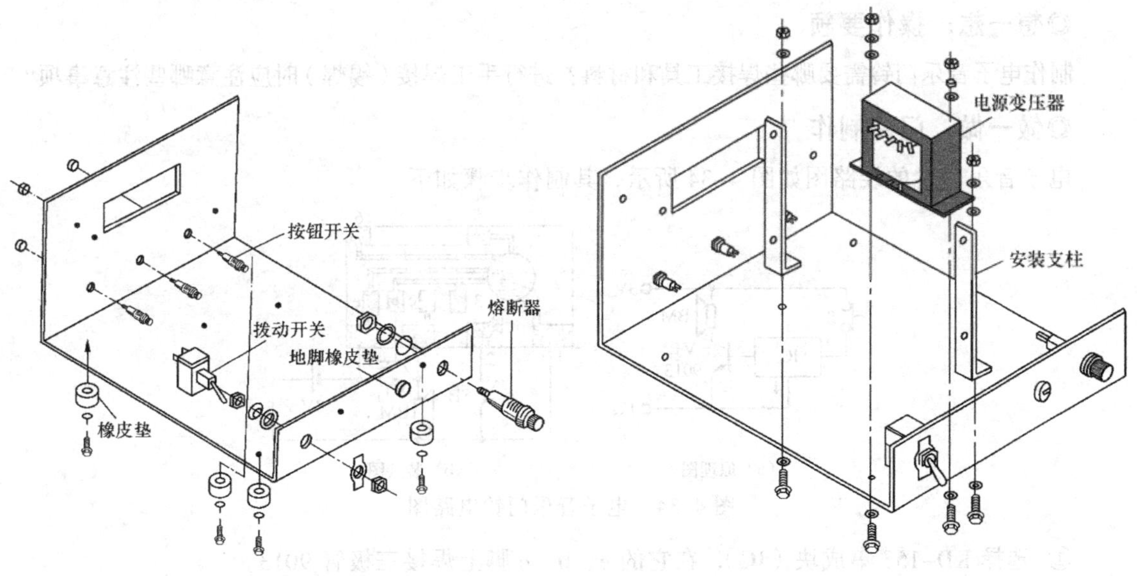

图 4-30　底板安装实例一　　图 4-31　底板安装实例二

知识链接 5：总装配线

总装配线是综合安装配线的总称。在这个阶段装配的好坏，会直接影响整机的声誉。所以必须一边观察总体布局，一边进行局部操作。图 4-32 和图 4-33 所示是总装配线实例。

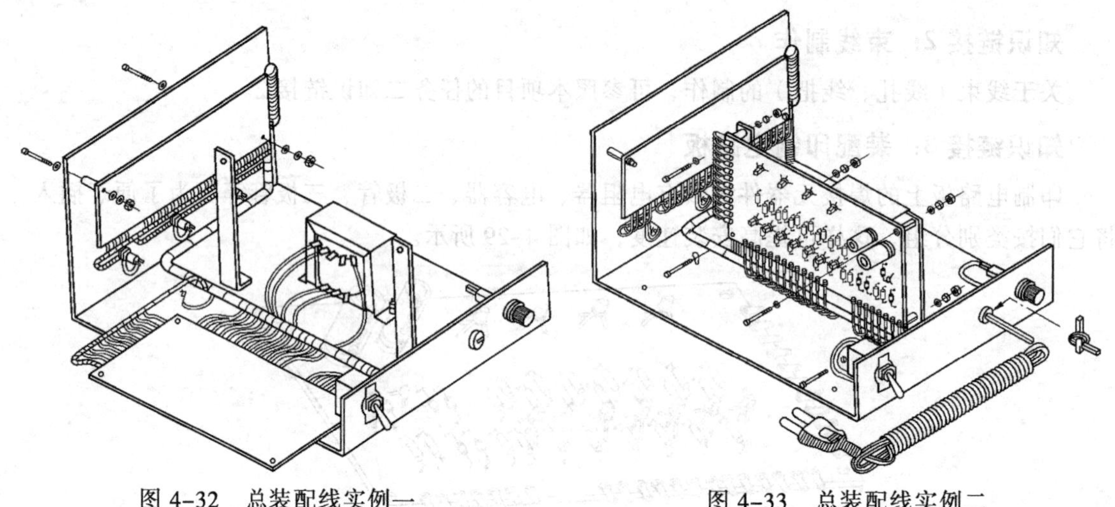

图 4-32　总装配线实例一　　　　图 4-33　总装配线实例二

操作分析

◎认一认　电子器件

认识制作电子音乐门铃所用的电子元器件（集成块 KD-153、晶体管 9013、按钮、8Ω 扬声器）。

◎想一想：操作要领

制作电子音乐门铃需要哪些焊接工具和材料？进行手工焊接（锡焊）时应注意哪些注意事项？

◎做一做：门铃制作

电子音乐门铃的线路图如图 4-34 所示，其制作步骤如下。

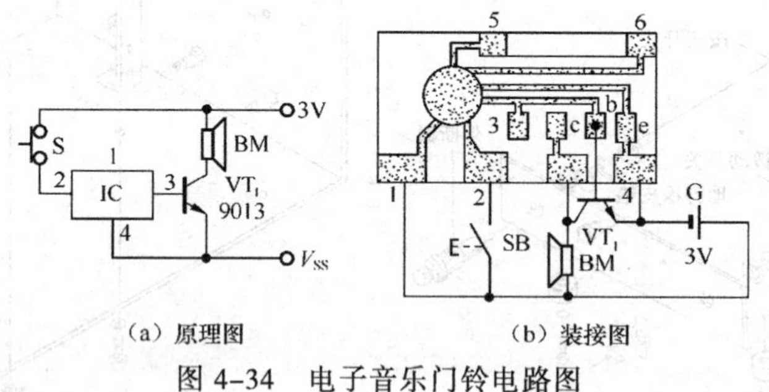

（a）原理图　　（b）装接图

图 4-34　电子音乐门铃电路图

① 选择 KD-153 集成块（IC），在它的 e、b、c 脚上焊接三极管 9013。

② 用导线将按钮 SB 连接在①脚、②脚之间。

③ 将 8Ω 扬声器焊在①脚和三极管 c 脚之间。

④ 检查焊接无误后，即可连接电池试听。

任务总结

把学习制作电子音乐门铃的收获与体会写在表 4-34 中，并完成总结表中各项评价。

表 4-34　电子音乐门铃制作总结表

课　　题	制作电子音乐门铃							
班　　级		姓　　名		学　　号		日　　期		
收获与体会								
实训评价	评定人	评　　语			等　　级		签　　名	
	自　评							
	互　评							
	师　评							
	综合评定							

知识拓展

知识拓展 1：整机调试

电子产品总装完毕后，往往很少有立即实现预期的电路功能。因此，需要经过测试和调整后达到预定的设计要求。而在调试前需做好检查工作，检查内容主要包括连线情况检查、元器件检查、电源检查等。待检查项目确认无误后，方可进行通电调试。

电子整机调试包括调整和测试两个方面。调试是以达到电路设计指标为目的而进行的一系列的测量—分析—调整—再测量的反复进行过程。为了能使调试顺利进行，在设计电路图上最好标明有关测试点的电位值，以及相应的波形图。调试方法通常采用先分调后联调，先静态后动态的调试方法，具体步骤见表 4-35。

表 4-35　整机调试步骤

步　　骤	名　　称	内　　容
1	通电观察	先将直流电源调至要求值，然后再接入电路。此时观察电路有无异常现象，包括有无冒烟、异味，手摸元器件是否发烫。如果出现异常，应立即切断电源，待排除故障后才能再次通电
2	静态调试	在没有外加信号的条件下所进行直流测试和调整过程，如测试模拟电路的静态工作点，数字电路的各输入、输出电平及逻辑关系等
3	动态调试	在静态调试的基础上进行的，电路的输入端接入幅度和频率合适的信号源电压，然后采用信号跟踪法，即用示波器和毫伏表沿着信号的传递方向，逐级检查有关各点的波形和信号电压大小，从中发现问题，并予以调整
4	整机联调	分块调试完成后，接好各功能块之间的接口电路，就可进行总体电路的联调。联调主要是对总电路的性能指标进行测试和调整。若不符合设计要求，应仔细分析原因，找出相应的单元进行调整

知识拓展 2：总装质量检验

电子整机总装完成后，按质量检查的内容进行检验，检查工作要遵守自检、互检和专职检验的制度。通常的检查包含外观检查、装联正确性检查、绝缘电阻的检查、绝缘强度的检查，具体检查内容详见表 4-36。

表 4-36　总装质量检验内容

检 查 内 容	具 体 操 作
外观检查	检查整机表面无损伤，涂层无划痕、脱落，金属结构件无开裂，元器件安装牢固，导线无损伤；元器件和端子套管的代号符合产品设计文件的规定；整机的活动部分活动自如；机内无多余的杂物
装联正确性检查	检查电气连接是否符合电路原理图和连线图的要求，导电性能是否良好。通常用万用表 $R\times100\Omega$ 挡对各检查点进行检查，批量生产时可以对照电路图进行检查
绝缘电阻检查	整机绝缘电阻是指电路导电部分与外壳之间的电阻值，一般用兆欧表检查。额定工作电压大于 100 V 的电子设备，用 500 V 兆欧表；对于小于 100 V 的电子设备，通常用 100V 兆欧表。在相对湿度不大于 80%，温度为（25±5）℃条件下，绝缘电阻一般不小于 10 MΩ；相对湿度不大于 25%±5%，温度为（25±5）℃条件下，绝缘电阻一般不小于 2 MΩ
绝缘强度检查	绝缘强度是指电路导线部分与外壳间能经受的外加电压。一般使用 0.5 kV·A、50Hz 交流击穿装置进行检查。设备工作电压小于 250 V 时，应能受得住 500 V（有效值）的耐压试验；而设备工作电压大于 250 V 时，应能受得住 2 倍于最高电压（有效值）的耐压试验

★任务 6　电路设计软件（Protel DXP 2004）操作

情景模拟

小忠在电子装配车间实习已经快 3 个月了。一次小忠在拿电路板的时候不小心把电路板掉在了地上，印制电路板的背面展示在小忠眼前。小忠看到整齐美观的印制电路板走线，很惊讶，这些漂亮的铜箔导线是怎么设计出来的呢？他带着疑问向师傅讨教。师傅告诉他，这些印制电路板已经不是用工人徒手绘制了，而是使用 Protel DXP 的软件在计算机上进行设计，非常简洁、高效。

同学们，你想知道如何使用 Protel DXP 的软件进行印制电路板的设计吗？让我们一起来学一学，做一做！

基础知识

知识链接 1：启动 Protel DXP 2004 软件

单击“开始”→“所有程序”→“Altium”→“DXP 2004”命令，启动 Protel DXP 2004。启动完成后，进入 Protel DXP 2004 的主界面，如图 4-35 所示。

知识链接 2：电路设计流程

使用 Protel DXP 2004 进行印制电路板设计基本可分为原理图设计、生成网络表、电路板设计、成印制电路板报表并打印印制电路板图 4 个过程。设计电路板首先就是编辑原理图，然后利用 Protel DXP 2004 所提供的设计同步功能，由原理图文件向 PCB 文件装载网络表，最后在 PCB 系统中完成印制电路板设计工作，生成制造所需的文件并进行打印输出。电路设计具体流程详见表 4-37。

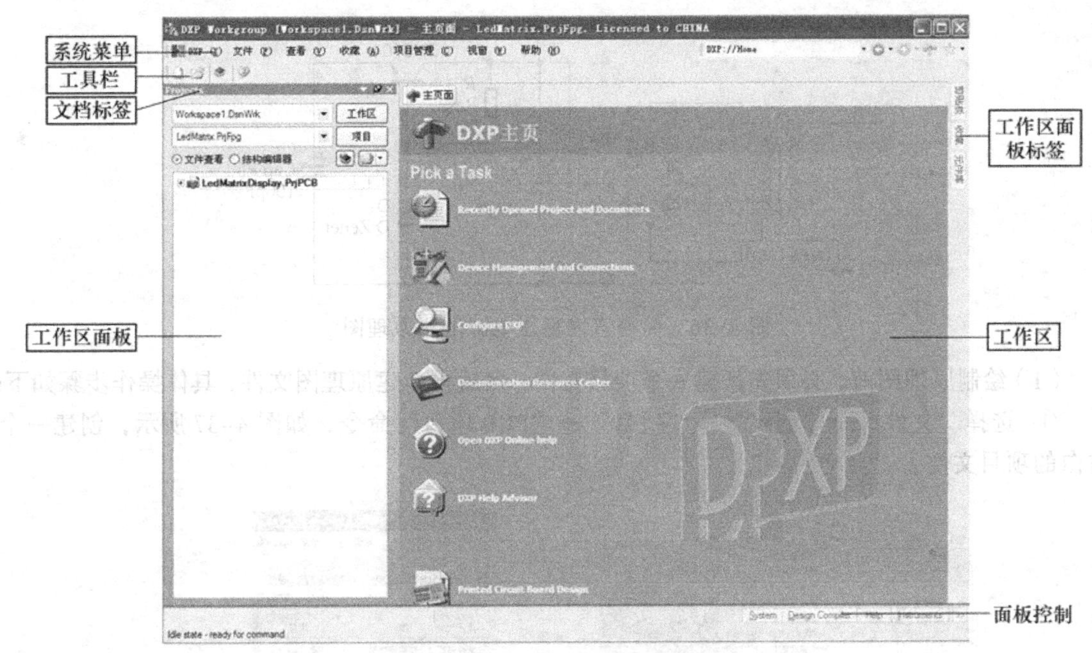

图 4-35　Protel DXP 2004 的主界面

表 4-37　Protel DXP 2004 电路设计流程

序　　号	步 骤 名 称	主 要 过 程
1	原理图设计	利用 Protel DXP 2004 的原理图设计系统(Schematic)来进行，充分利用 Protel DXP 2004 所提供的各种原理图绘制功能及编辑功能以快速高效地完成设计目标
2	生成网络表	网络表是原理图设计与印制电路板设计之间的桥梁和纽带。导入正确的网络报表，可以获得 PCB 设计所需要的一切信息。网络表可以从原理图中获得，也可以从印制电路板中提取
3	电路板设计	印制电路板 PCB 设计是 Protel DXP 2004 的另外一个重要任务。该过程主要借助于 Protel DXP 2004 所提供的强大的 PCB 设计功能来实现
4	成印制电路板报表并打印印制电路板图	设计了印制电路板后，还需要生成印制电路板的有关报表，并打印印制电路板图。报表主要包括用于制造和生产 PCB 的文件组合，电路板图直接用于 PCB 的制造

知识链接 3：绘制原理图

在 Protel DXP 中，一个项目包括所有文件夹的连接和与设计有关的设置。一个项目文件，例如×××.PrjPCB，用于列出在项目里有哪些文件以及有关输出的配置，例如打印和 CAM。那些与项目没有关联的文件称做“自由文件（free documents）”。与原理图纸和目标输出的连接，例如 PCB、FPGA、VHDL 或库封装，将添加到项目中。一旦项目被编辑，设计验证、同步和对比就会产生。

下面就以绘制简易直流稳压电源电路为例（如图 4-36 所示），介绍 Protel DXP 的使用方法。

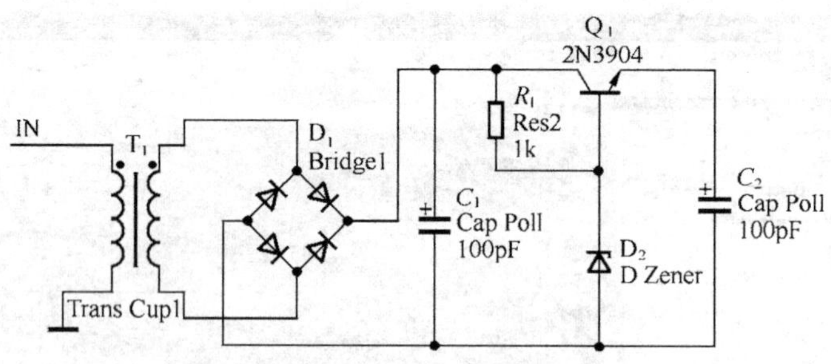

图 4-36　简易直流稳压电源电路原理图

（1）绘制原理图前，必须先新建一个项目文件，然后再新建原理图文件，具体操作步骤如下：

① 选择“文件”→“创建”→“项目”→“PCB 项目”命令，如图 4-37 所示，创建一个空白的项目文件。

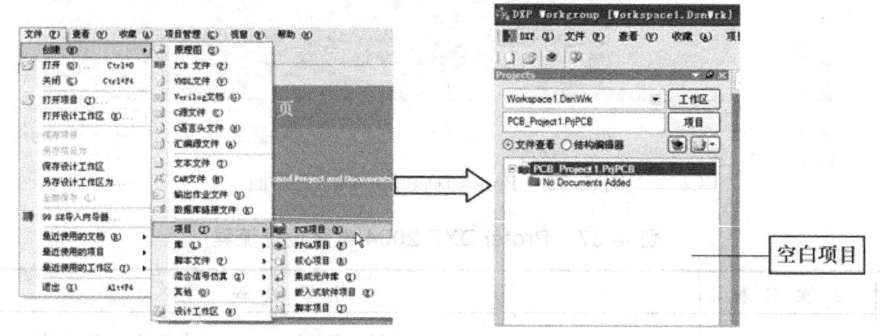

图 4-37　新建项目

② 选择“文件”→“保存项目”命令，弹出保存项目对话框，如图 4-38 所示。在“保存在”下拉列表框中选择项目文件存放位置，在“文件名”文本框中输入项目文件名。

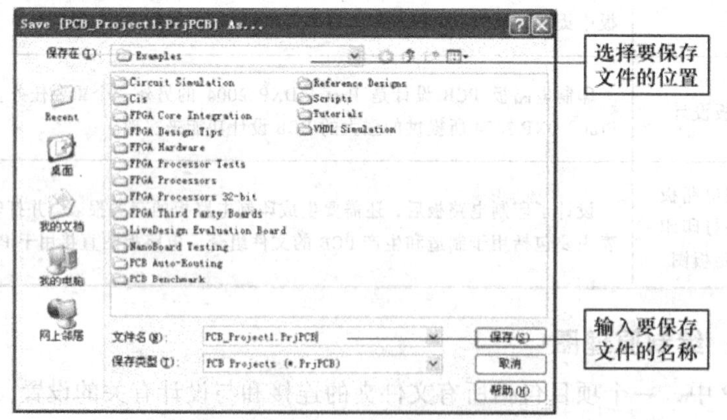

图 4-38　保存项目文件

③ 选择“文件”→“创建”→“原理图”命令，将创建一个默认文件名为 Sheet1.SchDoc 的原理图文件，如图 4-39 所示。此时，主工具栏增加了一组“绘制原理图工具栏”，窗口自动处于编辑状态。

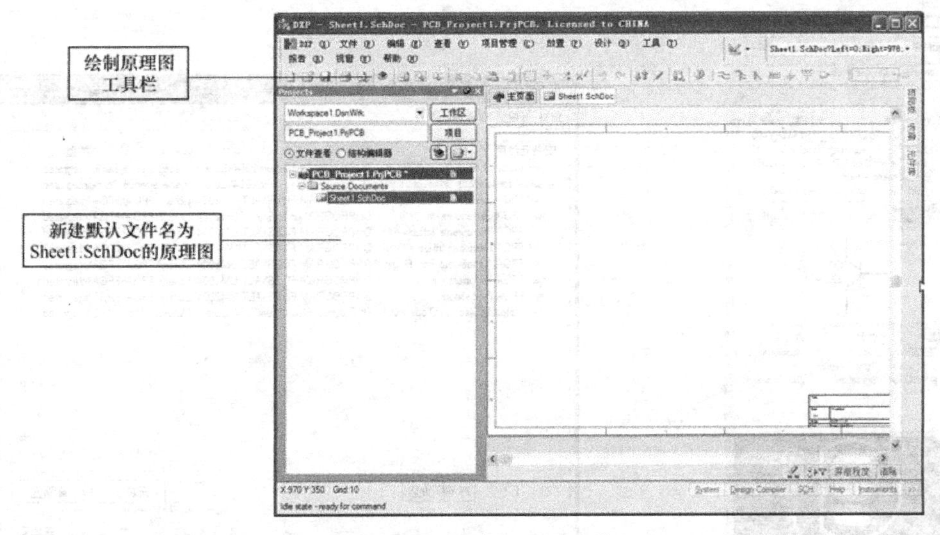

图 4-39　新建原理图文件

④ 选择“文件”→“保存”或“另存为”命令，弹出文件保存对话框，如图 4-40 所示，进行原理图文件重命名。

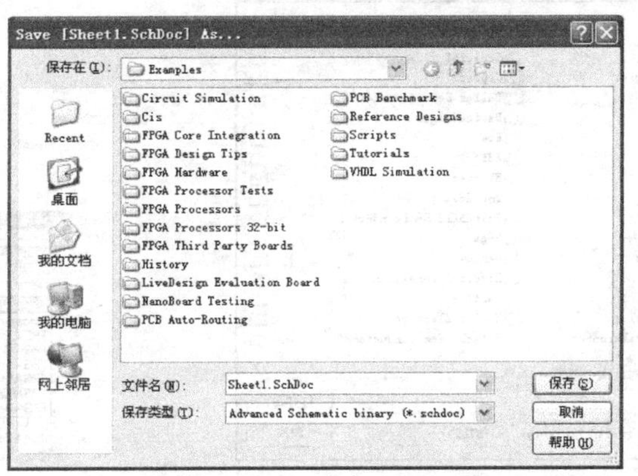

图 4-40　原理图文件重命名

（2）进行原理图设计前，必须装载相关的元器件库，以便于在设计时随时调用，装载和浏览元件库步骤如下。

① 选择“查看”→“工作区面板”→“System”→“元件库”命令，打开元件库面板，如图 4-41 所示。

② 单击文件管理面板中的“元件库”按钮，弹出“可用元件库”对话框，在该对话框中可以添加或者删除相应的元件库，在该对话框中可以添加或者删除相应的元件库，如图 4-42 所示。

③ 单击“安装”按钮，显示“打开”对话框，即可进行指定路径的元件库安装，如图 4-43 所示。

④ 添加所有需要添加的元件库后，单击“关闭”按钮，关闭“可用元件库”对话框，并返回到库文件管理面板。

⑤ 在“元件库”面板中，单击选择栏中的下拉按钮，即可弹出下拉列表框，列表显示已经加载的元件库，如图 4-44 所示。

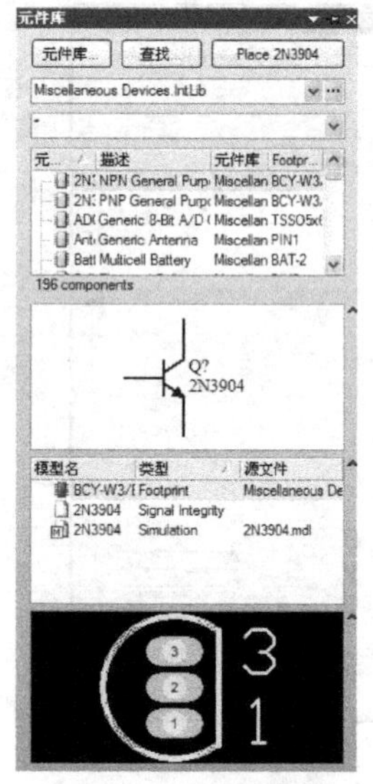

图 4-41　元件库面板

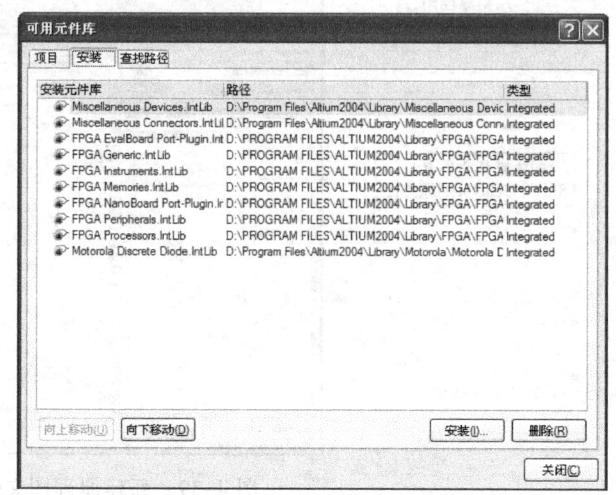

图 4-42　“可用元件库”对话框

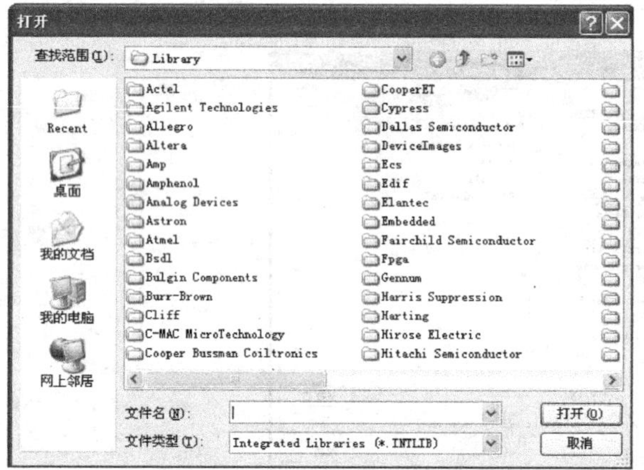

图 4-43　“打开”对话框

图 4-44　元件库下拉列表

（3）接下来，根据要求调用元件库中的元件，并正确的连接电路，完成原理图的绘制，具体步骤如下：

① 打开“元件库”面板。

② 在当前库文件列表框中选择“Miscellaneous Devices.IntLib”元件库，查找“Transformer（Coupled Inductor Model）”元件，单击“Place Trans Cupl”按钮，在绘制电路原理图区域中会显示浮动的“Transformer （Coupled Inductor Model）”的符号图形，单击即可放置该元件，如图 4-45 所示。

a. 在浮动元件符号图形的状态下单击，可实现连续放置多个元件，右击键后浮动元件符号图形会消失，即可结束该元件的放置；

b. 在浮动元件符号图形的状态下，每单击空格键一次可以实现元件符号逆时针旋转 90°，按【X】键即可实现元件符号左右对调，按【Y】键即可实现元件符号上下对调。

③ 单击电源变压器的编号“T?”，使其处于选中状态，再次单击使其处于可编辑状态，修改编号为“T1”，如图4-46所示。

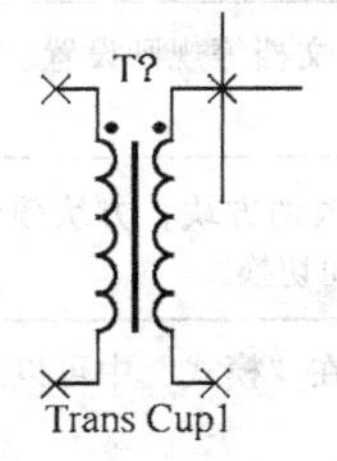

图4-45　放置元件

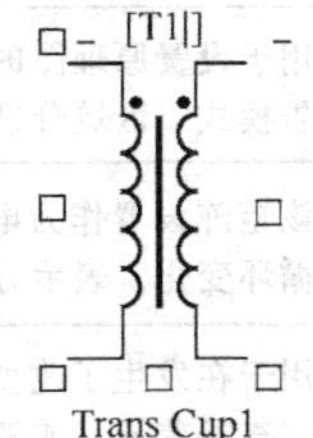

图4-46　修改编号

④ 按照同样的方法添加其他元件并修改元件编号，各元件明细表见表4-38。

表4-38　简易直流稳压电源电路各元件明细表

元　件　名	Lib Ref	Designate	所在库名称
T1 变压器	Trans Cupl	T1	Miscellaneous Devices.IntLib
D1 整流桥	Bridge1	D1	Miscellaneous Devices.IntLib
D2 稳压二极管	D Zener	D2	Miscellaneous Devices.IntLib
Q1 三极管	2N3904	Q1	Miscellaneous Devices.IntLib
C1 电容	Cap Pol1	C1	Miscellaneous Devices.IntLib
C2 电容	Cap Pol1	C2	Miscellaneous Devices.IntLib

⑤ 依次按照图4-46所示的简易直流稳压电源电路原理图，在元件库中选择相应元件，并放置在原理图绘制区域中。

⑥ 单击并拖动元件符号，调整元件符号位置，从而得到合理的布局，以方便连线。

⑦ 单击“放置”→“导线”命令或者单击工具栏中的“放置导线”≈按钮，进入导线绘制状态，按照图4-47所示将光标移到R1右侧节点，当光标出现十字时单击设置导线起点，再将光标移动到Q1左侧，当光标出现红十字时单击设置导线终点，导线即可连接成功，如图4-47所示。

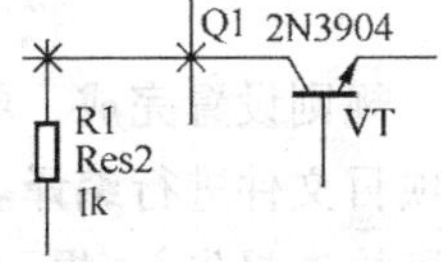

图4-47　元件间导线连接

⑧ 依次连接其他元件，完成原理图的布线工作，然后右击退出导线绘制状态。

⑨ 单击“文件”→“保存”命令，保存原理图文件。

知识链接4：检查电气规则及生成原理图报表

Protel DXP提供了对原理图的电气连接特性进行全方位的自动检查，并将错误信息在“Messages”工作面板中列出，同时也可以在原理图中在线显示错误。可以对检测规则进行设置，然后根据面板中所列出的错误信息再对原理图进行修改。单击“项目管理”→“项目管理选项”命令（必须已经打开工程项目文件）即可打开“Options for PCB”对话框，如图4-48所示。主要通过对Error Reporting（错误报告类型）、Connection Matrix（电气简介矩阵）、Comparator（差别比较器）选项卡进行设置来实现检查规则设置，各选项卡具体设置见表4-39。

表 4-39　Options for PCB 对话框检测规则设置

选项卡名称	设 置 规 则
Error Reporting （错误报告类型）	用于设置原理图的电气检查规则，包括总线、网络以及文档等规则设置。“违规类型描述”和“报告模式”区域分别用于显示违反规则和错误程度
Connection Matrix （电气简介矩阵）	该矩阵设置作为电气规则检查的执行标准。单击要修改的方块，方块颜色会由绿、黄、橙、红循环变化，表示方块代表的错误类型在不同错误程度间切换
Comparator （差别比较器）	用于在发生了改变时，可以识别或忽略的改变项目。在“模式”中可以通过设置改变的项目是“查找差异”或者“忽略差异”

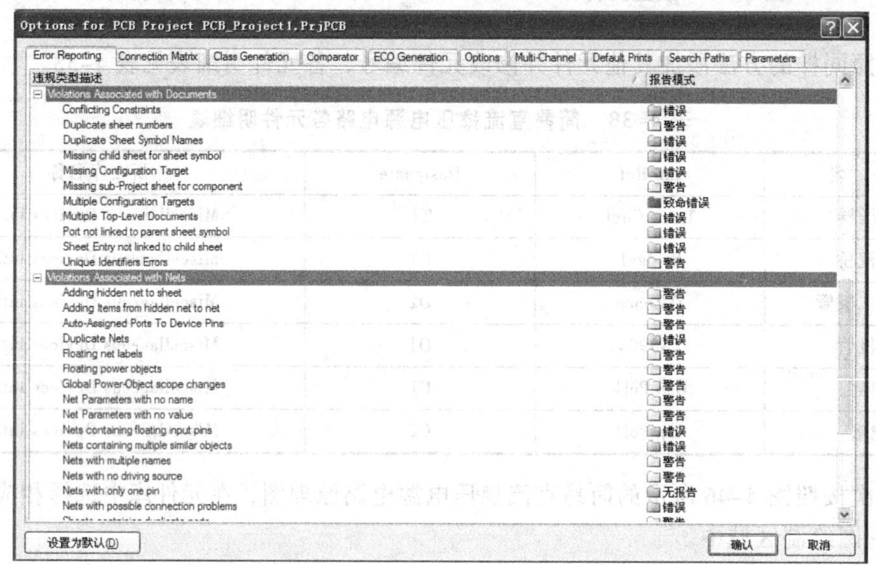

图 4-48　Options for PCB 对话框

规则设置完成，单击“项目管理”→“Compile All Projects”命令，可对当前原理图或者整个项目文件进行编译。如果电路有错误则弹出 Messages 对话框，显示编译信息报告（又称电气规则检查报告），提示出错对象的相关信息，如图 4-49 所示。

Messages

Class	Document	Source	Message	Time	Date	No.
[Error]	power.SchDoc	Comp...	Duplicate Component Designators C1 at 480,525 and 620,525	21:37:41	2009-2-15	1
[Error]	power.SchDoc	Comp...	Duplicate Component Designators C1 at 620,525 and 480,525	21:37:41	2009-2-15	2
[Error]	power.SchDoc	Comp...	Duplicate Net Names Wire NetC1_1	21:37:41	2009-2-15	3

图 4-49　Messages 对话框显示电气规则检查报告

Protel DXP 还提供了功能强大的报表功能，可以方便地利用这个功能生成各种不同类型的报表。各类报表文件中，以网络表和元件列表最为重要。网络表是电路板自动布线的灵魂，也是电路原理图设计软件与印制电路板设计软件的桥梁。通过网络表即可将原理图的所有网络信息导入到 PCB 文件中，从而省略对元件 PCB 封装模型的放置以及网络的建立。网络表格由两部分组成：元器件信息和连接网络信息。在生成网络表文件之前，首先要设置网络表的选项。

单击“项目管理”→“项目管理选项”命令，弹出项目管理对话框，打开“Options”选项卡，可以对网络表的选项进行设置，如图 4-50 所示。

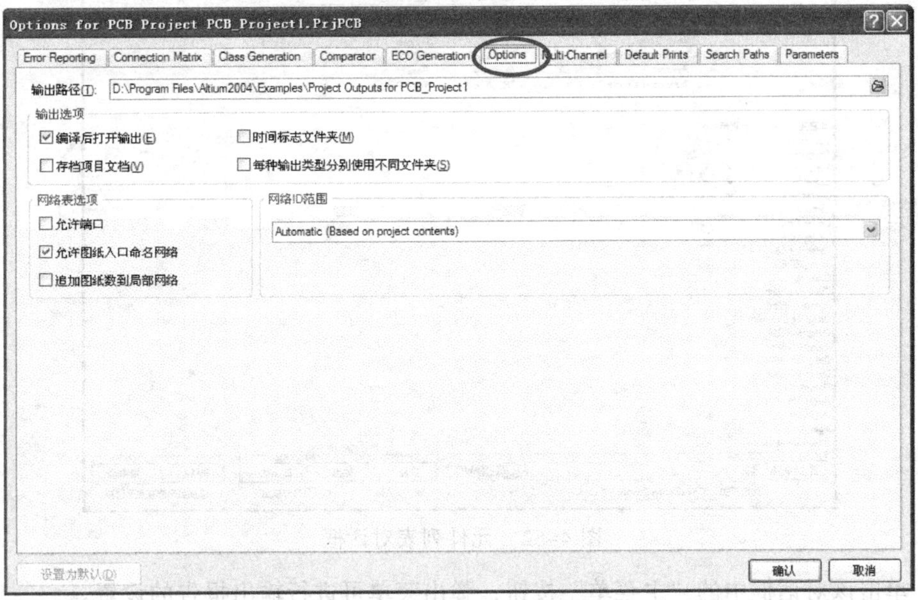

Options for PCB Project PCB_Project1.PrjPCB

Error Reporting | Connection Matrix | Class Generation | Comparator | ECO Generation | Options | Multi-Channel | Default Prints | Search Paths | Parameters

输出路径(T): D:\Program Files\Altium2004\Examples\Project Outputs for PCB_Project1

输出选项
☑ 编译后打开输出(E)　☐ 时间标志文件夹(M)
☐ 存档项目文档(V)　☐ 每种输出类型分别使用不同文件夹(S)

网络表选项
☐ 允许端口
☑ 允许图纸入口命名网络
☐ 追加图纸数到局部网络

网络ID范围
Automatic (Based on project contents)

设置为默认(D)　确认　取消

图 4-50　设置网络表的选项

网络表包括两种：一种是基于单个电路文档的网络表，另一种是基于工程项目文件的网络表。

单击“设计”→“文档的网络表”→“Protel”命令，将生成当前电路图的网络表文件，并存放在当前工程的“Generated/Netlist Files”目录下。双击生成的网络表文件，即可看到图 4-51 所示的内容。

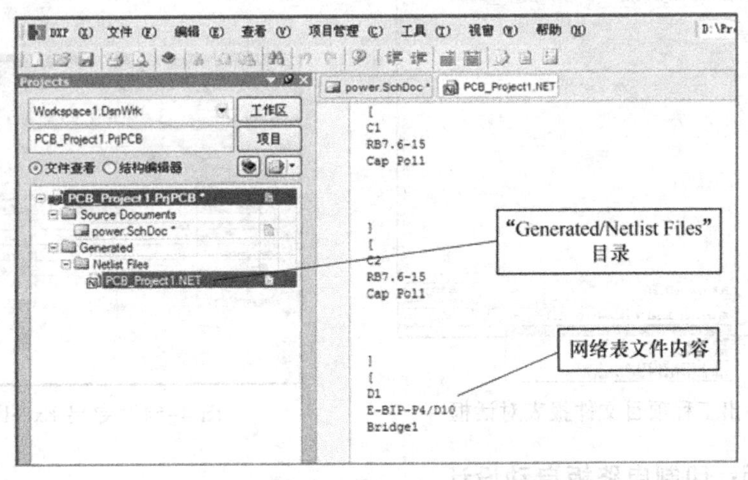

图 4-51　网络表文件的生成

元件列表主要用于整理一个电路或者一个工程项目文件中的所有元件的类别和总数。它主要包括元件的名称、标注、封装形式等信息。生成元件列表步骤如下：

（1）单击“报告”→“Bill of Materials”命令，弹出元件列表对话框，如图 4-52 所示。

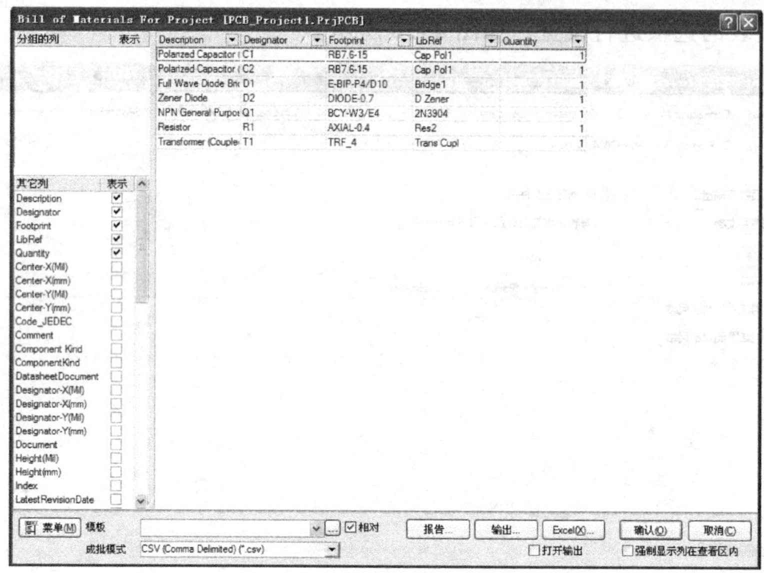

图 4-52 元件列表对话框

（2）单击该对话框中的“主菜单”按钮，弹出菜单可进行输出报告的设置。

（3）单击“报告”按钮，弹出工程项目文件报表，显示元件名称、序号、说明信息等。

（4）单击“输出”按钮，弹出“导出工程项目文件报表”对话框，根据需要以不同的格式导出元件报表，如图 4-53 所示。

（5）单击“格式报表”按钮 Excel(X)... ，则将元件的内容导入到 Excel 中，生成 Excel 表格，如图 4-54 所示。

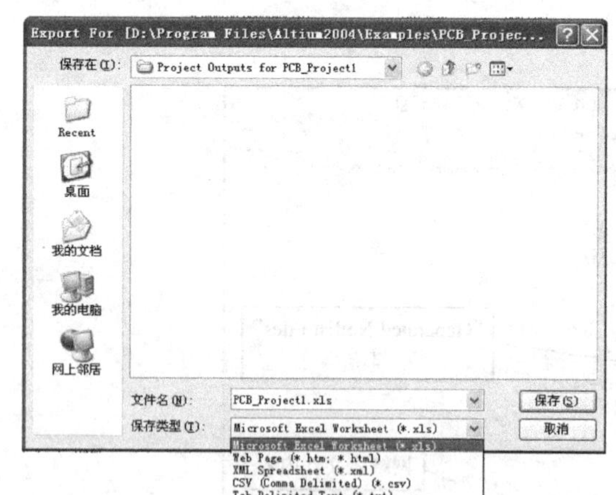

图 4-53 导出工程项目文件报表对话框

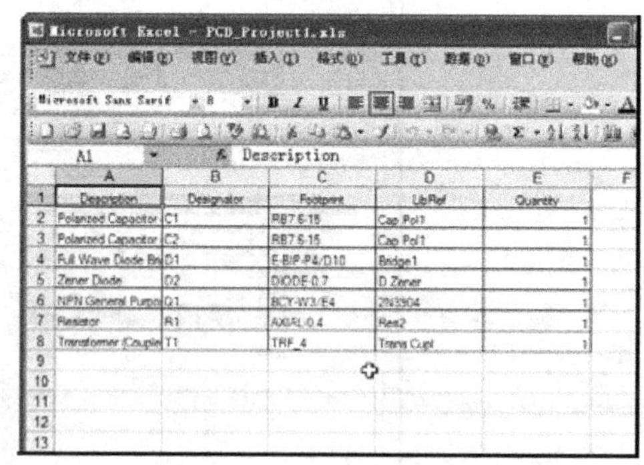

Description	Designator	Footprint	LibRef	Quantity
Polarized Capacitor	C1	RB7.6-15	Cap Pol1	1
Polarized Capacitor	C2	RB7.6-15	Cap Pol1	1
Full Wave Diode Br	D1	E-BIP-P4/D10	Bridge1	1
Zener Diode	D2	DIODE-0.7	D Zener	1
NPN General Purpo	Q1	BCY-W3/E4	2N3904	1
Resistor	R1	AXIAL-0.4	Res2	1
Transformer (Couple	T1	TRF_4	Trans Cupl	1

图 4-54 导出 Excel 报表

知识链接 5：印制电路板自动设计

通过 Protel DXP 能够非常便捷地进行印制电路板 PCB 设计。下面将以“简易直流稳压电源电路”的印制电路板设计为例，介绍 Protel DXP 的 PCB 设计的具体步骤。主要包括规划 PCB 电路板、安装元件分装库、装入网络与元件、布局元件、自动布线、生成元器件报表和检查设计规则等。

1. 规划 PCB 电路板

规划 PCB 电路板主要包括规划电路板物理层边界和规划电路板电气层边界，具体操作步骤如下：

（1）打开已完成的“简易直流稳压电源电路”原理图。

（2）选择“文件”→“创建”→“PCB 文件”命令，系统建立一个 PCB 文件 PCB1.PcbDoc，单击“保存”按钮，保存文件。

（3）单击编辑区域下方的 Mechanical1 标签，将当前的工作层设置为 Mechanical1（机械层），单击“放置”→“直线”命令，鼠标指针会变成十字光标，在电路板一角的某一位置单击以确定一条边界的起点，然后在电路板另一个角的某一位置单击，确定这条边界的终点，这样就确定了一条边界。右击就可以结束放置边界状态。使用同样方法可以绘制其他 3 条边界，完成手工规划电路板物理层边界，如图 4-55 所示。

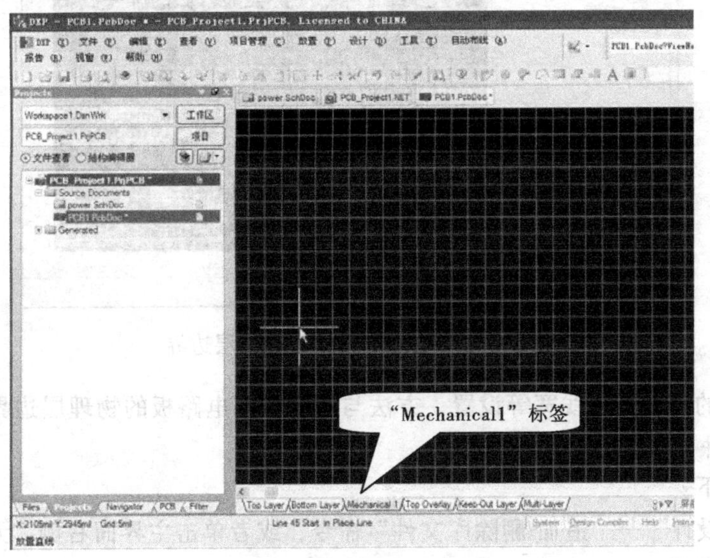

图 4-55　规划电路板的物理层边界

① 在设定边界状态下，按【Tab】键，弹出“线约束”对话框，可以进行线宽设定，如图 4-56 所示；

② 双击已经设置好的边界，系统会弹出“导线”对话框，可以设定值对绘制的直线边界进行精确定位和设置，如图 4-57 所示。

图 4-56　“线约束”对话框

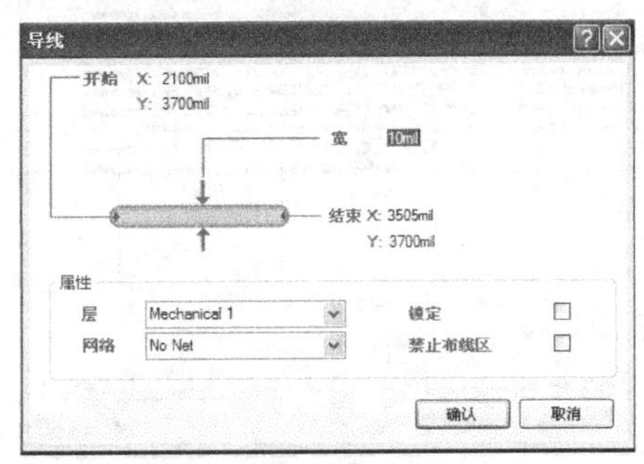

图 4-57　“导线”对话框

（4）单击编辑区域下方的 Keep－Out Layer 标签，将当前的工作层设置为 Keep－Out Layer（禁止布线层），用于设置电路板电气层的边界，将元器件限制在边界之内。

（5）单击"放置"→"禁止布线区"→"导线"命令，鼠标指针会变成十字光标，在电路板一角的某一位置单击以确定一条边界的起点，然后在电路板另一个角的某一位置单击确定这条边界的终点，这样就确定了一条边界。右击可以结束放置边界状态。使用同样方法可以绘制其他 3 条边界，完成手工规划电路板电气层边界，如图 4-58 所示。

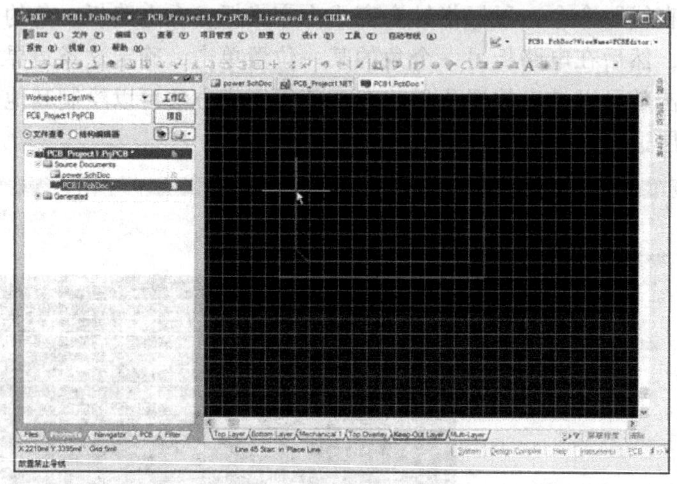

图 4-58　规划电路板的电气层边界

也可对绘制的直线进行线宽等设置，方法与绘制规划电路板的物理层边界直线一致。

2. 安装元件封装库

具体操作如下：

（1）单击"设计"→"追加/删除库文件"命令，或者单击主界面右侧"元件库"按钮，弹出"元件库"对话框。

（2）单击"元件库"按钮，弹出"可用元件库"按钮，如图 4-59 所示。

（3）单击"安装"按钮，弹出自带的所有元件库，选择需要添加的元件库，然后单击"打开"按钮就可以添加所需的元件库，如图 4-60 所示。

图 4-59　"可用元件库"对话框

图 4-60　添加元件封装库

3. 装入网络与元件

具体操作步骤如下:

(1)单击“设计”→“Import Changes From...”按钮,弹出“工程变化订单”对话框,如图4-61所示。

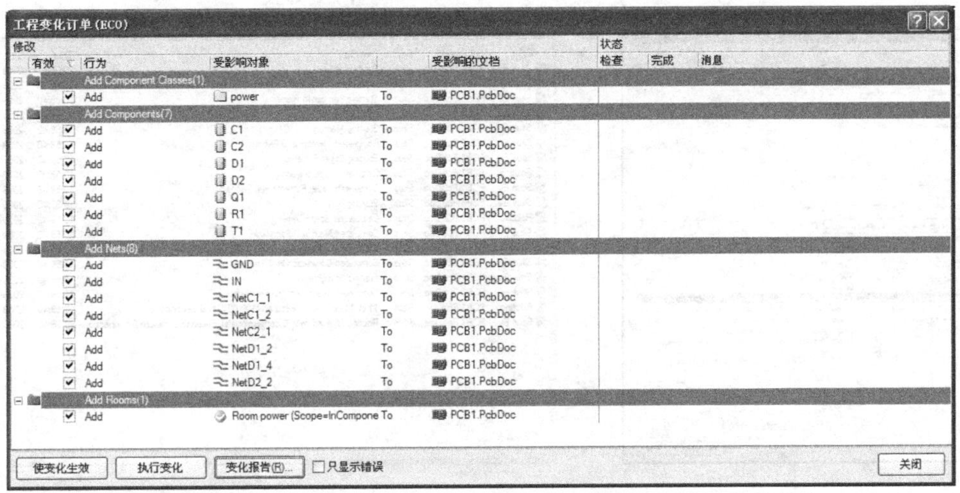

图4-61 “工程变化订单”对话框

(2)单击“使变化生效”按钮,系统将对工程进行检查,使工程变化生效。

(3)单击“执行变化”按钮,工程开始执行变化,元件封装和网络将被添加到PCB板中,如图4-62所示。

4. 布局元件

操作步骤如下:

(1)单击“工具”→“放置元件”→“自动布局”命令,弹出“自动布局”对话框,如图4-63所示。

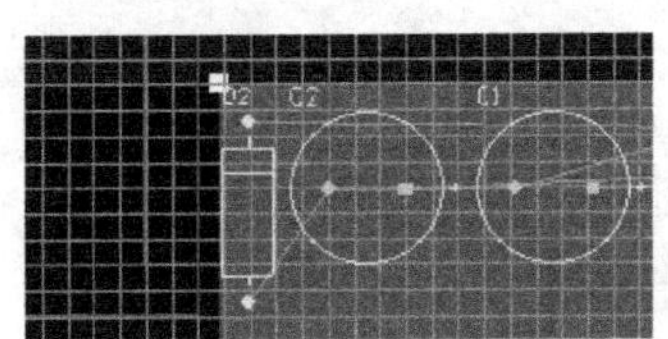

图4-62 元件封装被添加到PCB板中

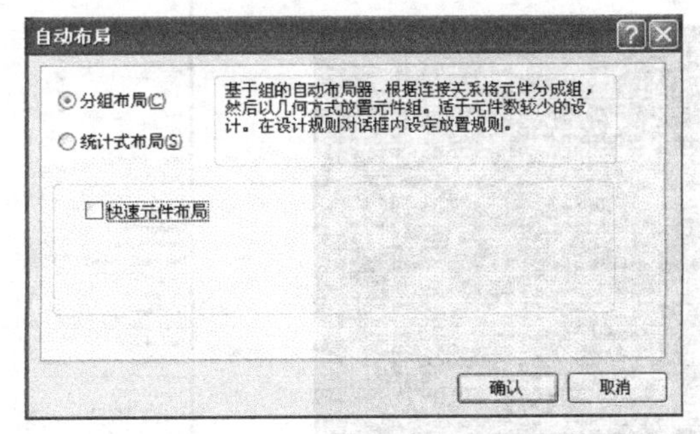

图4-63 “自动布局”对话框

(2)选择“分组布局”单选按钮,然后单击“确认”按钮,系统开始自动布局。

(3)布局结果如果不令人满意,可进行手动调整,将元件摆放得更为合理,方法与电路原理图元件手动调整基本相同。

5. 自动布线

Protel DXP提供的自动布线功能可以按照需要对不同对象进行自动布线,具体操作步骤如下:

（1）单击“自动布线”→“全部对象”命令，弹出“Situs 布线策略”对话框，单击“编辑规则”按钮以设置布线规则，如图 4-64 所示。

（2）再单击 Route All 按钮，系统开始按照布线规则自动布线，同时将弹出 Message 信息框，显示自动布线信息，如图 4-65 所示。最终的电路板布线效果如图 4-66 所示。

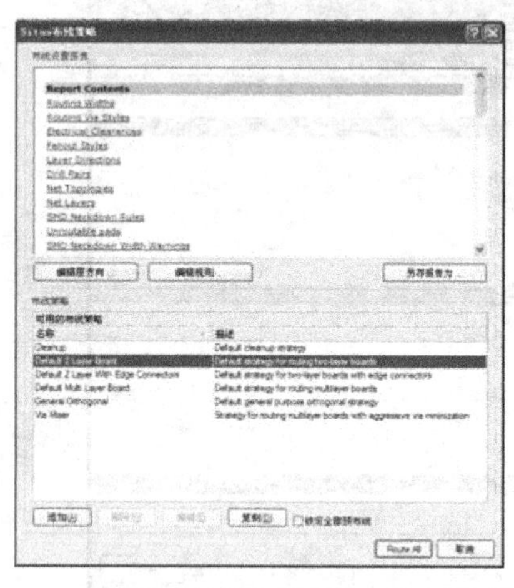

图 4-64 “Situs 布线策略”对话框

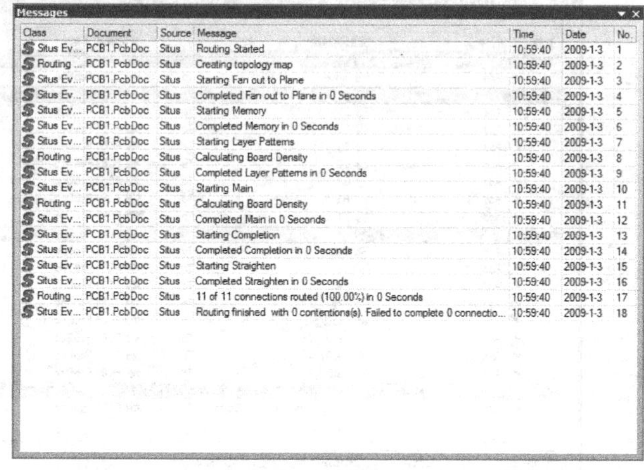

图 4-65 Message 信息框

6. 生成元器件报表和检查设计规则

单击“报告”→“项目报告”→“Bill of Materials”命令，弹出 Bill of Materials for Project 对话框，显示元器件报表，如图 4-67 所示。

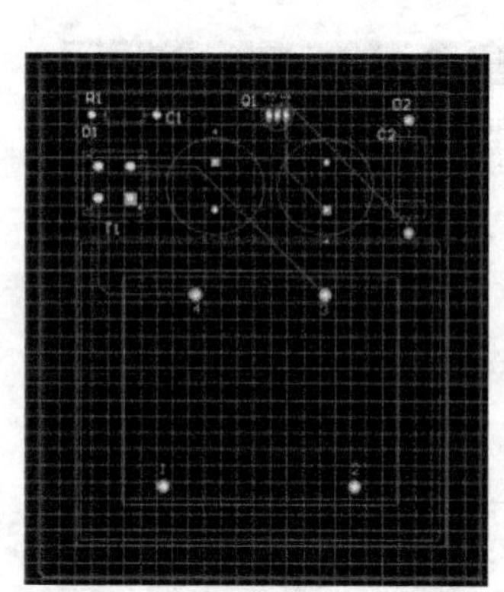

图 4-66 最终的电路板布线效果

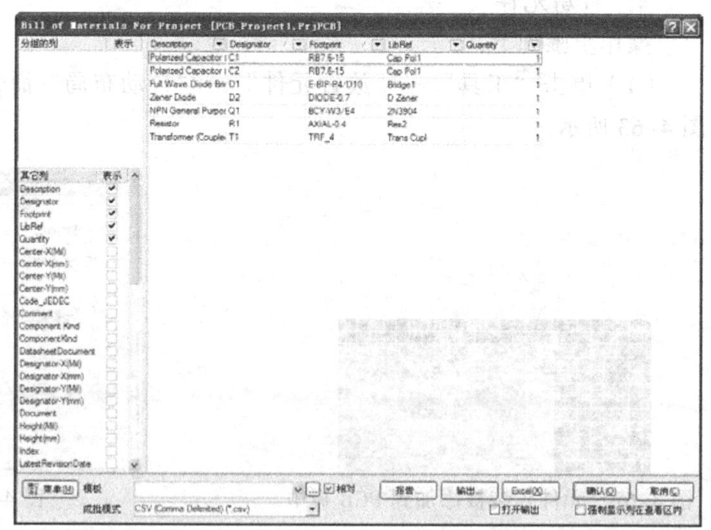

图 4-67 “Bill of Materials for Project”对话框

单击“工具”→“设计规则检查器”命令，弹出“设计规则检查器”对话框，单击“运行设计规则检查”按钮，将弹出 DRC 检查结果，如图 4-68 所示。

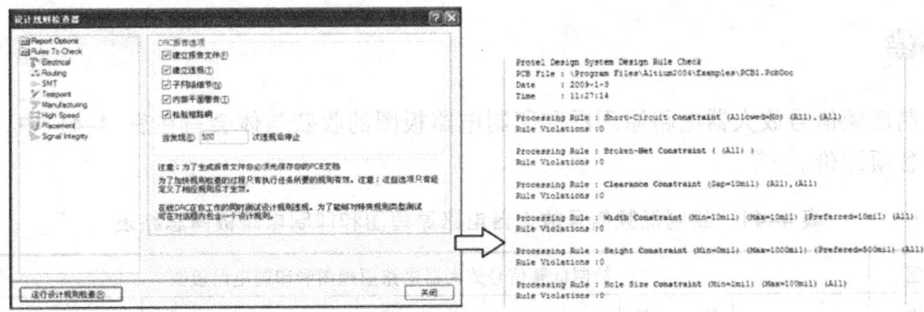

图 4-68　检查设计规则

操作分析

◎想一想：操作要领

使用 Protel DXP 对指定电路进行电路板设计应有哪几个过程？

◎做一做：绘制低频信号放大器电路原理图和印制电路板图

低频信号放大器电路原理图如图 4-69 所示，各元件明细表见表 4-40，其绘制步骤如下：

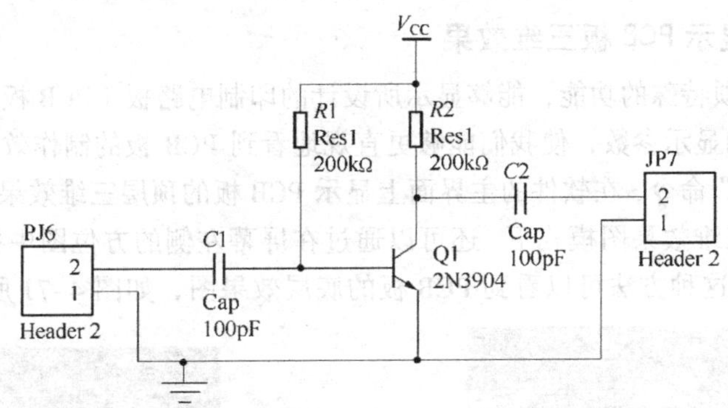

图 4-69　低频信号放大器电路原理图

（1）根据低频信号放大器电路原理图和元件参数表进行电路图绘制。

（2）根据所绘制的电路图进行印制电路板（PCB）设计。

（3）生成元器件报表和检查设计规则。

表 4-40　低频信号放大器电路各元件明细表

元 件 名	元 件 标 号	元 件 标 注	元 件 封 装	所在库名称
Cap	C1	100pF	RAD-0.3	Miscellaneous Devices.Intlib
Cap	C2	100pF	RAD-0.3	Miscellaneous Devices.Intlib
Header 2	JP7		HDR1X2	Miscellaneous Devices.Intlib
Header 2	PJ6		HDR1X2	Miscellaneous Devices.Intlib
2N3904	Q1		BCY-W3/E4	Miscellaneous Devices.Intlib
Res1	R1	200k	AXIAL-0.3	Miscellaneous Connectors.Intlib
Res1	R2	2k	AXIAL-0.3	Miscellaneous Connectors.Intlib

任务总结

把绘制低频信号放大器电路原理图和印制电路板图的收获与体会写在表 4-41 中，并完成总结表中各项评价。

表 4-41　绘制低频信号放大器电路原理图和印制电路板图总结表

<table>
<tr><td>课　　题</td><td colspan="7">绘制低频信号放大器电路原理图和印制电路板图</td></tr>
<tr><td>班　　级</td><td></td><td>姓　　名</td><td></td><td>学　　号</td><td></td><td>日　　期</td><td></td></tr>
<tr><td>收获与体会</td><td colspan="7"></td></tr>
<tr><td rowspan="5">实训评价</td><td>评定人</td><td colspan="4">评　　语</td><td>等　　级</td><td>签　　名</td></tr>
<tr><td>自　评</td><td colspan="4"></td><td></td><td></td></tr>
<tr><td>互　评</td><td colspan="4"></td><td></td><td></td></tr>
<tr><td>师　评</td><td colspan="4"></td><td></td><td></td></tr>
<tr><td>综合评定</td><td colspan="4"></td><td></td><td></td></tr>
</table>

知识拓展

知识拓展 1：显示 PCB 板三维效果

Protel DXP 有一项特殊的功能，能够显示所设计的印制电路板（PCB 板）的三维效果图。可以通过修改 PCB 板的显示参数，使我们能够更直观地看到 PCB 板的制作效果。单击“查看”菜单“显示三维 PCB 板”命令，在软件的主界面上显示 PCB 板的顶层三维效果图，如图 4-70 所示。

在显示 PCB 板三维效果图模式下，还可以通过在屏幕左侧的方位图中按住鼠标来改变 PCB 板的观察角度。通过这种方法可以看到 PCB 板的底层效果图，如图 4-71 所示。

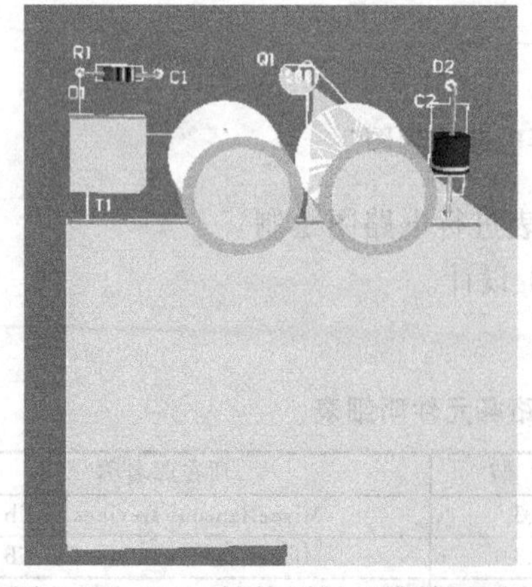

图 4-70　PCB 板的顶层三维效果图

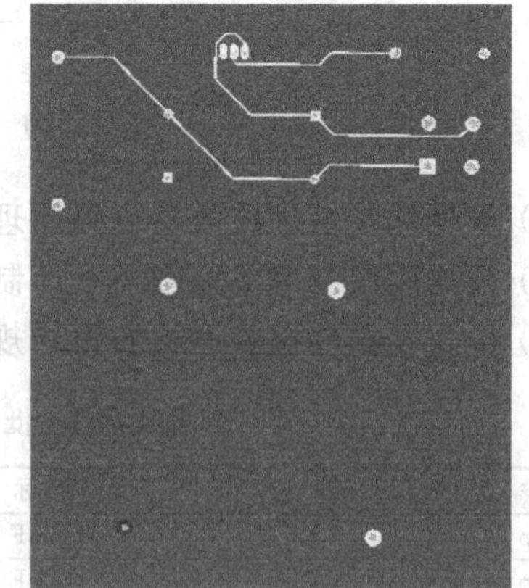

图 4-71　PCB 板的底层三维效果图

知识拓展 2：创建一个无引脚芯片载体封装（LCC）

在进行 PCB 板的设计时，经常要根据实际元件尺寸更改元件封装。这就需要我们将所需的元件封装进行重新设计。下面以创建一个无引脚芯片载体封装为例，介绍芯片封装创建的步骤。

具体操作步骤如下：

（1）选择“文件”→“创建”→“库”→“PCB 库”命令，新建一个 PCB 库文件，然后选择“工具”→“新元件”命令，打开“元件封装向导”对话框，如图 4-72 所示。

（2）单击“下一步”按钮，打开 Component Wizard 对话框，选择 LCC（无引脚芯片载体封装），如图 4-73 所示。

图 4-72　“元件封装向导”对话框

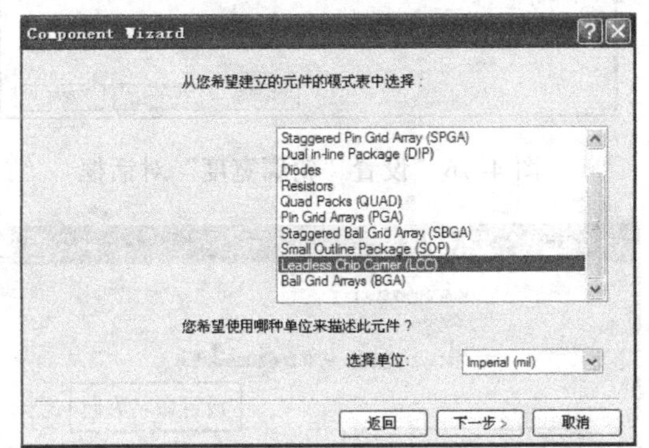

图 4-73　设置 Component Wizard 对话框

（3）单击“下一步”按钮，打开“指定焊盘尺寸”对话框，设置焊盘的尺寸为 25mil 和 100mil，如图 4-74 所示。

（4）单击“下一步”按钮，打开“焊盘形状”对话框，设置第一个焊盘的形状为 Rectangular（矩形），其他焊盘的形状为 Rounded（圆形），如图 4-75 所示。

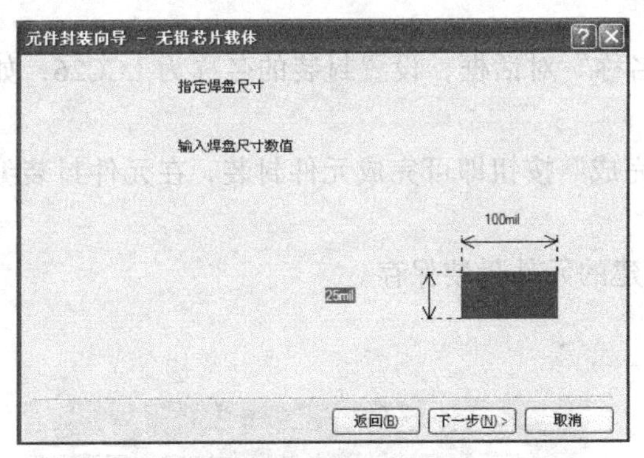

图 4-74　设置“指定焊盘尺寸”对话框

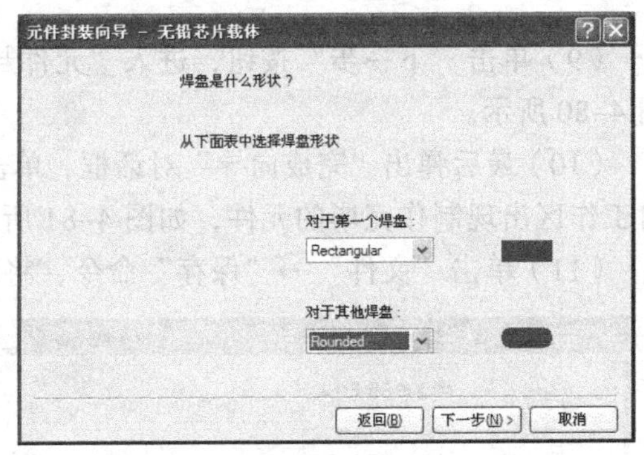

图 4-75　设置“焊盘形状”对话框

（5）单击“下一步”按钮，进入“轮廓宽度”对话框，设置轮廓宽度为 10 mil，如图 4-76 所示。

（6）单击“下一步”按钮，进入“焊盘定位”对话框，设置焊盘间隔为 50 mil，行偏移量为 70 mil，如图 4-77 所示。

（7）单击“下一步”按钮，打开“第一个焊盘位置及命名方向”对话框，设置第一个焊盘的位置为“左上角”，命名的方向为“顺时针”，如图 4-78 所示。

（8）单击“下一步”按钮，打开“*X*，*Y* 方向焊盘数”对话框，设置 *X* 和 *Y* 方向上的焊盘数分别为“4”和“9”，如图 4-79 所示。

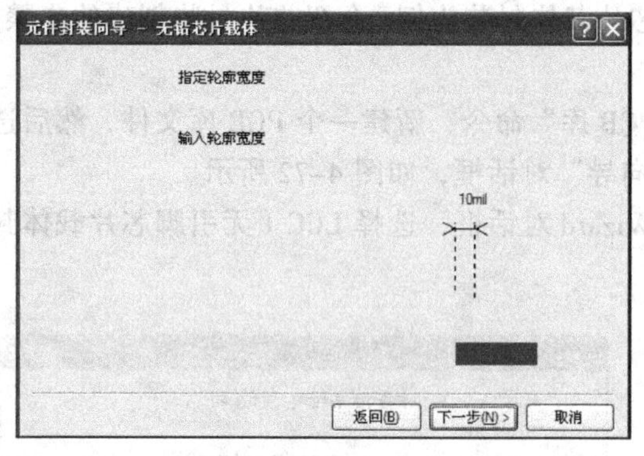

图 4-76　设置“轮廓宽度”对话框

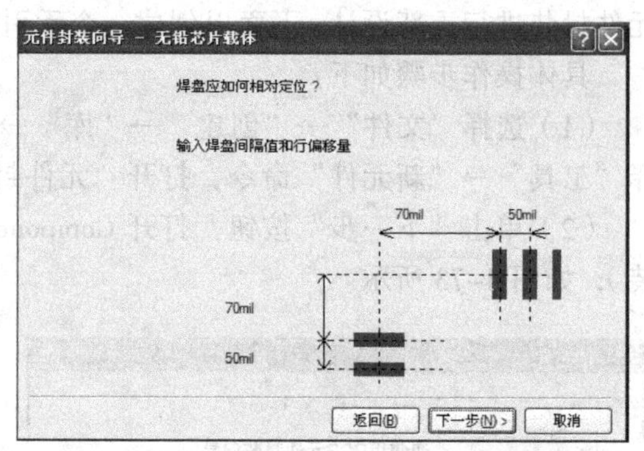

图 4-77　设置“焊盘定位”对话框

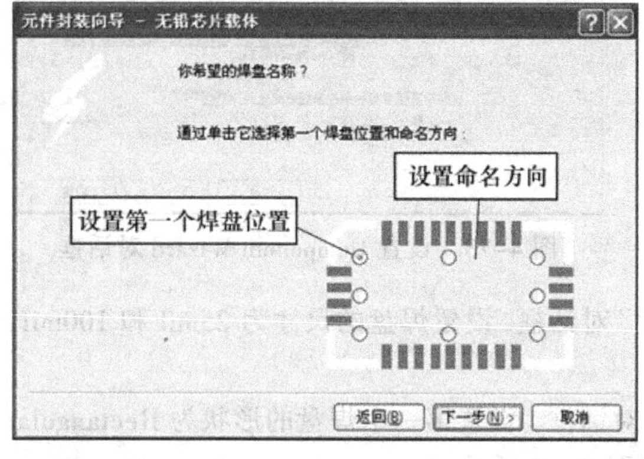

图 4-78　设置第一个焊盘位置及命名方向

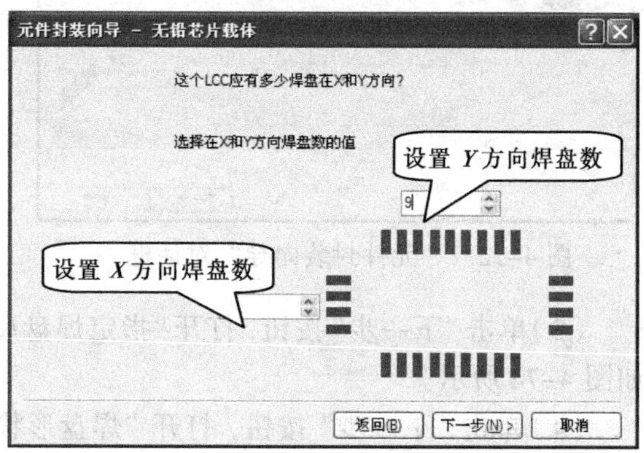

图 4-79　设置 X 和 Y 方向上的焊盘数

（9）单击“下一步”按钮，进入“元件封装名称”对话框，设置封装的名称为 LCC26，如图 4-80 所示。

（10）最后弹出“完成向导”对话框，单击“完成”按钮即可完成元件封装，在元件封装编辑工作区出现制作完毕的元件，如图 4-81 所示。

（11）单击“文件”→“保存”命令，将新创建的元件封装保存。

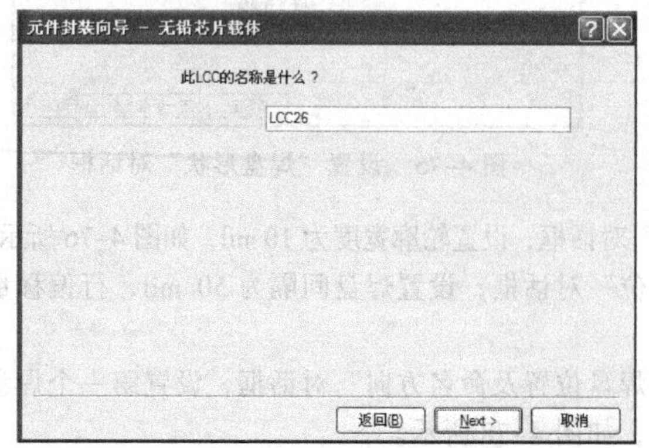

图 4-80　设置封装的名称

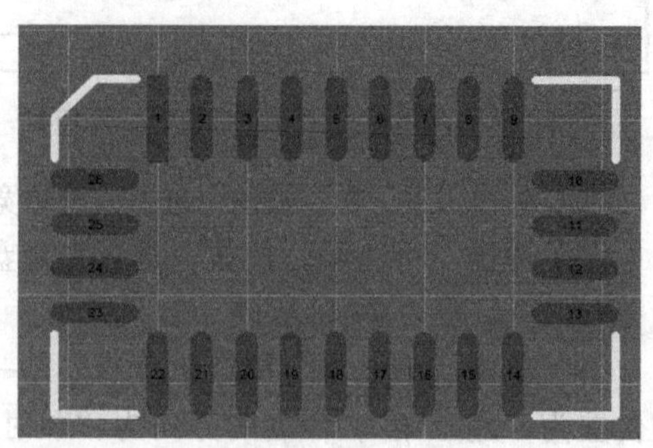

图 4-81　完成的元件封装

思考与练习

一、填空题

1. 元器件的装插应遵循________的原则。
2. 工艺文件是用于指导________等的各种技术文件的总称。
3. 捆扎工艺通常是指将电子整机中一些连接________在一起的过程。
4. 元器件引线成型的方式有多种，常见的有________和________成型 2 种方式。
5. 根据电子线路图在印制电路板上描绘出设计好的电路，最后进行________等工作。
6. 元器件的安装操作有________与________。
7. 电子整机装接中常采用的锡焊方法有________和________两类。
8. 电子整机调试包括________两方面。
9. 使用 Protel DXP 2004 进行印制电路板设计基本可分为________________________________4 个过程。

二、判断题

1. 所谓分支线捆扎是指将较粗的线扎分为几条支路的捆扎。（　）
2. 对热敏感的元器件及晶体管，引线可弯折成圆环形，以减少热冲击。（　）
3. 紧固连接分为可拆连接和不可拆连接两大类。（　）
4. 接插件按其形状和构造分为固定式接插件和转换式接插件两大类。（　）
5. 金属铅是一种有毒的物质，长期接触该类物质将几乎不会影响人体健康。（　）
6. 表面安装技术属于第三代电子装联技术，目前广泛应用于电子产品的生产中。（　）
7. 锡焊时，由于焊锡不会马上凝固，因此在焊锡凝固前不能移动被焊件，否则焊锡会凝成砂粒或因焊接不牢而造成虚焊。（　）

三、简答题

1. 电子整机装接的基本要求有哪些？
2. 识读电路原理图的原则有哪些？
3. 设计文件主要有哪些内容？
4. 导线捆扎的目的是什么？有哪些方法？
5. 元器件引线成型有何要求？
6. 铆钉板线路设计（布线）有哪些要求？
7. 防止紧固件松脱的措施有哪些？
8. 什么是胶接？哪些方面可以提高胶接的质量？
9. 什么是表面安装技术？有何特点？
10. 手工烙铁锡焊的主要操作步骤有哪些？

项目 5

电子产品典型电路装接训练

随着科学技术的发展，电子产品在各行各业得到日益广泛的应用，已经进入了每一个家庭的日常生活。电子产品的种类也越来越丰富，从工业生产的大型设备、仪器，到个人数码产品。由于应用的领域不同，工作原理各异，所以要求电子产品生产的从业者具有特定的职业能力。

通过本项目的理论学习和操作分析，可学会电子典型电路的工作原理和装接技能。

项目目标

- 熟悉串联型直流稳压电源电路的工作原理；
- 熟悉单稳态电路结构，理解其工作原理；
- 理解多谐振荡电路工作原理，学会计算振荡频率；
- 了解振荡电路的工作原理；
- 了解单结晶体管外形结构，熟悉低频功率放大电路工作原理。
- 会对提供的电子电路进行安装图设计；
- 会正确使用电烙铁等工具对电子典型电路进行装接和调试；
- 会正确使用万用表、示波器等仪表对安装完成的电子电路进行检测；
- 会运用振荡原理调整电子电路元器件参数，完成电路振荡频率或延时时间整定；
- 会根据电子电路典型故障现象，使用万用表逐步排查故障原因，最终排除故障。

任务 1　串联型直流稳压电源电路装接训练

情景模拟

双休日，小哲正在玩 PSP 游戏机，突然游戏机报警电池容量过低。小哲立刻找出外接电源打算给游戏机充电，可是游戏机怎么也充不进电。于是向修理能手爸爸请教原因。爸爸让小哲把外接电源拿来，他拿出万用表测了测，对小哲说：“这个外接电源，其实是一只小型的直流稳压电源，里面有元件损坏就不能正常工作了，你可以试着修修看。”不一会儿，小哲就把修好的游戏机外接电源插在游戏机上了。爸爸拍拍小哲的头，夸奖他说：“小哲，看不出你还真有两下子。”

你想知道小哲是如何修复直流稳压电源故障的吗？让我们一起来学一学，做一做！

基础知识

知识链接 1：串联型直流稳压电源电路基本结构

1. 电路结构

典型的实用型串联型稳压电路，如图 5-1 所示。它主要由降压电路、整流电路、滤波电路和串联型稳压电路 4 部分组成，其中串联型稳压电路又分成调整、取样、比较放大和基准电压 4 部分。

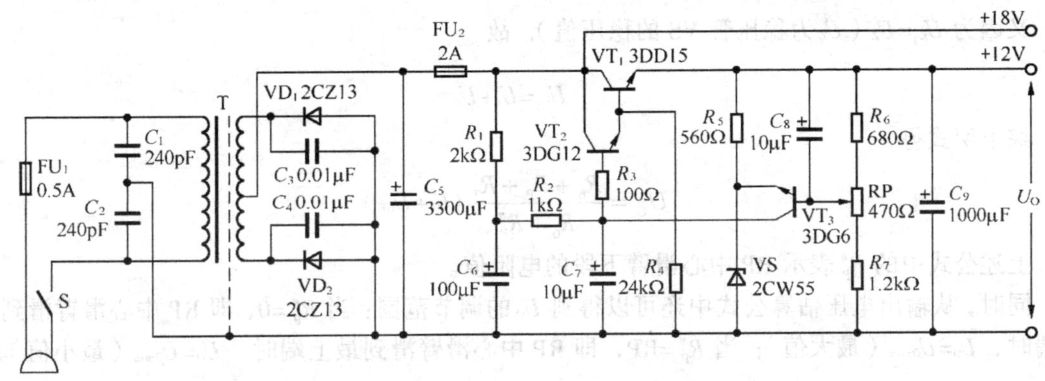

图 5-1　实用型串联型稳压电源原理图

2. 工作原理简介

（1）整流滤波

T 为电源变压器，其中虚线表示静电屏蔽层，用以防止初级绕组中的干扰信号进入次级绕组；C_1、C_2为电源高频滤波电容，防止电源中的高频干扰进入变压器；FU_1、FU_2分别为交、直流熔丝，前者主要起防止因变压器绕组短路或整流二极管击穿等故障造成其他故障扩大的作用，后者则主要起防止因稳压电路或负载短路而导致变压器烧毁的作用；VD_1、VD_2为整流二极管，组成变压器中心抽头式全波整流电路，与VD_1并联的C_3和与VD_2并联的C_4主要作用是防止浪涌电流烧毁整流二极管；C_5为滤波电容。

（2）串联型稳压

VT_1、VT_2组成 NPN 型复合调整管；VT_3为比较放大管；VS 和限流电阻 R_5组成基准稳压电路；R_6、RP、R_7组成取样电路。电路中，R_1、C_6和 R_2、C_7组成两级电子滤波电路，给 VT_2提供直流偏置，其中 R_1、R_2又是 VT_3的集电极直流负载电阻；R_3为 VT_2的基极限流电阻；R_4为 VT_2提供了穿透电流 I_{CEO}的通路，以减小温度变化时对输出电压稳定性的影响；C_8为加速电容，既可减小输出信号的纹波，又可改善突变电压对输出的影响；C_9为输出电压的滤波电容。

在整个电路中，调节 RP 可以改变电源输出电压的大小。

（3）稳压过程

当电网电压 U_i升高或负载电流 I_L减小，导致输出电压 U_O呈上升趋势时，其稳压过程可用环路箭头法表示如下：

$$\begin{array}{l} U_i\uparrow \to U_O\uparrow \to U_{B_3}\uparrow \to I_{B_3}\uparrow \to I_{C_3}\uparrow \to U_{C_3}\downarrow \to U_{B_2}\downarrow \\ I_L\downarrow \quad U_O\downarrow \leftarrow U_{CE_1}\uparrow \leftarrow I_{C_1}\downarrow \leftarrow I_{B_1}\downarrow \leftarrow U_{B_1}\downarrow \leftarrow U_{E_2}\downarrow \end{array}$$

同理，当 U_i 降低或负载电流 I_L 增大时，U_0 则呈降低变化趋势，通过以上相反的反馈过程即能维持输出电压不变。

输出电压估算：根据电阻分压关系得到 U_0 与 U_{B_3} 的关系式为

$$U_{B_3}=\frac{R_7+R_P''}{R_6+R_P+R_7}\cdot U_O$$

又因为 $U_{E_3}=U_Z$（U_Z 为稳压管 VS 的稳压值），故

$$U_{B_3}=U_Z+U_{BE_3}$$

综上两式得

$$U_O=\frac{R_6+R_P+R_7}{R_6+R_P''}(U_Z+U_{BE_3})$$

上述公式中的 R_P'' 表示 RP 中心滑臂下段的电阻值。

同时，从输出电压估算公式中还可以得到 U_0 的调节范围：当 $R_P''=0$，即 RP 中心滑臂滑到最下端时，$U_0=U_{0max}$（最大值）；当 $R_P''=RP$，即 RP 中心滑臂滑到最上端时，$U_0=U_{0min}$（最小值）。

知识链接 2　实用型串联稳压电源电路装接印制电路板设计与组装

实用型串联型稳压电路装配的印制电路板装配图如图 5-2 所示。

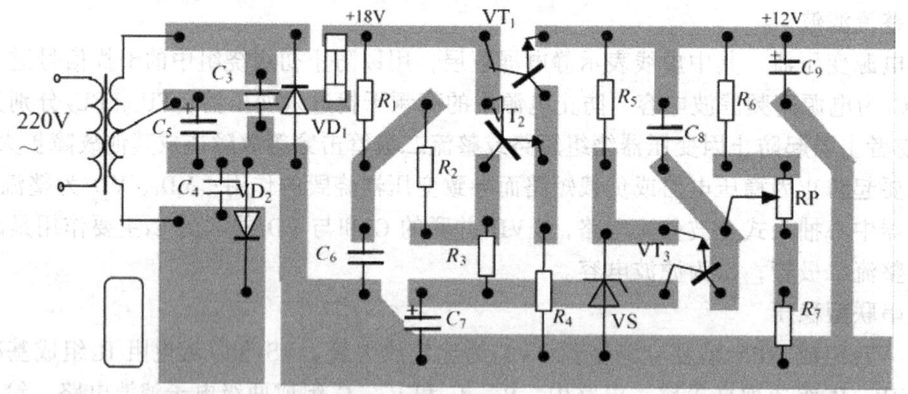

图 5-2　实用型串联型稳压电源印制电路板装配图

1. 安装

按图 5-2 所示正确安装（包括选、插、焊）元器件。装配工艺参见前面有关知识。

2. 调试

（1）对照图 5-1 和图 5-2 检查元器件插装正确无误后，接通电源。

（2）接通电源后，用万用表直流电压挡测 C_9 两端电压，调节 RP，使输出电压在 9.8～13.7 V 之间变动。

（3）接上负载调试。将输出电压调至 12 V 后，接上 100 Ω 负载电阻，若输出电压的变化在

12 V±0.5 V 以内，则视为合格。

（4）调试合格后，测量电路中有关点的电压值，并将测量结果填入表 5-1 中。

表 5-1　串联型稳压电源装调记录

测　量　点	未接负载时的电压值/V			接入负载时的电压值/V		
变压器次级						
C_5两端电压						
VT_1	V_E=	V_B=	V_C=	V_E=	V_B=	V_C=
VT_2	V_E=	V_B=	V_C=	V_E=	V_B=	V_C=
VT_3	V_E=	V_B=	V_C=	V_E=	V_B=	V_C=
调试中出现的故障及排除方法						

知识链接 3：直流稳压电源的典型故障及排除

在调试过程中若出现故障，可参照表 5-2 进行检修。

表 5-2　电路元器件故障对照表

损 坏 元 件	故 障 现 象	说　明
FU_1烧断	变压器无电压输出	① 表中的断路、开路包括元器件本身的引线断裂、假焊、漏焊、漏装；短路包括元器件引线间的碰锡、碰线、击穿等 ② 表中所罗列的情形，只能看作是相对的
FU_2烧断	变压器有电压输出但 $V_{C_1}=0$	
C_5短路或严重漏电	开机即烧 FU_1	
R_1、R_2、R_3有一开路	无输出电压	
VT_1 B-E 或 C-E 开路	无输出电压	
R_5开路	输出电压低	
RP 上端或中心抽头断路	输出电压高，且不可调	
VT_3 B-E 开路	输出电压高，且不可调	
VT_3 C-E 短路	输出电压低，且不可调	
VS 击穿或装反	输出电压低	
VD_1、VD_2有一只开路	输出电压低，且带负载能力差	
C_6、C_7击穿	输出电压低或为零	

操作分析

◎读一读：串联型直流稳压电源原理图

由分立元件组成的串联型直流稳压电源原理图如图 5-3 所示，主要包括变压器、整流电路、滤波电路、稳压电路等基本环节。

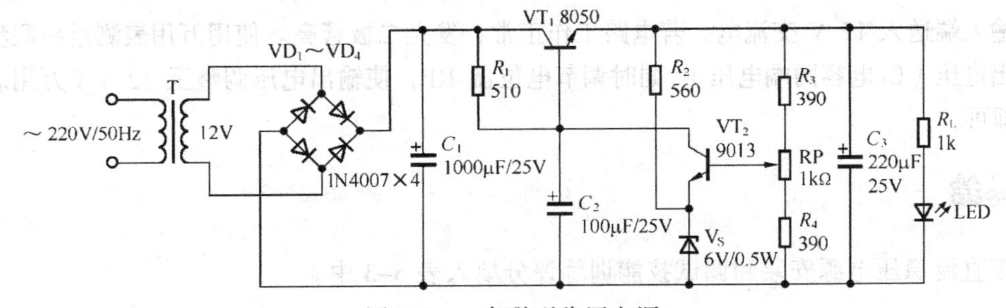

图 5-3　串联型稳压电源

◎做一做：安装电路

（1）根据电路原理图，设计绘制铆钉板安装接线图，设计要求参见项目四“铆钉板装配工艺”部分，参考连线图如图 5-4 所示。

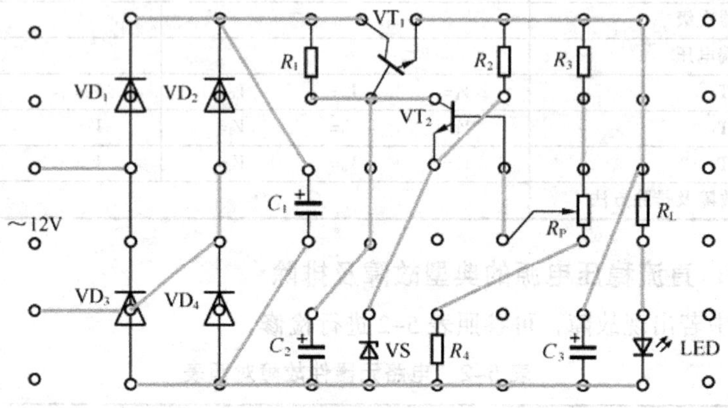

图 5-4　串联型稳压电源铆钉板安装接线图

（2）按工艺要求对元器件的引脚进行成型加工。

（3）按焊接工艺要求对元器件进行焊接，直到所有元器件焊完为止。

（4）按连线要求进行连线。

或者使用 THETDY-3 型电子工艺实训考核装置提供的实训套件“直流稳压电源”进行安装，电理原理图如图 5 - 5 所示。

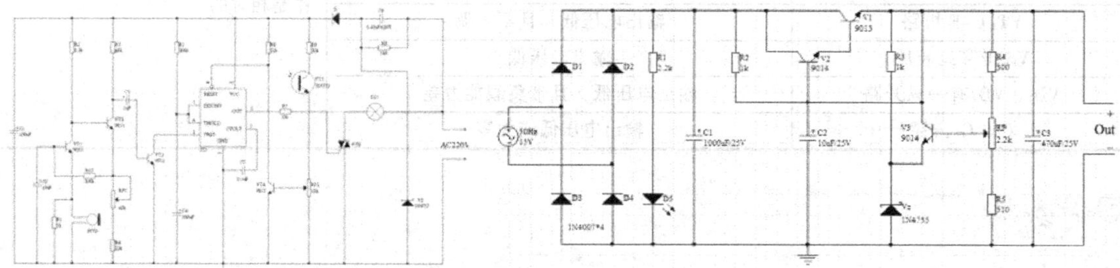

图 5-5　串联型稳压电源电路原理图

◎试一试：通电调试

在输入端送入 12 V 交流电，若电路工作正常，发光二极管亮。使用万用表测量串联型稳压电源输出电压（C_3 电容两端电压），同时调节电位器 RP，使输出电压调整至 12 V（万用表指示 12 V）即可。

任务总结

请把直流稳压电源安装和调试技能训练评分填入表 5-3 中。

表 5-3　串联型直流稳压电源电路安装调试技能训练评分表

序　号	项　目	考 核 要 求	配　分	评 分 标 准	扣　分
1	元件检测	正确检测元件	20	(1) 电阻等测试错误每只扣 2 分 (2) 三极管检测错误每只扣 3 分	
2	元件安装	正确安装元件，成型规范，排列合理	20	(1) 元件安装错误每只扣 5 分 (2) 元件成型、排列不符合要求每只扣 2 分	
3	元件焊接	焊点圆整、光滑、无虚焊、假焊、脱焊	20	(1) 元件焊点不圆整、不光滑每处扣 2 分 (2) 虚焊、假焊、脱焊每个扣 5 分	
4	通电调试	在规定时间内，利用仪器仪表调试后通电试验	40	(1) 通电调试一次不成功扣 20 分，两次不成功扣 30 分 (2) 调试过程中损坏元件每只扣 5 分 (3) 电压测量错误每个扣 5 分	
安全文明操作		违反安全文明操作规程（视实际情况扣 10～20 分）			
额定时间		每超过 5min 扣 5 分			
开始时间		结束时间		实际时间		成绩	
综合评价					
评价人				日期	

知识拓展

知识拓展 1：三端稳压集成块直流稳压电路装接

三端集成稳压器是将串联型稳压电路中的调整电路，采样电路、基准电路、放大电路、启动及保护电路集成在一块芯片上集成模块，是目前使用较多的单片集成稳压电路，主要有我国北京半导体器件厂生产的W7800 系列和W7900 系列，美国国家半导体公司的 LM317 和 LM337 及美国仙童公司生产的 μA7800 和 μA7900 系列的普通型三端稳压集成块。另外，还有意大利 SGS 公司生产的 78S00 及 79S00 系列高稳定度的稳压集成块等。其中，W7800 系列、μA7800 系列、78S00 系列为固定正电压输出三端式集成稳压器，而W7900 系列、μA7900 系列及 79S00 系列则为固定负电压输出三端式集成稳压器，LM317 则为可调式正电压输出三端式集成稳压器，LM337 为可调式负电压输出三端式集成稳压器。在上述系列型号中，“00”位置通常是输出电压值。

在固定电压输出的单片集成稳压电路中，正电压输出的常见三端稳压集成块型号为 78××，额定输出电流为 1 A，带散热器时最大可达 1.5 A；负电压输出的常见三端稳压集成块型号为 79××，额定输出电流与 78 系列相同。对于上述两类三端稳压集成块，只要满足输入电压、输出电压差高于 2V 的条件，它就有稳定的额定输出，如 7805、7812、7824 等，对应输出电压分别是+5V、+12V、+24V 等，7905、7912、7924 等，则对应输出电压分别是−5V、−12V、−24V 等。在可调电压输出的单片集成稳压电路中，可调正电压输出的常见三端稳压集成块型号为 LM317，可调负电压输出的常见三端稳压集成块型号为 LM337。其中 LM317 额定输出电流为 1 A，最大可达1.5 A，输出电压在1.25～37 V间连续可调；LM337额定输出电流与LM317相同，输出电压在-1.25～-37 V连续可调。设计单片集成稳压电路装配图时，必须先搞清三端稳压集成块的引脚功能。三端稳压集成块的引脚排列与功能对照关系如图5-6所示。

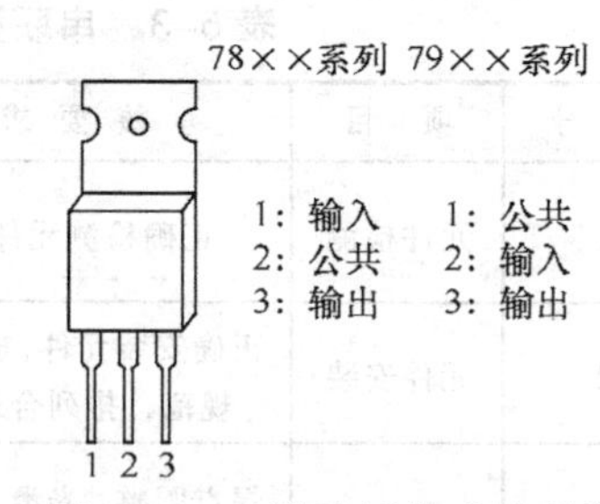

图5-6　三端稳压集成块引脚排列与功能对照关系

由于用三端稳压集成块组成的单片集成稳压电路具有结构简单、工作可靠、调试与使用方便以及体积较小等优点，故在诸多领域广泛应用。图5-7所示为某固定输出集成稳压电路原理图，图中C_1、C_3分别为输入、输出电容器，C_2、C_4是高频滤波电容器，用以防止或消除自激，二极管VD_5主要用于保护稳压集成块，防止其因输入端短路而损坏。图5-8所示为某可调输出单片集成稳压电路原理图，它具有过压、过流和短路保护功能。调节RP，输出电压可在1.25～37 V范围内变动。图5-8中VD_6用于防止稳压器因输出端短路而损坏。

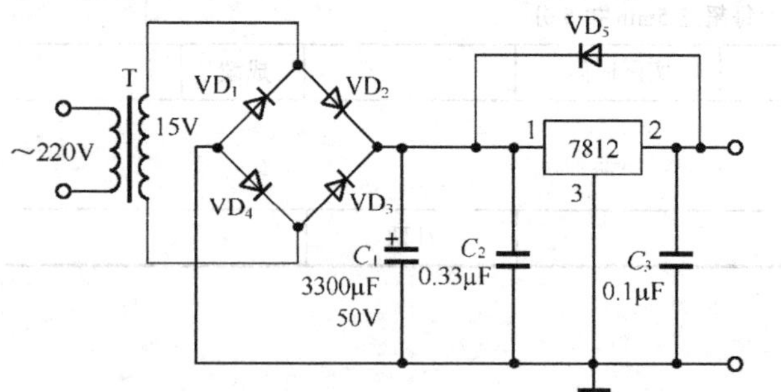

图5-7　固定输出集成稳压电路原理图

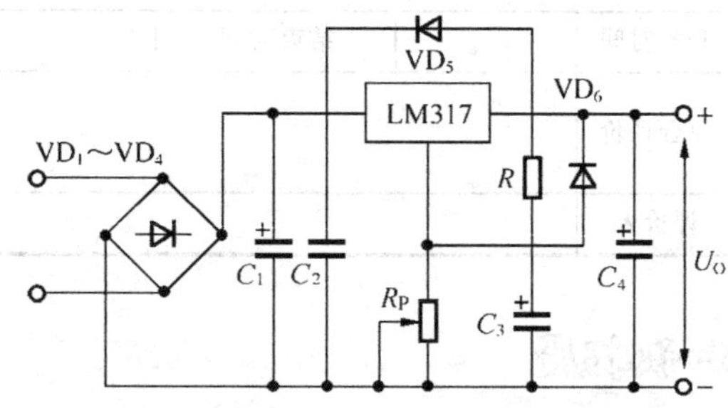

图5-8　可调输出单片集成稳压电路原理图

固定输出单片集成稳压电路装配图如图5-9所示，可调输出单片集成稳压电路装配图如图5-10所示。

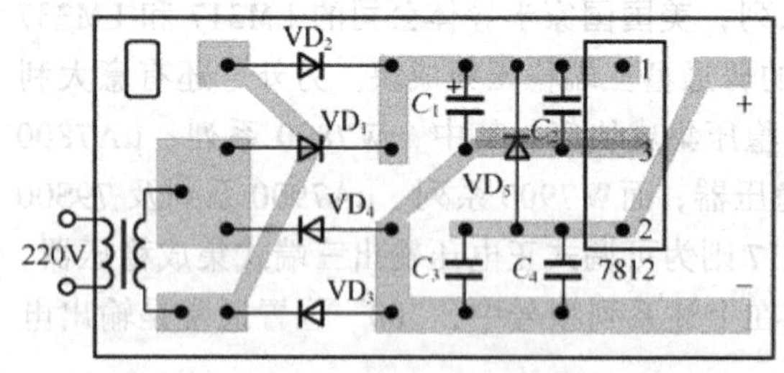

图5-9　固定输出单片集成稳压电路装配图

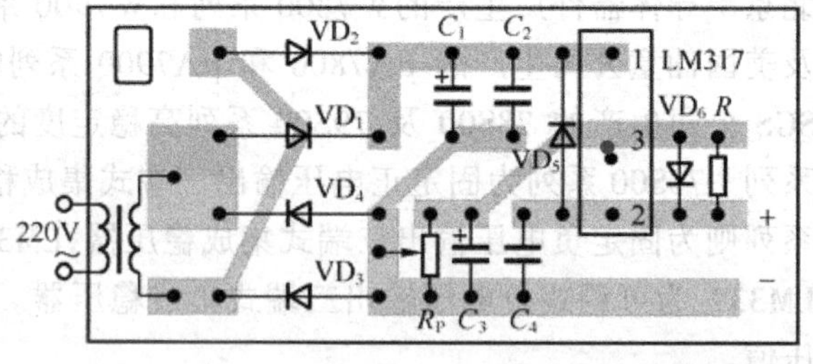

图5-10　可调输出单片集成稳压电路装配图

知识拓展2：桥堆整流器的选用

现在，桥式整流电路还普遍采用组合式的硅桥式整流器，俗称“桥堆”，它是把4个整流二极管按电桥结构形状连接，并且封装在一起而成，与用4个整流二极管组成的桥式整流电路的结构完全相同。其外形有圆形、正方形和长方形等多种，如图5-11所示。

在桥堆的外壳上标有“～”的管脚表示接交流电源；标有“+”的管脚为正极输出，“-”为负极输出。

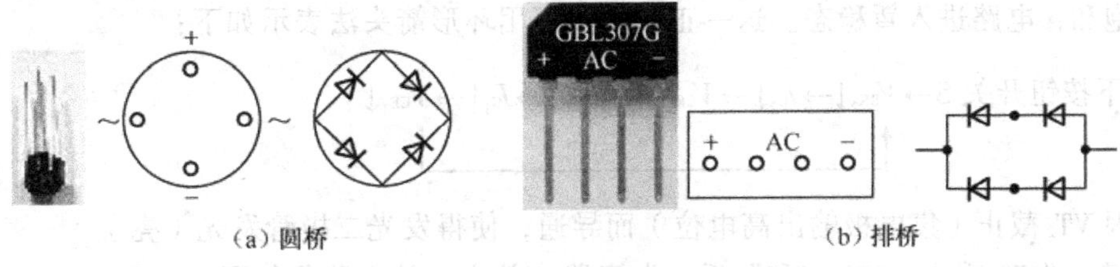

（a）圆桥　　（b）排桥

图 5-11 常见桥堆整流器

任务2 单稳态电路（延时灯电路）装接训练

情景模拟

傍晚，小忠陪邻居王奶奶上楼。天已经黑了，小忠就按了一下楼道灯开关，发现楼道灯亮了，但是立即熄灭，失去了原有延时熄灭功能。小忠心想，这一定会给邻居上下楼带来极大的不方便。第二天早上，小忠拎上工具箱，跑到楼梯上，找到失灵的楼道灯开关修理起来。不一会儿，小忠就准备收拾其工具箱回家了。邻居王奶奶碰巧路过，试了试楼道灯开关，还真不错，楼道灯的延时功能又恢复了。王奶奶直夸小忠心眼好、能干。

你想知道小忠是如何修复楼道灯开关故障的吗？让我们一起来学一学，做一做！

基础知识

知识链接1：单稳态电路结构和工作原理

1. 电路结构

在图 5-12 所示的模拟楼道节能灯电路中，三极管 VT_1、VT_2和电阻器 R_1、R_2、R_3、R_4及电容器 C 组成的是典型的单稳态电路，是一个首尾相接的正反馈放大器；按钮开关 S 起从稳态到暂稳态翻转的触发作用；三极管 VT3 和 R_4、R_5组成一个简单的放大电路，R_4既是 VT_2的集电极负载，又是 VT_3的基极偏置电阻，R_5和发光二极管 VL 为 VT_3管的集电极负载；R_3是 VT_2到 VT_1的直流耦合电阻器，使得 VT_1的直流工作状态受到 VT_2的控制。

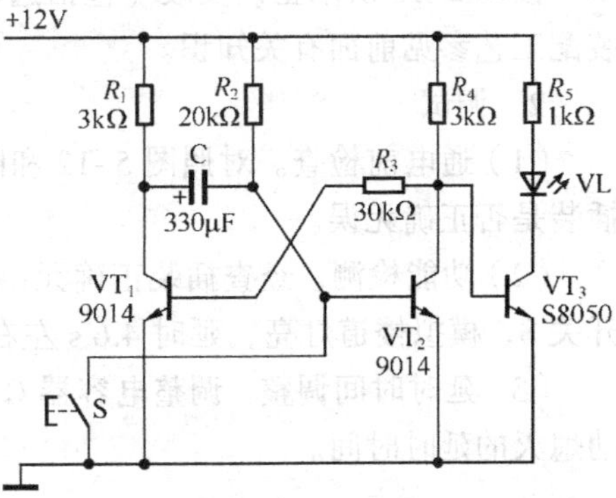

图 5-12 模拟楼道节能灯电路原理图

2. 电路工作原理简析

稳态：图 5-12 所示电路的结构决定了它只有一种稳态，即三极管 VT_1截止、VT_2饱和导通。在这种状态下，电容器 C 充有“左正右负”的电荷，发光二极管 VL 因三极管 VT_2集电极输出低电位，VT_3截止而不亮。

触发翻转：若按一下按钮开关 S， VT_2则会因基极被对地短接而退出饱和导通状态，进入放大状态，使得 VT_2集电极电位升高，经 R_3加至三极管 VT_1基极，使 VT_1退出原来的截止状态进入放大状态，又使得 VT_1管的集电极电位下降，经电容 C 器耦合，使 VT_2基极电位进一步下降，从而形成一个强烈的正反馈，使 VT_2迅速截止、

VT_1迅速饱和，电路进入暂稳态。这一正反馈过程用环形箭头法表示如下：

按一下按钮开关 S→ $V_{BE_2}\downarrow \to I_{C_2}\downarrow \to V_{CE_2}\uparrow \to V_{BE_1}\uparrow \to I_{C_1}\uparrow \to V_{CE_1}\downarrow$

VT_3因 VT_2截止（集电极输出高电位）而导通，使得发光二极管发光（亮）。

暂稳态：“VT_2截止、VT_1饱和”后，电容器 C 放电，放电路径如下：

C 左→VT_1（C、E）→+12V 电源（内部）→R_2→C 右

放电时间常数为 $\tau \approx R_2 \cdot C$，暂稳态时电路输出高电平，持续时间即输出脉冲宽度为

$$t_{P1} \approx 0.69 R_2 \cdot C$$

可见，暂稳态的时间完全由电路参数决定，而与外界信号无关。

自动翻转：随着电容器 C 放电时间的推移，其“右端”电位不断升高，加在 VT_2基极的电位也不断升高，VT_2又由截止状态进入微导通状态，电路进入另一个正反馈过程，使 VT_1迅速截止、VT_2迅速饱和，电路跳变为低电平。用环形箭头法表示如下：

C 放电→ $V_{BE_2}\uparrow \to I_{C_2}\uparrow \to V_{CE_2}\downarrow \to V_{BE_1}\downarrow \to I_{C_1}\downarrow \to V_{CE_1}\uparrow$

“VT_1截止、VT_2饱和”后，电源又对电容器 C 充电，充电路径为：12V 电源（+）→R_1→电容器 C→VT_2（B、E）→12V 电源（−）。充电时间常数为 $\tau \approx R_1 \cdot C$，电路恢复到稳态的时间，即输出脉冲宽度为

$$t_{P2} \approx (3\sim5) R_1 \cdot C$$

知识链接 2：楼道延时灯电路装接印制电路板设计与组装

模拟楼道节能灯电路印制电路板装配图，如图 5-13 所示。

1. 安装

按图 5-13 所示正确安装（包括选、插、焊）元器件，装配工艺参见前面有关知识。

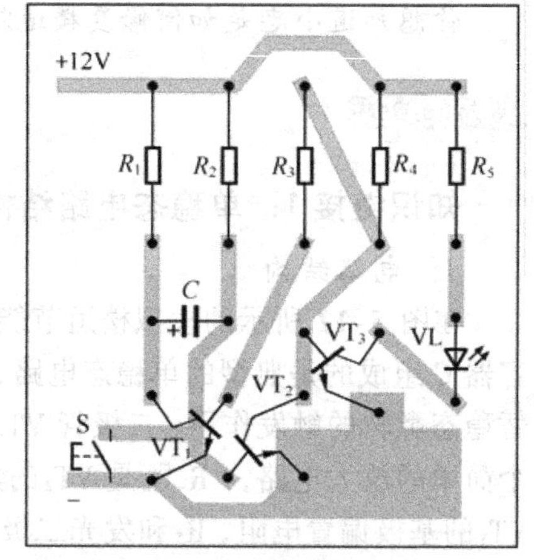

图 5-13 模拟楼道节能灯电路装配图

2. 调试

（1）通电前检查。对照图 5-12 和图 5-13 检查元器件插装是否正确无误。

（2）功能检测。经查插装正确无误后，接通 12 V 电源，电路的正常功能应是：按一下按钮开关 S，模拟楼道灯亮，延时 4.6 s 左右后自动熄灭。

（3）延时时间调整。调整电容器 C 的容量或电阻器 R_2的阻值大小，可以改变模拟楼道灯自动熄灭的延时时间。

操作分析

◎读一读：实用型模拟楼道灯电路原理图

由分立元件组成的实用型模拟楼道灯电路原理图如图 5-14 所示，它主要由串联型稳压直流电源和单稳态电路组成，请指出单稳态电路暂稳态时电路高电平可由哪两个元器件参数决定？

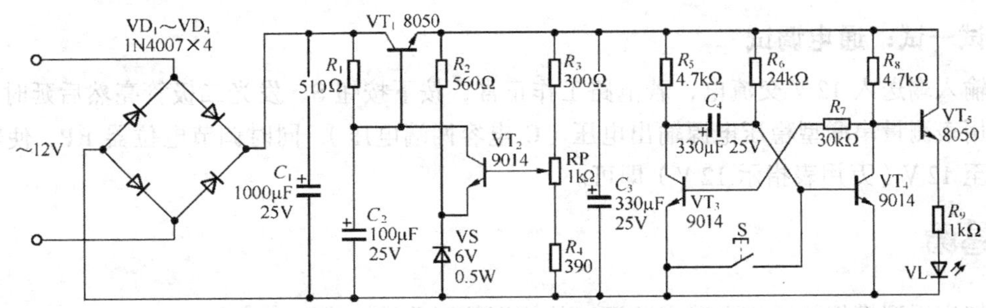

图 5-14　实用型模拟楼道灯电路原理图

◎做一做：安装电路

（1）根据电路原理图，设计绘制铆钉板安装接线图（原理图中 VT_3与 VT_4之间交叉线设计时应注意不能重合），设计要求参见项目四“铆钉板装配工艺”部分，参考连线图如图 5-15 所示。

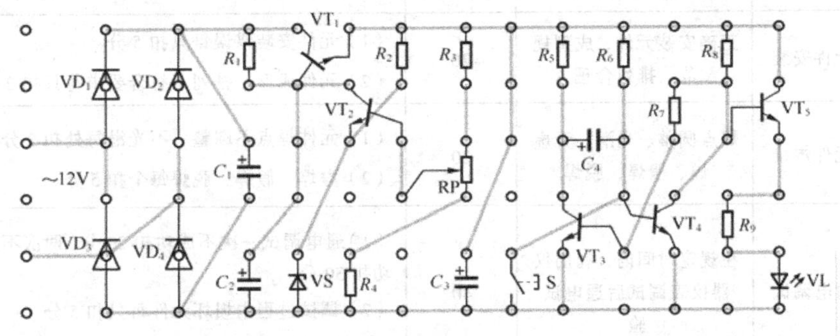

图 5-15　实用型模拟楼道灯电路铆钉板安装接线图

（2）按工艺要求对元器件的引脚进行成型加工。

（3）按焊接工艺要求对元器件进行焊接，直到所有元器件焊完为止。

（4）按连线要求进行连线。

或者使用 THETDY-3 型电子工艺实训考核装置提供的电子百拼套件“实用型模拟楼道灯电路”进行拼装，如图 5-16 所示。

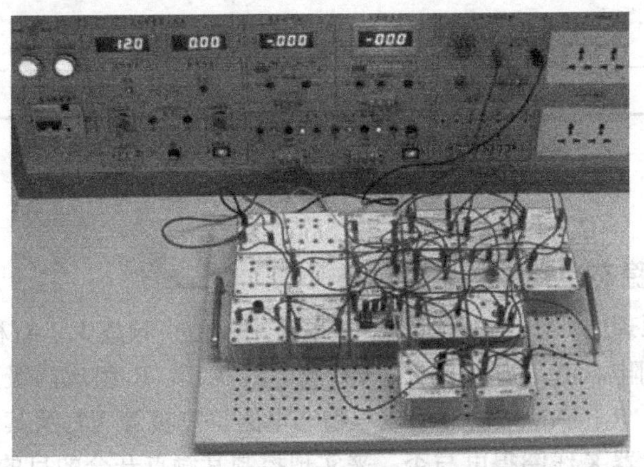

图 5-16　实用型模拟楼道灯电路安装图

◎试一试：通电调试

在输入端送入 12 V 交流电，若电路工作正常，按下按钮 S，发光二极管亮然后延时熄灭。使用万用表测量串联型稳压电源输出电压（C_3电容两端电压），同时调节电位器 RP，使输出电压调整至 12 V（万用表指示 12 V）即可。

任务总结

请把实用型模拟楼道灯电路安装调试技能训练评分填入表 5-4 中。

表 5-4　实用型模拟楼道灯电路安装调试技能训练评分表

<table>
<tr><th>序号</th><th>项目</th><th>考核要求</th><th>配分</th><th colspan="3">评分标准</th><th>扣分</th></tr>
<tr><td>1</td><td>元件检测</td><td>正确检测元件</td><td>20</td><td colspan="3">（1）电阻等测试错误每只扣 2 分
（2）三极管检测错误每只扣 3 分</td><td></td></tr>
<tr><td>2</td><td>元件安装</td><td>正确安装元件，成型规范，排列合理</td><td>20</td><td colspan="3">（1）元件安装错误每只扣 5 分
（2）元件成型、排列不符合要求每只扣 2 分</td><td></td></tr>
<tr><td>3</td><td>元件焊接</td><td>焊点圆整、光滑、无虚焊、假焊、脱焊</td><td>20</td><td colspan="3">（1）元件焊点不圆整、不光滑每处扣 2 分
（2）虚焊、假焊、脱焊每个扣 5 分</td><td></td></tr>
<tr><td>4</td><td>通电调试</td><td>在规定时间内，利用仪器仪表调试后通电试验</td><td>40</td><td colspan="3">（1）通电调试一次不成功扣 20 分，两次不成功扣 30 分
（2）调试过程中损坏元件每只扣 5 分
（3）电压测量错误每个扣 5 分</td><td></td></tr>
<tr><td colspan="2">安全文明操作</td><td colspan="5">违反安全文明操作规程（视实际情况扣 10～20 分）</td><td></td></tr>
<tr><td colspan="2">额定时间</td><td colspan="5">每超过 5min 扣 5 分</td><td></td></tr>
<tr><td>开始时间</td><td></td><td>结束时间</td><td></td><td>实际时间</td><td></td><td>成绩</td><td></td></tr>
<tr><td>综合评价</td><td colspan="7"></td></tr>
<tr><td>评价人</td><td colspan="4"></td><td>日期</td><td colspan="2"></td></tr>
</table>

知识拓展

知识拓展 1：双稳态电路实际应用

声控开关电路的原理图如图 5-17 所示，该电路主要由声频放大、双稳态和驱动电路 3 部分组成。三极管 VT_1 及电阻器 R_2、R_4 和三极管 VT_2 及电阻器 R_5、R_6 组成两级声频放大电路；三极管 VT_3、VT_4 及电阻器 R_8、R_{10}、R_{11}、R_{12} 等组成双稳态电路；三极管 VT_5 及其周围元器件组成驱动电路，主要通过控制继电器 K 线圈得电与否，来实现控制其触点开合的目的；B 为驻极体话筒。

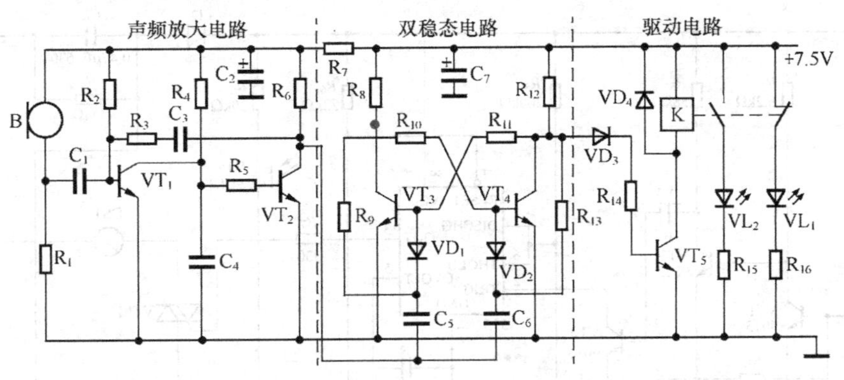

图 5–17　声控开关电路原理图

电源接通时，双稳态电路的状态为 VT_3 截止，VT_4 饱和，这时 VT_5 截止，继电器 K 不吸合，红色显示灯 VL_1 亮。当驻极体话筒 B 接收到声频信号时，经 C_1 耦合至 VT_1 的基极，放大后由集电极直接馈至 VT_2 的基极，在 VT_2 的集电极得到负方波，经微分电路处理后得到一负尖脉冲波，通过 VT_3 加至 VT_4 基极，使双稳态电路迅速翻转，继电器 K 吸合，红色显示灯 VL_1 熄灭，绿色显示灯 VL_2 亮。

元器件清单参见表 5–5。

表 5–5　声控开关电路元器件清单

类别	元器件	参数	类别	元器件	参数	类别	元器件	参数
扬声器	B	驻极体	电阻器	R_5	20 kΩ	电容器	C_1	涤 0.022μF
三极管	VT_1	3DG100		R_6	4.7Ω		C_2	电解 47μF/16V
	VT_2	3DG100		R_7	390Ω		C_3	电解 1μF/16V
	VT_3	3DG100		R_8	2 kΩ		C_4	涤 0.01μF
	VT_4	3DG100		R_9	3.3 kΩ		C_5	涤 0.047μF
	VT_5	3DG130		R_{10}	10 kΩ		C_6	涤 0.047μF
二极管	VD_1 ~ VD_4	1N4148		R_{11}	10 kΩ		C_7	电解 100μF/16V
发光二极管	VL_1（红）	HFW314001		R_{12}	2.7 kΩ			
	VL_2（绿）	HFW314001		R_{13}	12 kΩ			
电阻器	R_1	1kΩ		R_{14}	10 kΩ			
	R_2	300 kΩ		R_{15}	2 kΩ			
	R_3	82 kΩ		R_{16}	2 kΩ			
	R_4	3.3 kΩ						

注：要求：VT_1 的 $\beta > 80$，$\beta_4 > \beta_5$。

知识拓展 2：555 集成电路构成的稳态电路应用

使用 555 集成块也可以组成单稳态电路，由于其可靠、简单的特点有着广泛的应用。例如由 555 集成块制成的声光双控节电灯电路，就是一种感应光照（天黑）、声音，控制灯就自动点亮，而后延时一段时间又会自行熄灭，达到节电的目的，该电路原理图如图 5–18 所示。

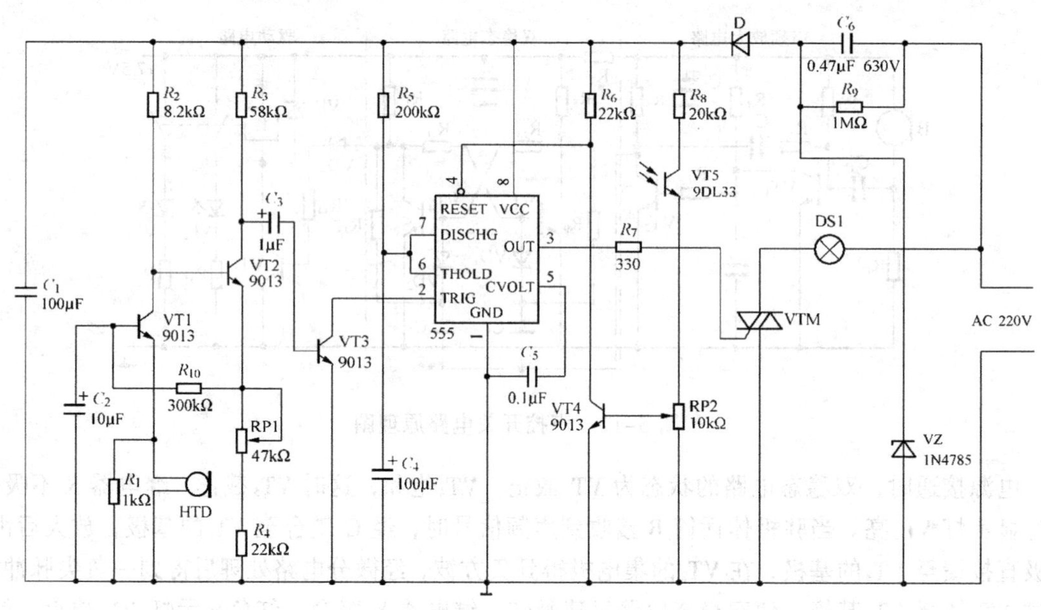

图 5-18　声光双控节电灯电路原理图

声光双控节电灯电路主要由电源部分、声电转换及放大部分、单稳态延时部分和光控部分组成。

C_6、R_9、Vz、D 及 C_1组成电源电路，交流市电经 C_6电容降压，D 整流、Vz 稳压，再由 C_1滤波后供给整个电路工作。电路采用电容降压，与使用变压器相比，不但缩小了体积，杜绝了噪声，而且也减小了电路能耗。驻极体话筒对猝发声响有极为敏感的特性，本电路用它作为声-电换能元件。它将声响信号转换为相应的电信号后，通过 C_2耦合至 VT_1、VT_2组成的直接耦合式双管放大器进行放大，该放大器由 R_2、RP1 提供偏流，调节 RP1 可改变放大器的增益，用以控制声控灵敏度。R_4为直流负反馈电阻，用来稳定工作点，R_3为放大器的输出直流负载电阻，放大后的负脉冲信号经 C_3去触发由 555 集成块组成的单稳态延时电路，达到控制负载的目的。

单稳延时部分用一块 555 时基集成电路以及 R_5、C_4组成延时回路，延时时间 t=1.4 R_5C_4。稳态时，555 集成块 3 脚输出端为低电平，当其 2 脚触发端得到一负脉冲触发信号时，电路即进入暂态，输出端 3 脚立刻翻转为高电平，触发双向晶闸管 VT_H导通，灯泡发亮。此后，电源经 R_5向 C_4充电，当 C_4端电位升到约 2 V_{CC}/3 时，电路又自动回复到初始稳定状态，3 脚恢复低电平，晶闸管失去触发电压而关断，灯泡熄灭，控制电路暂态结束，进入稳态，等待下一个触发脉冲。

在白天，由于光照度较强，VT_5的 b-e 间呈现低组态状态，为 VT_4提供了一个较大的偏置电流，使其饱和导通。此时，VT_4的集电极即 555 集成块的强制复位端 4 脚被强制为低电平，555 集成块处于复位状态，使其输出端 3 脚恒为低电平，双向晶闸管无触发电流而关断，灯泡不亮。因此，白天不管声控信号如何增强，555 集成块的 3 脚始终为低电平。VT_H关断，达到白天停止照明的目的。晚间由于光线明显减弱，VT_5因无光照而使 b-e 间呈现高组态状态，使 VT_4截止，555 集成块的强制复位端 4 脚为高电平，555 集成块退出复位状态，电路可受控制。适当调节 RP2，也可控制灵敏度。

任务3　多谐振荡电路装接训练

情景模拟

小车今天生日，请了一群同学到他家做客。小明买了一串闪烁的彩灯，点缀小车的房间。安装完毕点亮灯，发现彩灯闪烁的速度太快了，而且调不慢。此时，小忠自告奋勇修理彩灯。他打开控制盒，用万用表检测后，发现有只电容器失效了，更换上新的电容器，彩灯闪烁立刻恢复正常了。

同学们，你们想知道小忠是如何让彩灯闪烁速度恢复正常的吗？让我们一起来学一学，做一做！

基础知识

知识链接1：多谐振荡电路（闪烁灯电路）工作原理

1. 电路结构

模拟“知了”声的电路如图5–19所示，它由多谐振荡电路和音频振荡电路组成。其中多谐振荡电路由三极管 VT_1、VT_2 和电阻器 R_1、R_2、R_3、R_4 及电容器 C_1、C_2 发光二极管 VL_1、VL_2 等构成；音频振荡电路则由三极管 VT_3、VT_4 和电阻器 R_6、R_7 及电容器 C_3、C_4 等构成；BM为扬声器。

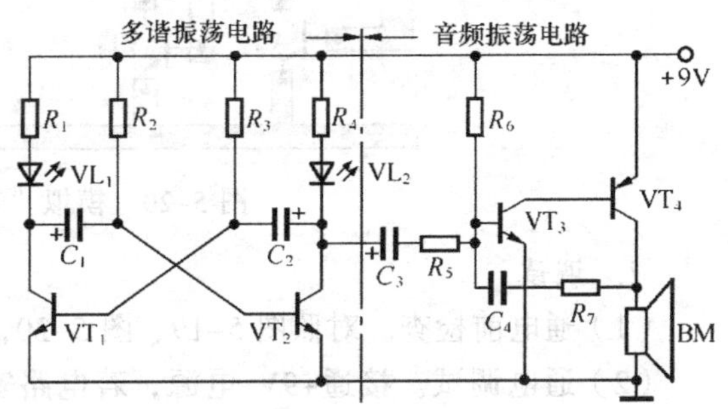

图5–19　模拟“知了”声电路原理图

2. 电路工作原理简析

多谐振荡电路接通电源后，假设电路进入暂稳态，VT_1 管饱和、VT_2 截止。电容 C_2 通过 VT_1 放电，电源 V_{CC} 通过 R_2 对 C_1 反向充电（C_1 放电），使 VT_2 管基极电位 U_{b_2} 逐渐上升，当 VT_2 导通进入放大区后，稍有增加便会引起下列正反馈：

$$U_{b_2}\uparrow \rightarrow i_{b_2}\uparrow \rightarrow i_{c_2}\uparrow \rightarrow U_{c_2}\downarrow \rightarrow U_{b_1}\downarrow \rightarrow i_{b_1}\downarrow \rightarrow i_{c_1}\downarrow \rightarrow U_{c_1}\uparrow \rightarrow U_{b_2}\uparrow$$

因此迅速使 VT_2 饱和、VT_1 截止，电路进入另一个暂稳态。电容器 C_1 通过 VT_2 放电，电容器 C_2 经过 R_3、VT_2 反向充电，随着 C_2 放电使 U_{b_1} 由 $-V_{CC}$ 逐渐上升为0.5 V以上时，立即引起以下正反馈：

$$U_{b_1}\uparrow \rightarrow i_{b_1}\uparrow \rightarrow i_{c_1}\uparrow \rightarrow U_{c_1}\downarrow \rightarrow U_{b_2}\downarrow \rightarrow i_{b_2}\downarrow \rightarrow i_{c_2}\downarrow \rightarrow U_{c_2}\uparrow \rightarrow U_{b_1}\uparrow$$

最后使 VT_1 饱和、VT_2 截止，电路又恢复到第一暂稳态。此后，C_1、C_2 不断充、放电，持续不断地振荡，使发光二极管 VL_1 和 VL_2 轮流闪烁。

该电路的振荡周期由元件 R_2、C_1、R_3、C_2 参数决定，周期 $T=T_1+T_2=0.7(R_2\times C_1+R_3\times C_2)$，振

荡频率 $f=1/T$。

模拟“知了”声电路的音频信号由音频振荡电路产生，其频率主要由 R_7、C_4 的值决定，但其发声频率又受制于多谐振荡电路的振荡频率。当多谐振荡电路 B 点输出由低电压迅速变为高电平时，音频振荡电路 VT_3 管发射结正偏压增大，音频振荡频率增高；反之，音频振荡电路 VT_3 管发射结正偏压减小，音频振荡频率变低。这一频率高低变化的音频信号经扬声器后，即可发出连续不断的“知了”声，发光二极管也同时闪烁。

知识链接 2：模拟“知了”声电路印制电路板设计组装与调试

模拟“知了”声电路印制电路板装配图如图 5-20 所示。

1. 安装

按图 5-20 所示正确安装（包括选、插、焊）元器件，装配工艺参见前面有关知识。

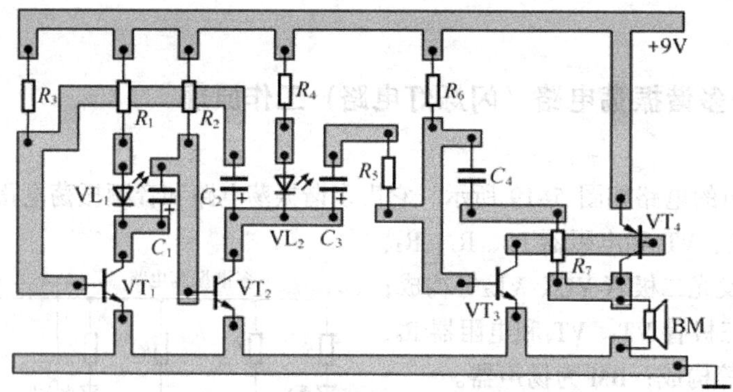

图 5-20　模拟“知了”声电路装配图

2. 调试

（1）通电前检查。对照图 5-19、图 5-20，检查元器件插装是否正确，是否有搭锡等。

（2）通电调试。接通+9V 电源，若电路安装正确，扬声器应发出“知了”声，发光二极管闪烁；若发光二极管闪烁而扬声器不响，则可用万用表测量扬声器和音频振荡电路；若扬声器发出连续不断的声响，则是多谐振荡器不工作。可以对照表 5-6 所列电压参考值进行检测、判断；如果发光二极管闪烁频率正常，扬声器仍发出连续不断的声响，则应检查 C_3、R_5 是否良好。

表 5-6　模拟“知了”声电路部分元器件各极对地电压参考值

测量点 / 元件	U_E/V	U_B/V	U_C/V
VT_1	0	– 1.3 ~ 0.7V	0.1 ~ 1V
VT_2	0V	0.6 ~ 2.5V	0.6 ~ 1V
VT_3	0V	0.2V	5.6V
VT_4	9V	5.6V	1V

（3）音响频率与“知–了”间隔长短调整。“知–了”间隔时间，可通过 R_3 和 C_2 调整；音响频率调整，可通过调整 C_4 和 R_5 来实现。

操作分析

◎读一读：闪烁灯电路原理图

由分立元件组成的闪烁灯电路原理图如图 5-21 所示，它主要由串联型稳压直流电源和多谐振荡器电路组成，请指出电路中发光二极管闪烁频率可由哪些元器件参数决定。

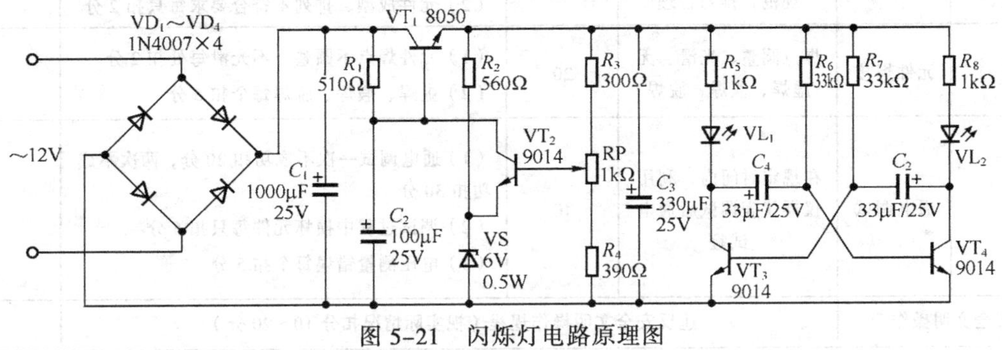

图 5-21　闪烁灯电路原理图

◎做一做：安装电路

（1）根据电路原理图，设计绘制铆钉板安装接线图（原理图中 VT_3与 VT_4之间交叉线设计时应注意不能重合），设计要求参见项目 4“铆钉板装配工艺”部分，参考连线图如图 5-22 所示。

（2）按工艺要求对元器件的引脚进行成型加工。

（3）按焊接工艺要求对元器件进行焊接，直到所有元器件焊完为止。

（4）按连线要求进行连线。

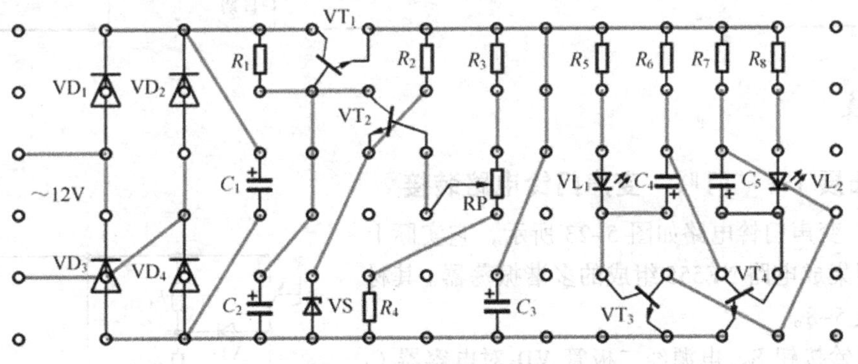

图 5-22　闪烁灯电路铆钉板安装接线图

◎试一试：通电调试

在输入端送入 12 V 交流电，若电路工作正常，两只发光二极管轮流点亮。使用万用表测量串联型稳压电源输出电压（电容器 C_3两端电压），同时调节电位器 RP，使输出电压调整至 12 V（万用表指示 12 V）即可。

任务总结

请把闪烁灯电路安装和调试技能训练评分填入表 5-7 中。

表 5-7　闪烁灯电路安装调试技能训练评分表

序号	项目	考核要求	配分	评分标准	扣分
1	元件检测	正确检测元件	20	（1）电阻等测试错误每只扣 2 分 （2）三极管检测错误每只扣 3 分	
2	元件安装	正确安装元件，成型规范，排列合理	20	（1）元件安装错误每只扣 5 分 （2）元件成型、排列不符合要求每只扣 2 分	
3	元件焊接	焊点圆整、光滑、无虚焊、假焊、脱焊	20	（1）元件焊点不圆整、不光滑每处扣 2 分 （2）虚焊、假焊、脱焊每个扣 5 分	
4	通电调试	在规定时间内，利用仪器仪表调试后通电试验	40	（1）通电调试一次不成功扣 20 分，两次不成功扣 30 分 （2）调试过程中损坏元件每只扣 5 分 （3）电压测量错误每个扣 5 分	
安全文明操作		违反安全文明操作规程（视实际情况扣分 10～20 分）			
额定时间		每超过 5min 扣 5 分			
开始时间		结束时间		实际时间	成绩
综合评价					
评价人				日期	

知识拓展

知识拓展 1：“叮咚”变声门铃电路装接

“叮咚”变声门铃电路如图 5-23 所示，它实际上就是一个用集成电路 NE555 组成的多谐振荡器。其材料清单见表 5-8。

按下门铃按钮 S，电源经二极管 VD_2 对电容器 C_1 充电，当 NE555 的 4 脚电压大于 1V 时，电路振荡，扬声器中发出“叮”声；松开门铃按钮 S，电容器 C_1 存储的电能经电阻器 R_4 放电，尽管这时 NE555 的 4 脚电压仍继续维持高电平而保持振荡，但因电阻 R_1 的接入，使振荡频率变低，扬声器中发出“咚”声。当 C_1 储存的电能释放一段时间后，NE555 的 4 脚电压变为低电平时，电路停振。再按一次门铃按钮 S，电路将重复上述过程，扬声器发出“叮咚”声。

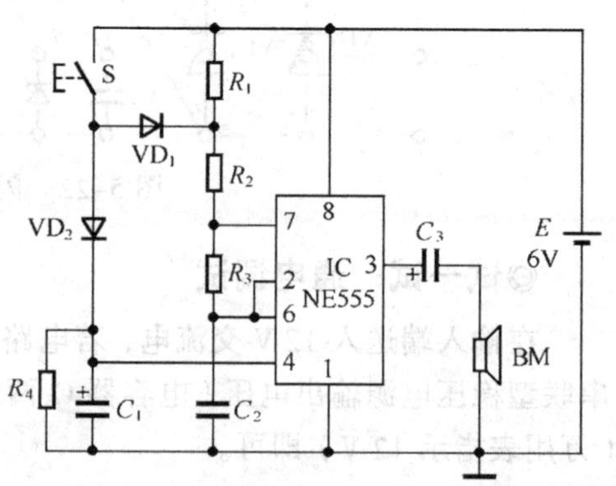

图 5-23　变音门铃电路原理图

表 5-8　“叮咚”变声门铃电路材料清单

元件名称	参数	元件名称	参数
VD_1、VD_2	1N4148	R_4	47 kΩ
R_1	30kΩ	C_1、C_3	47μF/16V
R_2	22kΩ	C_2	0.047μF
R_3	22kΩ	BM	16Ω

变音门铃电路装配图如图 5-24 所示。

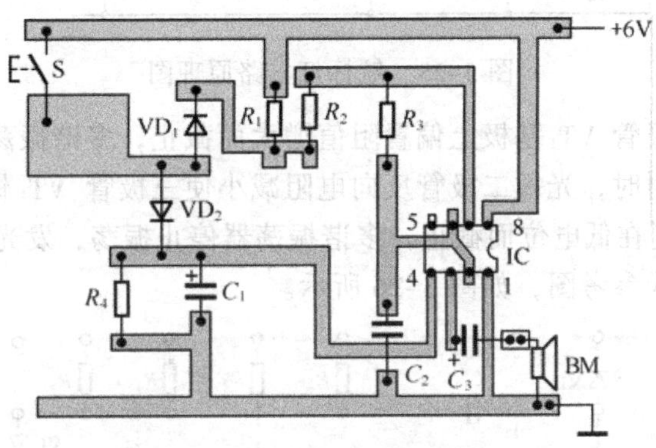

图 5-24　变音门铃电路装配图

1. 安装

按图 5-24 所示正确安装（包括选、插、焊）元器件，装配工艺参见前面有关知识。

2. 调试

（1）通电前检查。对照图 5-23、图 5-24，检查元器件插装是否正确，特别是 NE555 各脚是否有搭锡，电解电容极性是否与图 5-23 一致。

（2）通电调试。接通+6V 电源，按下 S，调整 R_2、R_3和 C_2的数值，改变声音的频率，C_2的值越小频率越高；断开 S，调整 R_1阻值，使扬声器中发出“咚”声；断开 S 后的余音长短调整，可通过调整 C_1、R_4的值来实现。

（3）整机电流测量。等待电流约为 3.5 mA，鸣叫时电流约为 35 mA。NE555 正常工作时各脚电压可以对照表 5-9 所列参考值进行检测、判断。

表 5-9　变音门铃电路中 NE555 各极对地电压参考值

电极	1	2	3	4	5	6	7	8
鸣叫	0 V	3.4 V	3.9 V	>1 V	3.8 V	3.4 V	3.6 V	6 V
不鸣叫	0 V	0 V	0 V	0 V	5 V	0 V	0 V	6 V

知识拓展 2：航标灯电路装接

航标灯电路原理图如图 5-25 所示。它实质是由光敏二极管 VD_1和三极管 VT_1等原件组成光控电路，三极管 VT_2、VT_3等元件组成的多谐振荡器。

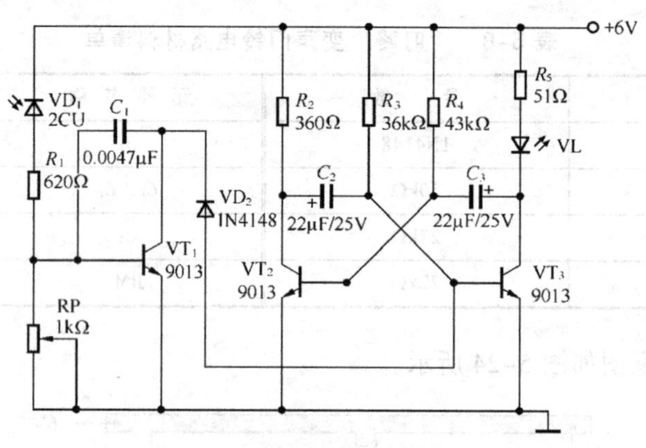

图 5-25 航标灯电路原理图

在无光照射时，三极管 VT_1 基极上偏置阻值增大而截止，多谐振荡器正常工作，发光二极管闪烁发光；当有光照射时，光敏二极管反向电阻减小使三极管 VT_1 饱和导通。VD_2 导通，三极管 VT_3 基极电位被钳制在低电位而截止，多谐振荡器停止振荡，发光二极管灭。

绘制铆钉板安装接线参考图，如图 5-26 所示。

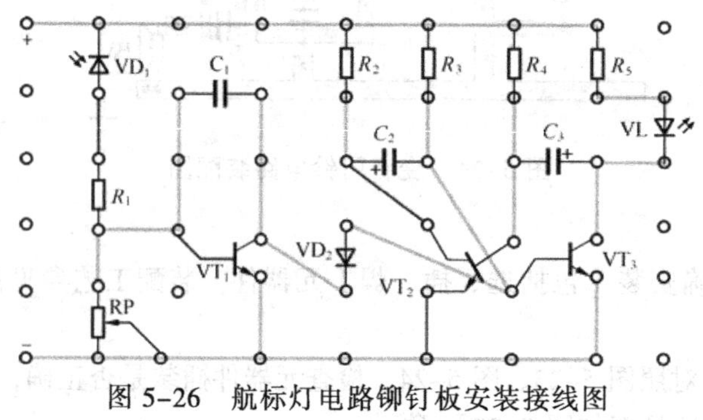

图 5-26 航标灯电路铆钉板安装接线图

任务 4 振荡电路装接训练

情景模拟

小忠给邻居王奶奶家装了一只自己制作的煤气灶灭火报警器，提醒王奶奶用完火关煤气灶后，把煤气总阀门关上。有一天关煤气灶的时候，报警器不响了。于是，王奶奶找到小忠让他修一下报警器。小忠打开报警器外壳，用万用表检查后，发现有一个电阻脱焊了。小忠用电烙铁补焊了脱焊元件。王奶奶一试，报警器又能正常工作了。乐得王奶奶看到小忠就直竖大拇指。

同学们，你想知道小忠是如何修复灭火报警器故障的吗？让我们一起来学一学，做一做！

基础知识

知识链接 1：正弦波振荡电路（熄火报警电路）工作原理

1. 电路结构

熄火报警电路用于炉膛熄火报警，其原理图如图 5-27 所示。该电路由光控开关电路和振荡器电路两个部分组成，其中，光敏三极管 VT_1 和三极管 VT_2、VT_3 及可调电阻 RP、电容器 C_1 组成光控开关电路；三极管 VT_4、VT_5 和电阻器 R_1、R_2 及电容器 C_2 组成振荡器电路。

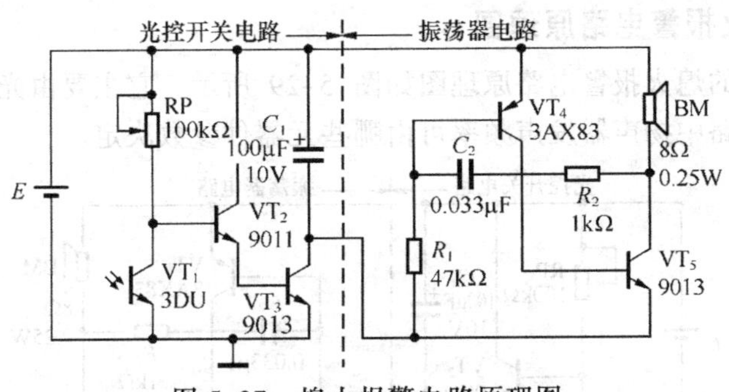

图 5-27　熄火报警电路原理图

2. 电路工作原理简析

当炉火燃烧时，光敏三极管 VT_1 因受到强烈的近红外辐射而饱和导通，集电极、发射极间内阻变得很小，使得三极管 VT_2、VT_3 截止，这时，振荡器因接地线开路而不工作，即不报警；当炉火熄灭时，近红外辐射光线基本消失，光敏三极管 VT_1 截止，其集电极对地电位接近电源电压，使得三极管 VT_2、VT_3 饱和导通，这时，振荡器因接地线正常而工作，即发出报警声；调节 RP 可获得合适的报警灵敏度。

知识链接 2：熄火报警电路印制电路板设计组装与调试

熄火报警电路印制电路板设计装配图如图 5-28 所示。

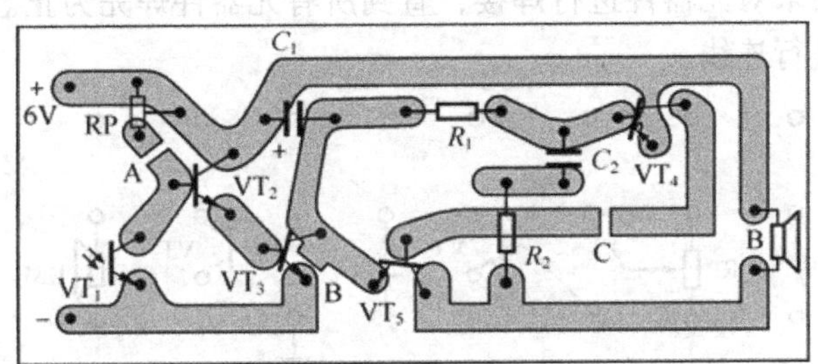

图 5-28　熄火报警电路装配图

1. 安装

按图 5-28 所示正确安装（包括选、插、焊）元器件。装配工艺参见前面有关知识。

2. 调试

（1）通电前检查。对照图 5-27 和图 5-28 检查元器件插装是否正确，确认正确无误后，用电烙铁将断口 A、C 封好。

（2）通电检查报警器。接上+6 V 电源，用镊子短接 VT_3 的集电极和发射极，报警器应发出报警声。

（3）通电检查光控开关的灵敏度。接通电源，用手电筒代替炉火检测，当手电筒亮时，报警器应不报警；当手电筒不亮时，报警器应发出报警声。调节 RP 可改变光照的灵敏度。

操作分析

◎读一读：熄火报警电路原理图

由分立元件组成的熄火报警电路原理图如图 5-29 所示，它主要由光控开关电路和振荡器电路组成，请指出电路中扬声器发声频率可由哪些元器件参数决定。

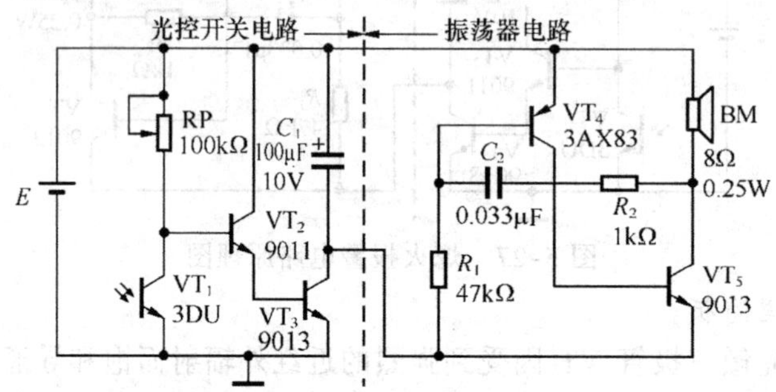

图 5-29　熄火报警电路原理图

◎做一做：安装电路

（1）根据电路原理图，设计绘制铆钉板安装接线图（扬声器 BM 外接，即将连接导线接入铆钉板），设计要求参见项目四“铆钉板装配工艺”部分，参考连线图如图 5-30 所示。

（2）按工艺要求对元器件的引脚进行成型加工。

（3）按焊接工艺要求对元器件进行焊接，直到所有元器件焊完为止。

（4）按连线要求进行连线。

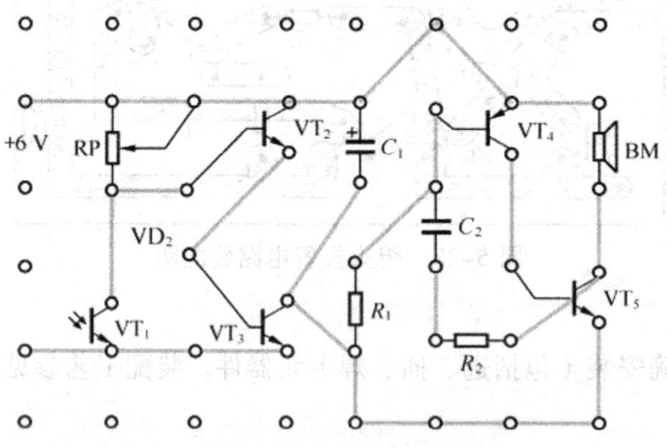

图 5-30　熄火报警电路铆钉板安装接线图

◎试一试：通电调试

在输入端送入 6 V 直流电，若电路工作正常，遮住光敏三极管 VT_1 即可让报警电路报警工作。

任务总结

请把熄火报警电路安装和调试技能训练评分填入表 5-10 中。

表 5-10　熄火报警电路安装调试技能训练评分表

序 号	项　目	考核要求	配 分	评分标准	扣　分
1	元件检测	正确检测元件	20	（1）电阻等测试错误每只扣 2 分 （2）三极管检测错误每只扣 3 分	
2	元件安装	正确安装元件，成型规范，排列合理	20	（1）元件安装错误每只扣 5 分 （2）元件成型、排列不符合要求每只扣 2 分	
3	元件焊接	焊点圆整、光滑、无虚焊、假焊、脱焊	20	（1）元件焊点不圆整、不光滑每处扣 2 分 （2）虚焊、假焊、脱焊每个扣 5 分	
4	通电调试	在规定时间内，利用仪器仪表调试后通电试验	40	（1）通电调试一次不成功扣 20 分，两次不成功扣 30 分 （2）调试过程中损坏元件每只扣 5 分 （3）电压测量错误每个扣 5 分	
安全文明操作		违反安全文明操作规程（视实际情况扣 10～20 分）			
额定时间		每超过 5min 扣 5 分			
开始时间		结束时间	实际时间	成绩	
综合评价					
评价人			日期		

知识拓展

知识拓展 1：单结晶体管构成的张弛电路

单结晶体管的外形符号、结构和等效电路图，如图 5-31 所示。可以看出，它的外形与普通三极管相似，具有 3 个电极，但不是三极管，而是具有 3 个电极的二极管，管内只有 1 个 PN 结，所以称之为单结晶体管。3 个电极中，一个是发射极 e，2 个是基极 b_1、b_2，所以也称为双基极二极管。

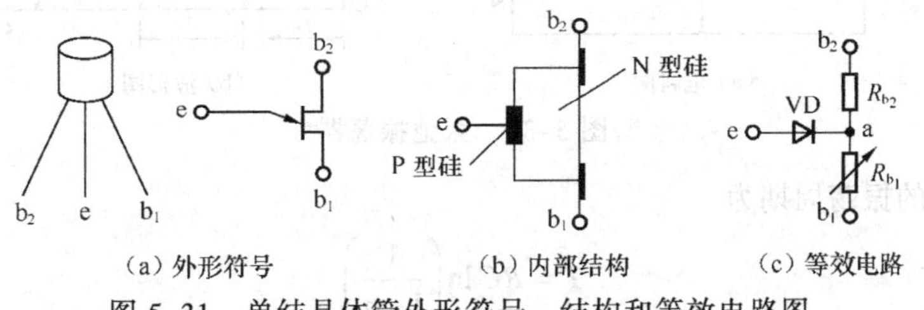

图 5-31　单结晶体管外形符号、结构和等效电路图

单结晶体管的伏安特性曲线，可分为 3 个区域，其特点见表 5-11 所示。

表 5-11　单结晶体管的伏安特性曲线及特点

3 个区域	特　点	电　路　图
截止状态	当 $U_e=0$ 时，则 R_{b2} 上的电压降对二极管 VD 为反向偏置，VD 截止，只有很少的电流流过发射极。随着 U_e 的升高，反向电流逐渐减少，当 $U_e=\eta U_{BB}$ 时（η 为分压比，一般为 0.5～0.9），$I_e=0$。继续增大 U_e，则 I_e 变为正向，但由于 VD 仍未导通，所以正向漏电流很小，单结晶体管处于截止状态	（a）电路图 （b）伏安特性曲线
负阻状态	当 U_e 增加到 $U=\eta U_{BB}+V_D$（V_D 为 PN 结导通电压）时，二极管 VD 导通 I_e 迅速增大。在特性曲线上由截止变为导通的转折点称为峰点；该点的电压叫做峰点电压 U_P；相应的发射极电流叫做峰点电流 I_P，一般 I_P 很小，为 2～4μA。由于二极管 VD 导通，I_e 增大，相当于 R_{b1} 减小，使得 U_e 随 I_e 的增大而减小，呈现出负阻特性	
饱和状态	当 I_e 的增大和 U_e 的减小达到谷点时，U_e 将随 I_e 的增大而缓慢地增大，这一现象称为饱和。由负阻区转化到饱和区的转折点称为谷点，这一点的发射极电压即 U_V；相应的发射极电流称为谷点电流 I_V，一般大于 1.5mA。显然，谷点电压是维持单结晶体管导通的最小发射极电压，一旦出现 $U_e<U_V$ 时，单结晶体管将重新截止	

由单结晶体管组成张弛振荡器如图 5-32 所示。当接通电源后，有两路电流流通。电流 I_R 经电阻器 R 对 C 电容器充电，起始电流为 $I_{C_0}=U_{BB}/R$，充电时间常数为 R_C，电容 C 上的电压 U_C 按指数规律上升。另一路电流 I_{BB} 从 R_2 经 b_2、b_1 流向 R_1，其数值为 $I_{BB}=U_{BB}/(R_2+R_{BB}+R_1)$，一般只有几毫安。在电容器 C 上的电压上升到 U_P 以前，单结晶体管是截止的。当 U_C 上升到 U_P 时，单结晶体管 e-b_1 结之间突然导通，电容器 C 通过 e-b_1 结和 R_1 回路放电。由于导通后 R_{b1} 急剧减少，R_1 又很小，所以起始电流很大，使电阻器 R_1 两端的电压 U_{R1} 产生跃变。随着电容器 C 的放电，U_C 迅速按指数规律下降，当降到谷点电压时，管子又重新截止，开始了第二次的充放电过程。

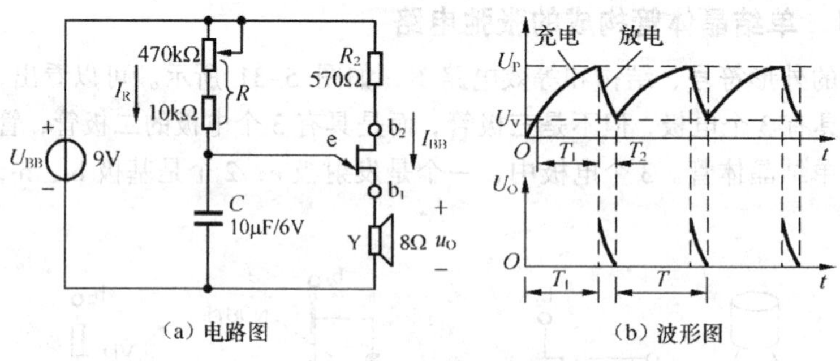

（a）电路图　　（b）波形图

图 5-32　张弛振荡器

张弛振荡器的振荡周期为

$$T=RC\ln\left(\frac{1}{1-\eta}\right)$$

可以通过调节电阻器R改变振荡周期，从而改变扬声器的发声。

知识拓展2：石英晶体振荡器

石英晶体也叫石英晶体振荡器，简称晶振。它是利用石英的压电特性按特殊切割方式制成的一种电谐振元件，具有振荡频率高且稳定的特点，被广泛应用于对振荡频率稳定性要求高的场合，如石英钟表、通信设备、数字仪器仪表及家用电器中。石英晶体振荡器的外形、符号、等效电路、电抗频率特性曲线，如图5-33所示。

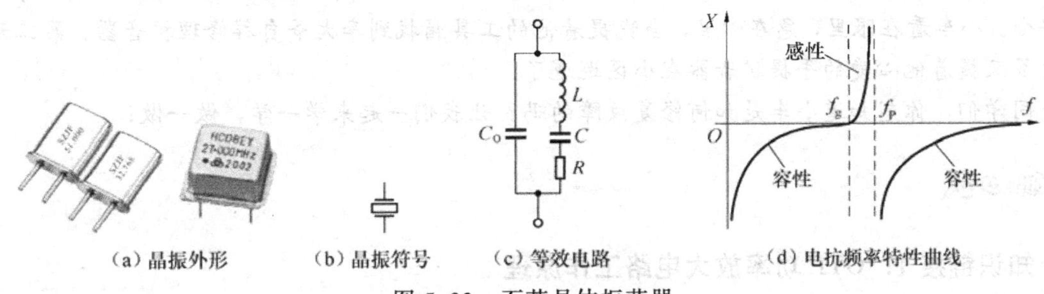

图5-33 石英晶体振荡器

在石英晶体的两个电极上加一电场，晶片就会产生机械变形。反之，若在晶片的两侧施加机械压力，则在晶片相应的方向上将产生电场，这种现象称为压电效应。如果在晶片的两极上加交变电压，晶片就会产生机械振动，同时晶片的机械振动又会产生交变电场。在一般情况下，晶片机械振动的振幅和交变电场的振幅非常微小，但当外加交变电压的频率为某一特定值时，振幅明显加大，比其他频率下的振幅大得多，这种现象称为压电谐振。它的谐振频率与晶片的切割方式、几何形状、尺寸等有关。通常，晶振的体积越小，它的谐振频率就越高。

利用石英晶体的频率特性可构成两种不同类型且频率高度稳定的正弦波振荡电路。

（1）并联谐振电路。当频率在f_s和f_p之间时，石英晶体的阻抗呈感性，可将其与两个外接电容器构成电容三点式正弦波振荡电路，如图5-34所示。因为此时石英晶体的阻抗呈感性，其频率范围极窄，所以并联型石英晶体正弦波振荡频率很稳定。

（2）串联谐振电路。石英晶体发生串联谐振时，呈纯阻性。将石英晶体作为放大电路的反馈网络，并起选频作用的电路称为串联型石英晶体正弦波振荡电路，如图5-35所示。该电路通过调节电阻器R_5达到幅值平衡，若R_5的阻值过大，会因反馈量太小不能振荡；若R_5的阻值太小，则会因反馈量太大使输出波形失真。

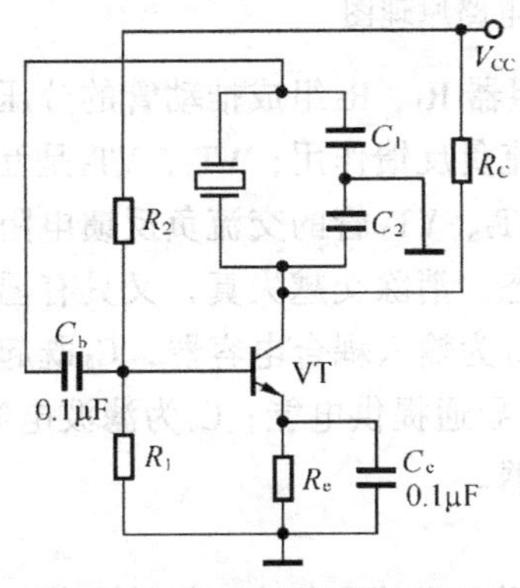

图5-34 晶振串联谐振电路

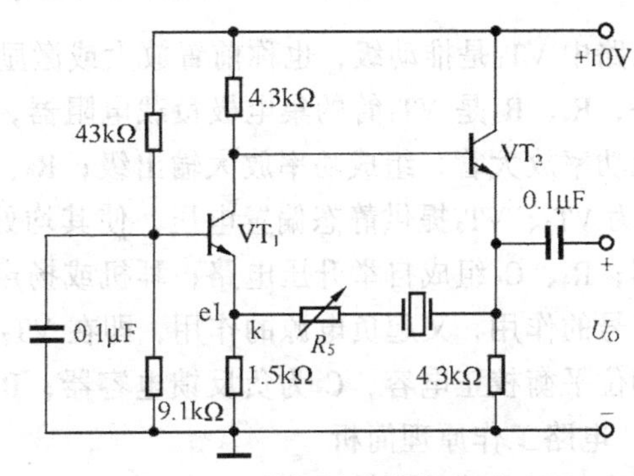

图5-35 晶振并联谐振电路

任务5　低频功率放大电路装接训练

情景模拟

社区李大爷每天傍晚都要拿着手提扩音器在小区巡逻，通过扩音器通知大家注意安全。那天，李大爷的扩音器忽然不工作了，但李大爷还是很负责地扯着喉咙在小区里通知各家各户注意安全。小车看在眼里，急在心里，当晚提着他的工具箱找到李大爷自荐修理扩音器。第二天，李大爷又提着他心爱的手提扩音器在小区巡逻了。

同学们，你想知道小车是如何修复故障的吗？让我们一起来学一学，做一做！

基础知识

知识链接1：OTL功率放大电路工作原理

1. 电路结构

具有偏置电路的互补对称OTL电路如图5-36所示。它具有非线性失真小、频率响应宽、电路性能指标较高等优点，是常见的实用音频功率放大电路。

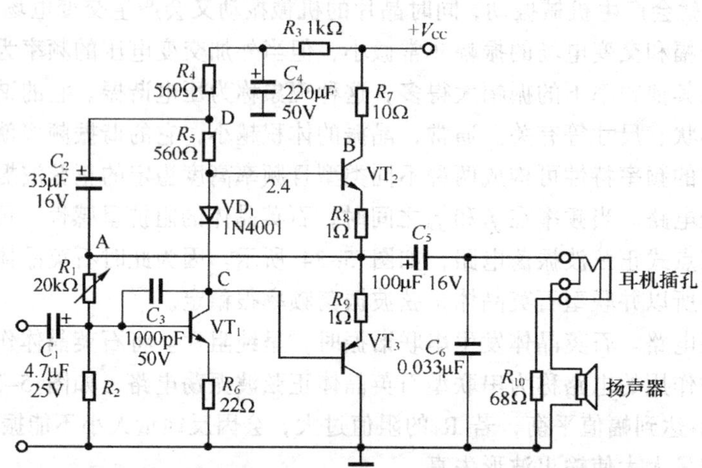

图5-36　实用型互补对称OTL功率放大电路原理图

电路中VT_1是推动级，也称前置放大或激励放大级，电阻器R_1、R_2组成推动管的分压式偏置电路，R_4、R_5是VT_1管的集电极负载电阻器，R_6主要起交流负反馈作用；VT_2、VT_3是互补对称推挽功率放大管，组成功率放大输出级；R_9、R_{10}分别是VT_2、VT_3管的交流负反馈电阻器；VD_1既为VT_2、VT_3提供静态偏置电压，使其均处于微导通状态，消除交越失真，又具有温度补偿作用；R_4、C_6组成自举升压电路；耳机或扬声器为负载；C_1为输入耦合电容器，C_5既起耦合输出信号的作用，又起负电源的作用，即在VT_2截止时为VT_3导通提供电能；C_4为滤波电容器，C_6为相位平衡校正电容，C_3为负反馈电容器；R_7为隔离电阻器。

2. 电路工作原理简析

具有偏置电路的互补对称OTL电路中，VT_2、VT_3工作在甲乙类放大状态。当输入信号为负半周时，经 VT_1 倒相放大后，使管 VT_2 导通、VT_3 管截止，负载上获得的是经过放大的、与输入信号极性相反的半周信号，这时，电源 V_{CC} 对电容器 C_5 充电，充电电压值为 $\frac{1}{2}V_{CC}$；当输入信号为正半周时，经 VT_1 倒相放大后，使 VT_2 截止、VT_3 导通，这时，C_5 相当于一个电压值为 $\frac{1}{2}V_{CC}$ 的电源给 VT_3 供电，负载上获得的是经过放大的、与输入信号极性相反的半周信号。两个功率放大管轮流放大正、负半周信号，以“推挽”形式完成整个信号波形的放大。

知识链接 2：OTL 功率放大电路设计组装与调试

实用型互补对称 OTL 功率放大电路装配图如图 5-37 所示。

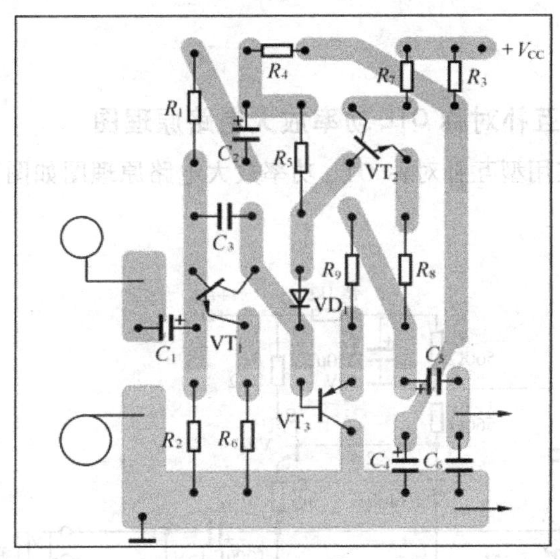

图 5-37　实用型互补对称 OTL 功率放大电路装配图

1. 安装

按图 5-35 正确安装（包括选、插、焊）元器件。装配工艺参见前面相关知识。

2. 调试

（1）通电前检查。对照图 5-36 和图 5-37 检查元器件插装是否正确。

（2）总电流测量。接上 12V 电源，用万用表电流挡串接在电源开关两端进行测量，正常值约为 126 mA。

（3）中点电压调整。接通电源，用万用表电压挡测量 VT_2、VT_3 管的发射极中点电压，调节 R_1 的阻值，使中点电压为 6 V。

（4）最大不失真输出功率的测量。最大不失真输出功率即失真度等于 10%时的输出功率。将低频信号发生器接至电路输入端，晶体管毫伏表、示波器和失真度仪接至电路输出端。逐步增大低频信号发生器的输入电压，调整失真度仪，观察失真度，直至输出信号的失真度达到 10%，将此时的输出电压 U_o 换算成功率 P_o，即为最大不失真输出功率。换算公式为 $P_o=\frac{U_o^2}{R}$。

（5）在装调过程中，若出现故障，可参照表 5-12 进行检修。

表 5-12 互补对称 OTL 功率放大电路常见故障现象及其故障范围对照表

故障现象	常见故障部位	原因简析
扬声器发出“扑扑”或“嘟嘟”声	电源、电源滤波电容或 C_4	电源内阻过大或电源滤波电容、退耦电容开路或失效
扬声器听不到声音，但推挽管工作电流很大	C_3、VT_1	产生高频自激振荡
调节 R_1，中点对地电压不变	VT_1、C_1、C_5	VT_1 损坏或 C_1、C_5 短路
无信号输入时，有轻微“沙沙”声	电源滤波电容、稳压电路等	频率较高的晶体管噪声和频率很低的交流声得到放大

操作分析

◎读一读：实用型互补对称 OTL 功率放大电路原理图

由分立元件组成的实用型互补对称 OTL 功率放大电路原理图如图 5-38 所示，请指出电路中各三极管所起的作用。

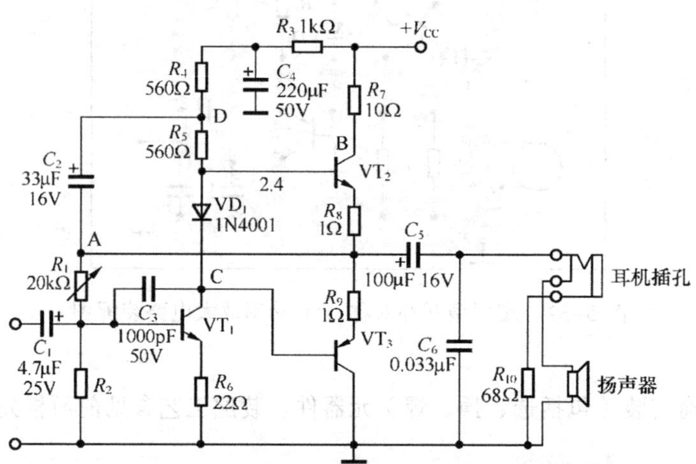

图 5-38 实用型互补对称 OTL 功率放大电路

◎做一做：安装电路

（1）根据电路原理图，设计印制电路板安装接线图。

（2）按工艺要求对元器件的引脚进行成型加工。

（3）按焊接工艺要求对元器件进行焊接，直到所有元器件焊完为止。

（4）按连线要求进行连线。

◎试一试：通电调试

在输入端送入 12 V 直流电，调整中点电压至 6 V，若电路工作正常，将低频信号发生器频率调到 1 kHz 左右接至电路输入端。

任务总结

请把实用型互补对称 OTL 功率放大电路安装和调试技能训练评分填入表 5-13 中。

表 5-13　实用型互补对称 OTL 功率放大电路安装调试技能训练评分表

<table>
<tr><th>序　号</th><th colspan="2">项　目</th><th colspan="2">考 核 要 求</th><th>配　分</th><th colspan="3">评 分 标 准</th><th>扣　分</th></tr>
<tr><td>1</td><td colspan="2">元件检测</td><td colspan="2">正确检测元件</td><td>20</td><td colspan="3">（1）电阻等测试错误每只扣 2 分
（2）三极管检测错误每只扣 3 分</td><td></td></tr>
<tr><td>2</td><td colspan="2">元件安装</td><td colspan="2">正确安装元件，成型规范，排列合理</td><td>20</td><td colspan="3">（1）元件安装错误每只扣 5 分
（2）元件成型、排列不符合要求每只扣 2 分</td><td></td></tr>
<tr><td>3</td><td colspan="2">元件焊接</td><td colspan="2">焊点圆整、光滑、无虚焊、假焊、脱焊</td><td>20</td><td colspan="3">（1）元件焊点不圆整、不光滑每处扣 2 分
（2）虚焊、假焊、脱焊每个扣 5 分</td><td></td></tr>
<tr><td>4</td><td colspan="2">通电调试</td><td colspan="2">在规定时间内，利用仪器仪表调试后通电试验</td><td>40</td><td colspan="3">（1）通电调试一次不成功扣 20 分，两次不成功扣 30 分
（2）调试过程中损坏元件每只扣 5 分
（3）电压测量错误每个扣 5 分</td><td></td></tr>
<tr><td colspan="3">安全文明操作</td><td colspan="6">违反安全文明操作规程（视实际情况进行扣 10～20 分）</td><td></td></tr>
<tr><td colspan="3">额定时间</td><td colspan="6">每超过 5min 扣 5 分</td><td></td></tr>
<tr><td>开始时间</td><td></td><td colspan="2">结束时间</td><td></td><td>实际时间</td><td></td><td>成绩</td><td colspan="2"></td></tr>
<tr><td>综合评价</td><td colspan="9"></td></tr>
<tr><td>评价人</td><td colspan="5"></td><td colspan="2">日期</td><td colspan="2"></td></tr>
</table>

知识拓展

知识拓展 1：4100 系列集成音频功率放大电路装调实例

由集成电路组成的功率放大器，具有体积小、功耗低、频响宽、功率大、音质好、焊点少、保真度好、可靠性高等优点，在音响设备中得到广泛采用。在便携式收录机功率放大器电路中，又以 4100 系列集成功率放大器应用最广。4100 系列集成电路中有 DG4100、TB4100、SF4100、XG4100 及日本三洋公司的 LA4102 等。LA4102 是带散热片的双排直插式塑料封装结构，其引脚功能及正常工作时的参考电压见表 5-14。

表 5-14　LA4102 集成音频功率放大器电路的引脚功能及其在路正常工作电压

引　脚	1	2	3	4	5	6	7	8	9	10	11	12	13	14
功能	输出	空	地	消振	消振	负反馈	空	空	输入	退耦	地	前级电源	自举	电源
参考电压（V）	2.8	0	0	3.8	0.6	2.8	0	2.8	2.4	2.6	0	5.4	5	6

4100 系列集成电路的典型应用电路如图 5-39 所示。

电路中，C_1、C_{10}分别为输入、输出耦合电容器；C_3、C_8为高频滤波电容器；C_4、C_5、C_{11}为电源退耦电容器；C_6为隔直电容器；C_7为高频相位补偿电容器；C_9为自举电容器；RP 为音量电位器；R_2为反馈电阻器，与 C_6、R_3一起组成负反馈电路。

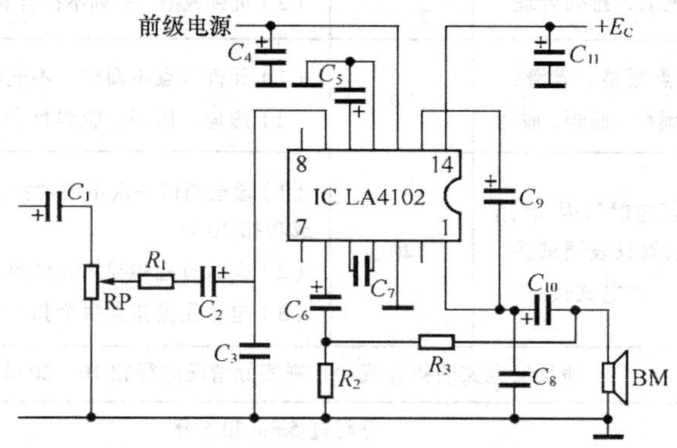

图 5-39　LA4102 音频功率放大电路原理图

来自音量电位器输出端的音频信号，通过 R_1、C_2耦合电路送到 LA4102 的输入端 9 脚，经 LA4102 放大后的音频信号从输出端 1 脚输出，通过输出耦合电容 C_{10}送到扬声器。

4100 系列音频功率放大电路装配图如图 5-40 所示。

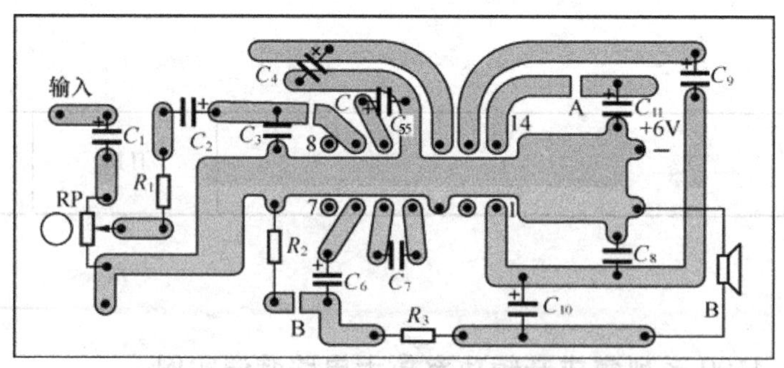

图 5-40　LA4102 音频功率放大电路装配图

1. 安装

按图 5-38 正确安装（包括选、插、焊）元器件。装配工艺参见前面有关知识。

2. 调试

（1）通电前检查。对照图 5-39 和图 5-40 检查元器件插装是否正确，LA4102 音频功率放大器集成块各脚间有无搭锡等，若有误插装或搭锡等情况发生，则须先加以修复。

（2）各脚电压测量。经检查，插装正确无误后，接上+6 V 电源，用万用表电压挡测量集成电路的各脚在路电压，并与表 5-14 中所列的参考电压进行对照。用烙铁将 B 断口焊开，再用万用表电压挡测量集成电路的各脚在路电压，比较下前后两次所测的对应引脚的电压变化，然后用烙铁将 B 断口封好。

（3）用烙铁将 C 断口焊开，观察故障现象并作分析。

（4）在输入端输入信号，调节 RP，使扬声器发出洪亮的声响。

知识拓展 2：音频放大器类别与发展

长期以来，高品质音频放大器的工作类别，只限于 A 类（甲类）和 AB 类（甲乙类）。其原因在于过去只有电子管这样的器件，B 类（乙类）电子管放大器产生的失真使它们甚至在公共广播用时都难以被人们所接受。所有自称为高保真放大器均工作于推挽式的 A 类（甲类）。

随着半导体器件的出现和发展，放大器的设计得到了更多的自由。就放大器的类别而言，已不限于 A 类（甲类）和 AB 类（甲乙类），而出现了更多类别的放大器。就目前来说用于音频功率放大器的工作类别，A 类（甲类）、AB 类（甲乙类）和 B 类（乙类）这 3 类放大器仍覆盖着半导体放大器的大多数。

现在的功率放大器，如果是甲乙类，其转换效率一般都只在 50%以下，如果是纯甲类放大器，效率就更低。为了散热，需要巨大的散热片、热管和风扇。为了保证气流畅通，机器里面要留出充分的空间。这些无疑又增加了设备的体积、质量和能耗。

近年来，数字音频放大器开始崭露头角，它是指利用数字信号处理的能力及可靠性实现诸如均衡、音量和音调控制以及声音效果等音频处理功能的放大器。数字放大器除了提供极高质量的音频信号外，还具有功效高、体积小、质量轻、散热少等优点，因此越来越被人们重视起来。

当然，也有人把“D”类放大器的“D”，称为“Digital(数字)”。实际上，D 类放大器又称为“丁”类的放大器，并不等同于数字放大器。D 类（丁类）放大器，其特点是断续地转换器件的开通，其频率超过音频，可控制信号的占空比以使它的平均值能代表音频信号的瞬时电平，这种情况被称为脉宽调制（PWM），其效率在理论上来说是很高的。D 类放大器的效率在 80%以上，甚至还可以达到 90%。由于 D 类放大器具有极高的效率，它产生的热量仅为线性放大器的一半，所以目前消费类产品厂商正向 D 类放大器转移。

D 类数字音频功率放大器具有小尺寸、高效率的优势，所以它有着非常光明的发展前景。利用 D 类数字音频功率放大器可以设计出更小更薄和更有效率的电子产品，可延长便携式产品电池的使用时间，因此在业界普遍得到认可。手机、DVD、MP3 和 PMP 等多媒体产品的普及，更加加速了 D 类数字音频功率放大器在便携式电子产品中的使用。此外，利用其免用散热片的特点，D 类数字音频功率放大器尤其适合使用于 LCD TV/ Monitor 等薄型产品。

思考与练习

一、填空题

1. 串联型稳压电路又分成________、________、________和________4 部分。
2. 三端稳压集成块 7805、7812、7824 等，对应输出电压分别是________。
3. ________是把 4 个整流二极管按电桥结构形状连接，并且封装在一起而成。

4. 单稳态电路工作时由________和稳态。

5. 单结晶体管有3个电极，其中，1个________，2个________，所以也称为________。

二、判断题

1. 由分立元件组成的串联型直流稳压电源，主要包括变压器、整流电路、滤波电路、稳压电路等基本环节。 （ ）

2. 可调正电压输出的常见三端稳压集成块型号为LM337。 （ ）

3. 利用晶振的频率特性可构成两种不同类型且频率高度稳定的正弦波振荡电路。 （ ）

4. 自称为高保真放大器均工作于推挽式的B类（乙类）。 （ ）

三、简答题

1. 如何整定串联型稳压电路稳定的输出电压？

2. 请简要叙述互补对称OTL功率放大电路常见故障现象及其故障范围。

3. 请写出模拟楼道节能灯单稳态延时时间计算公式。

4. 试写出分立元件组成的多谐振荡器的暂态过程。

项目 6

表面组装技术（SMT）的操作——贴片收音机的生产

SMT是表面组装技术（Surface Mounted Technology）的缩写，又称为表面贴装技术，是将电子元器件直接安装在印制电路板的表面，是目前电子组装行业里最流行的一种技术和工艺。为了满足电子整机的小型化、轻量化及组装自动化的要求，表面安装技术（SMT）发展十分迅速，进而推动了贴片式元件的快速发展。目前，表面组装技术已在计算机、移动通信设备、医疗电子产品等高科技产品和数码照相机等家用电器中广泛应用。

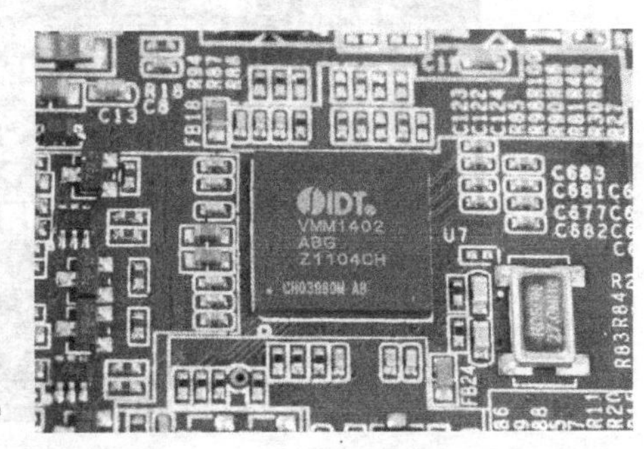

通过本项目的理论学习和操作分析，将了解SMT技术的特点和应用、SMT生产线构成、贴片技术及焊接技术等知识，学会正确进行手工贴片电子整机的装接。

项目目标

- 了解SMT生产技术的基本要求，理解SMT组装工艺流程；
- 了解SMT生产线构成、贴片技术、焊接技术；
- 了解丝网印刷和点胶技术、SMT检查技术、清洗和返修技术及相应装置；
- 会正确使用焊接工具对贴片电子产品整机进行手工组装操作；
- 会正确进行贴片电子产品整机调试。

任务1　了解SMT生产技术

情景模拟

一天，小忠用手机联系同学小车开设主题班会的事宜，不小心他的手机掉到了地上。他急忙从地上捡起，检查手机是否摔坏，手机却怎么也开不了机了。小忠于是拿着手机找到了手机维修高手哲师傅。只见哲师傅拿着工具小心翼翼地打开手机，用专用仪器检查象米粒般大小的元器件组成的电路板。小忠于是好奇地问哲师傅："那些像米粒的也是电子元器件吗？"哲师傅笑着说："这些都是贴片元器件，它们用表面组装技术安装在电路板上，由于它体积微小，所以能实现电子产品的微型化。"

你想知道什么是表面组装技术，它有什么特点吗？让我们一起来学一学，想一想！

基础知识

知识链接 1：SMT 技术的特点

SMT 是表面组装技术（Surface Mounted Technology）的缩写，又称为表面贴装技术，是将电子元器件直接安装在印制电路板的表面，是目前电子组装行业里最流行的一种技术和工艺。它的主要特征是元器件是无引线或短引线，元器件主体与焊点均处在印制电路板的同一侧面，如图 6-1 所示。

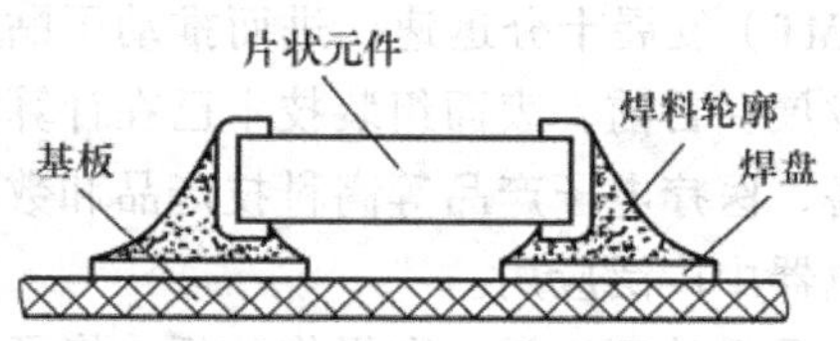

图 6-1　元器件的表面安装

具体来说，就是首先使用一定的工具在印制板电路盘上涂布焊锡膏，再将表面贴装元器件准确地放到涂有焊锡膏的焊盘上，通过加热印制电路板直至焊锡膏熔化，冷却后便实现了元器件与印制板之间建立可靠的机械和电气连接。表面组装技术 SMT 与通孔插装技术 THT（Through-hole Technology）区别如图 6-2 所示，表面组装技术 SMT 的特点见表 6-1 所示。

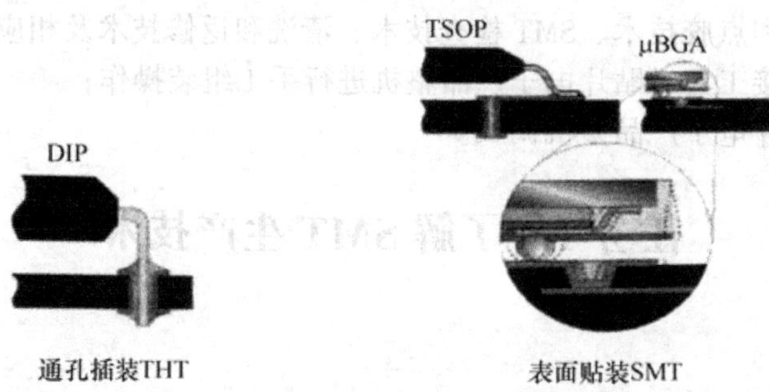

图 6-2　SMT 和 THT 的比较

表 6-1 表面组装技术 SMT 的特点

SMT 的特点	说　明
组装密度高、电子产品体积小、重量轻	贴片元件的体积和重量只有传统插装元件的 1/10 左右，一般采用 SMT 之后，电子产品体积缩小 40%～60%，重量减轻 60%～80%
可靠性高，抗震能力强	由于使用元器件是无引脚或短引脚，又牢固地贴装在 PCB 表面上，因此其可靠性高、抗震能力强。SMT 的焊点缺陷率比 THT 至少低一个数量级
高频特性好	由于使用了贴片元件减少了引线分布特性的影响，而且在 PCB 表面上贴焊牢固，大大降低了寄生电容和引线间寄生电感，因此在很大程度上减少了电磁干扰和射频干扰，从而改善了高频特性
易于实现自动化，提高生产效率	与 THT 相比 SMT 更适合于自动化生产。THT 根据不同的元器件，需要不同的插装机（DIP 插装机、倾向插装机、轴向插装机、编带机等），每一台机器都需要调整装备时间，维护工作量大。而 SMT 用一台贴片机，配制不同的上料架和取放头，就可以安装所有类型的 SMC/SMD，减少了调整准备时间和维修工作量
降低成本 30%～50%	SMT 采用了布线密集的 PCB 和无引线或短引线的 SMC/SMD 节约了材料成本，忽略了剪线、打弯工序，降低了设备、人力费用，频率特性的提高减少了射频调试费用，电子产品的体积缩小、重量减轻，降低了整机成本。贴焊可靠性提高，使返修成本降低等

知识链接 2：SMT 技术的应用

20 世纪 80 年代，SMT 生产技术日趋完善，用于表面安装技术的元器件大量生产，价格大幅度下降，各种技术性能好，价格低的设备纷纷面世，用 SMT 组装的电子产品具有体积小、性能好、功能全、价位低的优势，故 SMT 作为新一代电子装联技术，被广泛地应用于航空、航天、通信、计算机、医疗电子、汽车、办公自动化、家用电器等各个领域的电子产品装联中。到了 20 世纪 90 年代，SMT 产业更是发生了惊人的变化，片式阻容元器件自 20 世纪 70 年代工业化生产以来，尺寸从最初的 3.2 mm×1.6 mm×1.2 mm 已发展到现在的 0.6 mm×0.3 mm×0.3 mm，体积从最初的 6.144 mm^3 缩小到现在的 0.054 mm^3，其体积缩到原来的 0.88%。片式元器件的发展还可以从 IC 外形封装尺寸的演变过程看，IC 端子中心距已从最初的 1.27 mm 快速过渡到 0.65 mm、0.5 mm 和 0.4 mm。如今 IC 封装形式又以崭新的面貌出现在人们面前，继 PLCC（Plastic Leadless Chip Carrier）和 QFP（Quad Flat Package）之后出现了 BGA（Ball Grid Array）、CSP（Chip Scale Package）等，令人目不暇接。与元器件相匹配的印制电路板从早期的双面板发展为多层板，最多可达 50 层板面上线宽已从 0.2 ~ 0.3 mm，缩小到 0.15 mm 甚至到 0.05 mm。

知识链接 3：SMT 组装方式

SMT 的组装方式及其工艺流程主要取决于表面组装组件（SMA）的类型、使用的元器件种类和组装设备条件。大体上可将 SMA 分成单面混装、双面混装和全表面组装 3 种类型共 6 种组装方式。不同类型的 SMA 其组装方式有所不同，同一种类型的 SMA 其组装方式也可以有所不同，6 种组装方式见表 6-2 所示。

表 6-2 表面组装组件的组装方式

序号	组装方式		组件结构	电路基板	元器件	特征
1	单面混装	先贴法	A B	单面 PCB	表面组装元器件及通孔插装元器件	先贴后插，工艺简单，组装密度低
2		后贴法		单面 PCB	同上	先插后贴，工艺较复杂，组装密度高
3	双面混装	SMD 和 THC 都在 A 面	A B	双面 PCB	同上	先插后贴，工艺较复杂，组装密度高
4		THC 在 A 面，A、B 两面都有 SMD	A B	双面 PCB	同上	THC 和 SMC/SMD 组装在 PCB 同一侧
5	表面组装	单面表面组装	A B	单面 PCB、陶瓷基板	表面组装元器件	工艺简单，适用于小型、薄型化的电路组装
6		双面表面组装	A B	双面 PCB、陶瓷基板	同上	高密度组装，薄型化

根据组装产品的具体要求和组装设备的条件选择合适的组装方式，是高效、低成本组装生产的基础，也是 SMT 工艺设计的主要内容。3 种 SMT 组装类型具体特点详见表 6-3。

表 6-3 3 种 SMT 组装类型

类 型	特 点	工 艺	组 合 方 式
单面混合组装	SMC/SMD 与通孔插装元件 THC 分部在 PCB 不同的一面上混装，但其焊接仅为单面	采用单面 PCB 和波峰焊接工艺	先贴法：在 PCB 的 B 面（焊接面）先贴装 SMC/SMD，而后在 A 面插装 THC
			后贴法：在 PCB 的 A 面插装 THC，后在 B 面贴装 SMD
双面混合组装	SMC/SMD 和 THC 可混合分布在 PCB 的同一面，同时 SMC/SMD 也可分布在 PCB 的双面	采用双面 PCB、双波峰焊接或再流焊接	SMC/SMD 和 THC 同侧
			SMC/SMD 和 THC 不同侧
全表面组装	在 PCB 上只有 SMC/SMD 而无 THC	采用细间距器件和再流焊接工艺	单面表面组装方式：采用单面 PCB 在单面组装 SMC/SMD
			双面表面组装发式：采用双面 PCB 在单面组装 SMC/SMD，组装密度更高

操作分析

◎想一想：

表面组装技术 SMT 的特点有哪些？

____

◎谈一谈：重要性

谈一谈，为什么现在欧美等国大力发展表面组装技术？

____

◎找一找：

请通过图书馆的资料或者 Internet，搜集并整理一份关于 SMT 技术现状的材料。

任务总结

把搜集并整理一份关于 SMT 技术应用现状的资料的体会以及你对这份资料认识填写在表 6-4 中，并完成总结表中各项评价。

表 6-4 SMT 技术应用现状搜集总结表

课 题	SMT 技术应用现状的搜集						
班 级		姓 名		学 号		日 期	
收获与体会							
实训评价	评定人	评 语			等级	签名	
	自己评						
	同学评						
	老师评						
	综合评定						

知识拓展

知识拓展 1：SMT 技术的历史和发展

电子元器件和组装技术的发展见表 6-5 所示。

表 6-5 电子元器件和组装技术的发展

年代	20 世纪 50 年代	20 世纪 60 年代	20 世纪 70 年代	20 世纪 80 年代	20 世纪 90 年代
产品代别	第一代	第二代	第三代	第四代	第五代
典型产品	电子管收音机、仪器	通用仪器、黑白电视机	便携式薄型仪器、彩色电视机	小型高密度仪器、录像机	超小型高密度仪器、整体型摄像机
产品特点	笨重、厚大、速度慢、功能少、功耗大、不稳定	重量较轻、功耗降低、多功能	便携式、薄型、低功耗	袖珍型、轻便、多功能、微功耗、稳定、可靠	超小型、超薄型、智能化、高可靠性
典型电子元器件	电子管	晶体管	集成电路	大规模集成电路	超大规模集成电路
电子元器件特点	长引线、大型、高电压	轴向引线	径向引线	表面安装、异性结构	复合表面安装、三维结构
电路基板	金属底盘	单面酚醛纸质层压板	双面通孔环氧玻璃布层压板、挠性聚酰亚胺板	陶瓷基板、金属芯印制板、多层高密度印制板	陶瓷多层印制板、绝缘金属基板
装配技术特点	捆扎导线、手工焊接	半自动插装、浸焊	自动插装、浸焊、熔焊	两面自动表面贴装、再流焊	多层化、高密度化、装配高速化

SMT 技术是由组件电路的制造技术发展起来的。早在 1957 年，美国就制成被称为片状元件的微型电子组件，这种电子组件装配在印制电路板的表面上。20 世纪 60 年代中期，荷兰飞利浦公司开发研究表面安装技术获得成功，引起世界各发达国家的极大重视。美国很快就将 SMT 使用在 IBM 360 电子计算机内，稍后，宇航和工业电子设备也开始采用 SMT。1977 年 6 月，日本松下公司推出厚度为 12.7 mm 的超薄型收音机，取名为 Paper，引起轰动效应，当时，松下公司把其中所用的片状电路组件以"混合微电子电路（hybrid microcircuits）"命名。20 世纪 70 年代末，SMT 大量进入民用消费类电子产品，并开始有片状电路组件的商品供应市场。20 世纪 80 年代以后，由于微电子产品的需要，SMT 作为一种新型装配技术在微电子组装中得到了广泛的应用，被称之为电子工业的装配革命，标志着电子产品安装技术进入第四代，同时导致电子装配设备的第三次自动化高潮。据国外资料报道，十几年以来，全球采用通孔组装技术的电子产品正以 11%的速率下降，而采用 SMT 的电了产品正以 8%的速率递增。到目前为止，日本、美国、欧盟等发达国家和地区已有 80%以上的电子产品全部采用了 SMT，我国采用 SMT 的电子产品也得到了快速增长。表面安装技术已经成为电子产品装配的主流。据飞利浦公司预测，到 2010 年全球范围内插装元器件的使用率将下降到 10%，反之，SMC/SMD 将上升至 90%。

在我国，片状元器件的研制应用也有 20 余年的历史。前期主要作为 HIC 的外贴元件使用；20 世纪 80 年代末，随着消费类、投资类电子整机产品生产线的引进，元器件厂家也开始生产片状元器件。20 世纪 90 年代初，国产片状电阻器 8 亿只、片状电容器 5 亿只，约占全世界 SMT 元器件产量的 1.12%。近年来，我国表面安装技术的推广普及也有很大发展，对片状元器件标准化、规范化的上作已经完成。如今每年进口的贴片机就达三四千台，中国已经成为世界电子制造的中心。但是，在国内运行的 SMT 自动化生产线中，几乎没有一条全部由国内自行生产。国内的片式元件，无论品种还是数量，远远不能满足国内高速发展的电子产品加工的需求；锡膏等各种专用辅料也几乎是国外品牌。在大生产方面，焊接缺陷率还在高位运行，设计、采购与制造尚未形成闭环操作；在 SMT 标准指定方面，尚须进一步补充和修正。我国在 SMT 技术上与国外的差距根本原因是科技的差距，其差距至少为 10 年。

知识拓展 2：SMT 组装工艺流程

合理的工艺流程是组装质量和效率的保障，表面组装方式确定之后，就可以根据需要和具体设备条件确定工艺流程。不同的组装方式有不同的工艺流程，同一组装方式也可以有不同的工艺流程，这主要取决于所有元器件的类型、SMA 的组装质量要求、组装设备和组装生产线的条件，以及组装生产的实际条件等，单面混合组装工艺流程见表 6-6 所示。

表 6-6　典型 SMT 单面混合组装工艺流程

类型	工艺流程图	工艺特点
先贴法	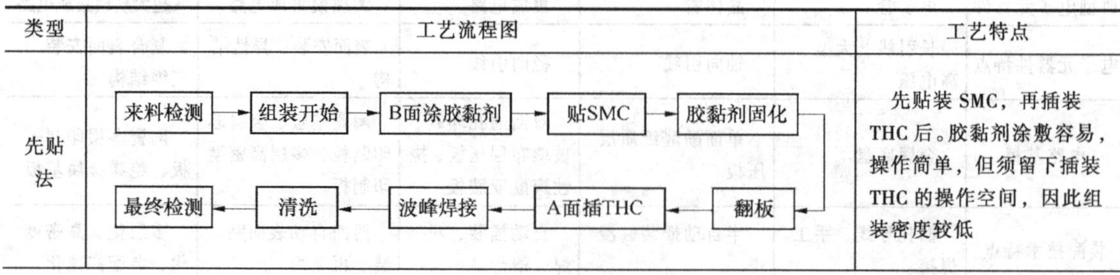	先贴装 SMC，再插装 THC 后。胶黏剂涂敷容易，操作简单，但须留下插装 THC 的操作空间，因此组装密度较低

续表

类型	工艺流程图	工艺特点
后贴法	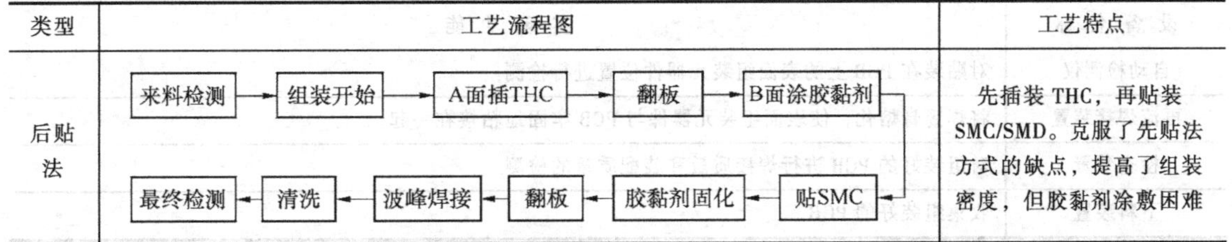	先插装 THC，再贴装 SMC/SMD。克服了先贴法方式的缺点，提高了组装密度，但胶黏剂涂敷困难

任务2 SMT 生产线组建

情景模拟

车师傅带着小忠参观电子装配车间 SMT 生产线，一边走一边说道：“SMT 生产线是我们厂科技含量最高的生产线，全厂 50%以上的利润是这里创造的。包括上料、印刷、点胶、SMC/SMD 贴片、再流焊接、检测等工序。”小忠一边听着师傅的讲解，一边仔细观看 SMT 生产线工人的操作。这时，上料工位上有一个空缺，小忠就在师傅的指导下上岗实践起来。

同学们，你想知道小忠是如何进行实践的吗？让我们一起来学一学，做一做！

基础知识

知识链接 1：SMT 生产线构成

SMT 生产线主要由上料装置、印刷机、点胶机、SMC/SMD 贴片机、再流焊接设备、检测设备等设备组成。典型的 SMT 生产线如图 6-3 所示，各部分设备名称及功能见表 6-7。

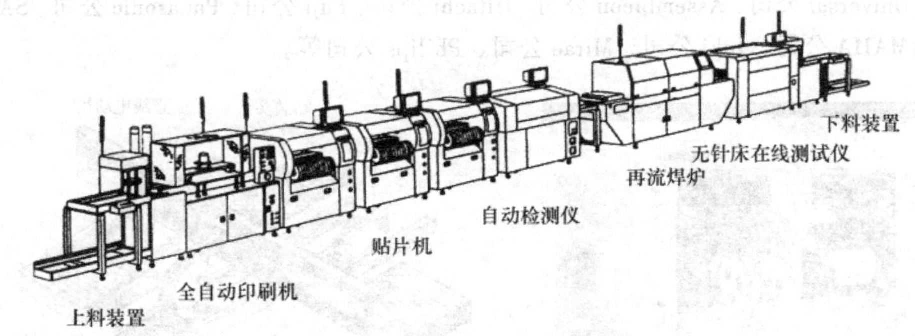

图 6-3 典型的 SMT 生产线设备

表 6-7 典型的 SMT 生产线设备名称及功能

设 备 名 称	实 现 功 能
上料装置	向印刷机传送 PCB 板
印刷机	将焊锡膏或贴片胶漏印到 PCB 的焊盘上，为元器件的焊接做准备
点胶机	将胶水滴到 PCB 的固定位置上，其主要作用是将元器件固定到 PCB 上
贴片机	将表面组装元器件准确安装到 PCB 的固定位置上

续表

设备名称	实现功能
自动检测仪	对贴装在PCB上的表面组装元器件位置进行检测
再流焊接装置	将焊锡膏熔化，使表面组装元器件与PCB牢固地粘接在一起
检查装置	对组装好的PCB进行焊接质量和装配质量的检测
下料装置	收集组装好的PCB

SMT生产线设计到技术、管理、市场各个方面，如市场需求及技术发展趋势、产品规模及更新换代周期、元器件类型及供应渠道、设备选型、投资程度等问题都需要考虑。同时，还要考虑到现代化生产规模及其生产系统的柔性化和集成化发展趋势，使设计的SMT生产线能与之相适应。所以，SMT生产线的设计须结合最先进的印刷技术、贴装技术、焊接技术、免洗焊技术、无铅技术、通孔组装THT技术、电路板的传输控制技术。EUROPLACE生产线是最新组建的一条生产线，如图6-4所示，它可离线编程，拥有图形界面，操作灵活；能有效实现智能控制；适合PCB板尺寸范围大，贴装灵活，速度快、精度高，可有效确保贴装质量；供料灵活，一次性可上物料达250多种，产品转换速度快，生产效率高。

图6-4　EUROPLACE生产线

知识链接2：贴片技术及装置

贴片技术是指用一定的方式将表面组装元器件准确地贴放到PCB指定的位置。从某种意义上来说，贴片技术已经成为SMT的支柱，贴片机是整个SMT生产中最关键、最复杂的设备。常见的全自动贴装机如图6-5所示。贴片机生产厂商主要有Universal公司、Assembleon公司、Hitachi公司、Fuji公司、Panasonic公司、SAMSUNG公司、YAMAHA公司、Juki公司、Mirae公司、Philips公司等。

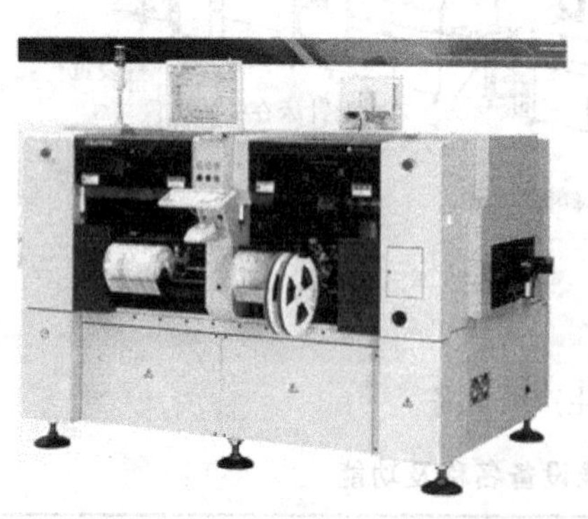

(a) 整机示意图

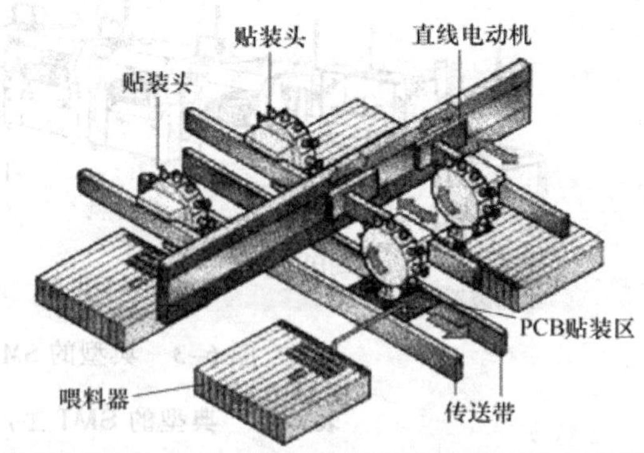

(b) 贴片头及驱动机构局部示意图

图6-5　YAMAHA YG200全自动贴装机

全自动贴片机是由计算机、光学、精密机械、滚珠丝杆、直线导轨、线性马达、驱动器、真空系统和各种传感器构成的机电一体化的高科技设备。根据五种方法进行分类，见表6-8。

表 6-8　贴片机的分类

分 类 方 法	类　型
按速度分类	中速、高速、超高速
按功能分类	高速/超高速、多功能
按贴片方式分类	顺序式、同时式、同时平行式
按自动化程度分类	手动式、全自动式
按贴片机结构分类	动臂式、转塔式、复合式

动臂式及其的安装精度较好，安装速度为每小时 5 000～20 000 个元件。复合式和转塔式及其的组装速度较高，一般为每小时 20 000～50 000 个元件。这三种贴片机特点详见表 6-9。一般推荐的 SMT 生产线由两台贴片机组成：一台片式 Chip 元件贴片机（高速贴片机）和一台 IC 元件贴片机（高精度贴片机）。这样各司其职，有利于贴片机发挥出最高的贴片效率。一台多功能贴片机在保持较高贴片速度的情况下，可以完成所有元件的贴装，减少了投资。

表 6-9　臂式、复合式和转塔式贴片机区别

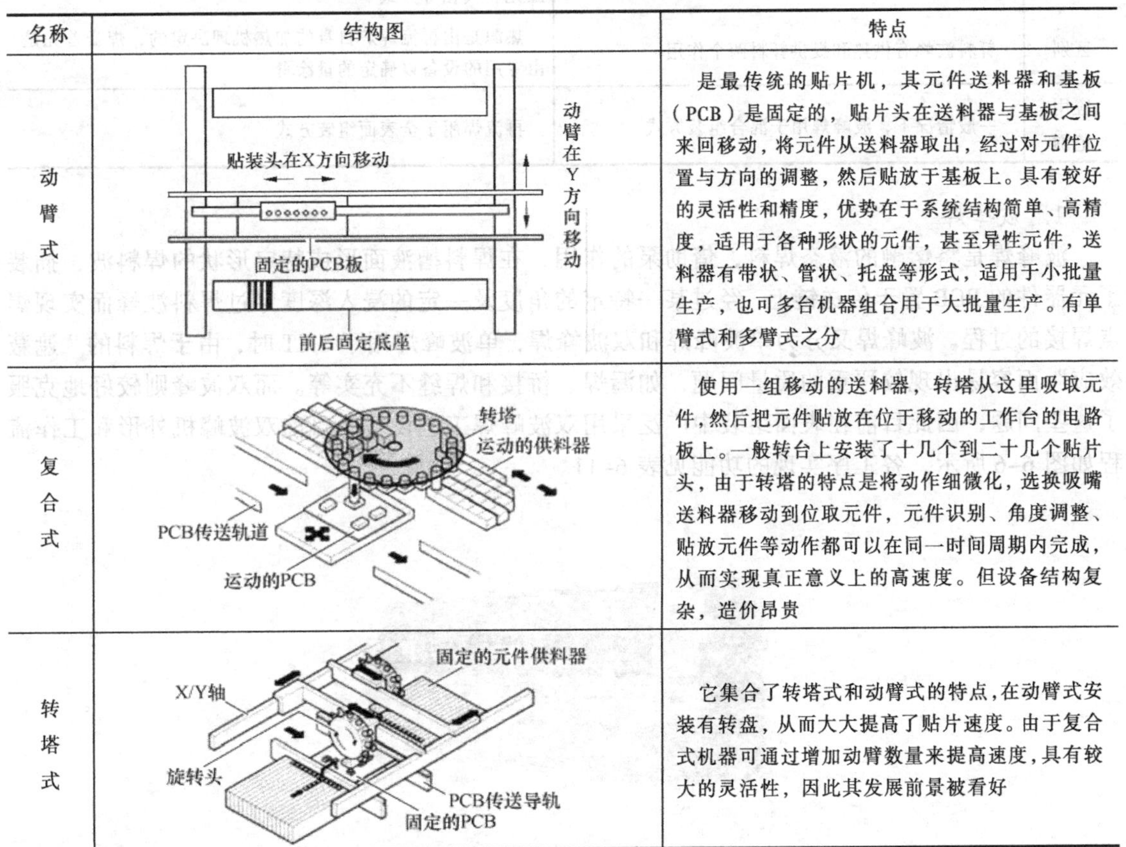

名称	结构图	特点
动臂式	贴装头在X方向移动 动臂在Y方向移动 固定的PCB板 前后固定底座	是最传统的贴片机，其元件送料器和基板（PCB）是固定的，贴片头在送料器与基板之间来回移动，将元件从送料器取出，经过对元件位置与方向的调整，然后贴放于基板上。具有较好的灵活性和精度，优势在于系统结构简单、高精度，适用于各种形状的元件，甚至异性元件，送料器有带状、管状、托盘等形式，适用于小批量生产，也可多台机器组合用于大批量生产。有单臂式和多臂式之分
复合式	转塔 运动的供料器 PCB传送轨道 运动的PCB	使用一组移动的送料器，转塔从这里吸取元件，然后把元件贴放在位于移动的工作台的电路板上。一般转台上安装了十几个到二十几个贴片头，由于转塔的特点是将动作细微化，选换吸嘴送料器移动到位取元件，元件识别、角度调整、贴放元件等动作都可以在同一时间周期内完成，从而实现真正意义上的高速度。但设备结构复杂，造价昂贵
转塔式	固定的元件供料器 X/Y轴 旋转头 PCB传送导轨 固定的PCB	它集合了转塔式和动臂式的特点，在动臂式安装有转盘，从而大大提高了贴片速度。由于复合式机器可通过增加动臂数量来提高速度，具有较大的灵活性，因此其发展前景被看好

知识链接 3：焊接技术及装置

焊接技术是表面组装技术中的主要工艺技术，其作用是将焊锡膏或焊料熔化，使元器件与 PCB 板牢固地粘接在一起。焊接质量将对所生产产品的可靠性及使用寿命有极大影响。在 SMT 中的焊接技术主要有波峰焊和再流焊，它们的特点见表 6-10。

表 6-10　波峰焊和再流焊特点

名称	波　峰　焊	再　流　焊
工作原理	利用波峰焊机内的机械泵或电磁泵，将熔融钎料压向波峰喷嘴，形成一股平稳的钎料波峰，使元器件与 PCB 板建立可靠的电气和机械连接	预先在 PCB 板焊接部位（焊盘）施放适量和适当形式的焊料，然后贴放表面组装元件，经固化后，再利用外部热源使焊料再次流动达到焊接目的的一种成组或逐点焊接
示意图	印制板　移动方向　焊料　叶泵	冷却区　再流区　预热区　流动焊膏　SMC/SMD　PCB　传送带　传送方向　风扇　加热板
分类	根据波峰的形状不同有单波峰焊、双波峰焊等形式之分	根据提供热源的方式不同，再流焊有传导、对流、红外、激光、气相等方式
区别	钎料波峰有供热和提供钎料两个作用	热源是由再流焊炉自身的加热机理决定的，焊膏首先是由专用的设备以确定的量涂覆
应用范围	一般情况下，波峰焊用于混合组装方式	再流焊用于全表面组装方式

1. 波峰焊

波峰焊是将熔融的液态焊料，借助泵的作用，在焊料槽液面形成特定形状的焊料波，插装了元器件的 PCB 置于传送链上，经过某一特定的角度及一定的浸入深度穿过焊料波峰而实现焊点焊接的过程。波峰焊又分为单波峰焊和双波峰焊，单波峰焊用于 SMT 时，由于焊料的“遮蔽效应”而容易出现较严重的质量问题，如漏焊、桥接和焊缝不充实等。而双波峰则较好地克服了这些问题，因此目前在表面组装中广泛采用双波峰焊工艺设备。目前双波峰机外形和工作流程如图 6-6 所示，各工序实现的功能见表 6-11。

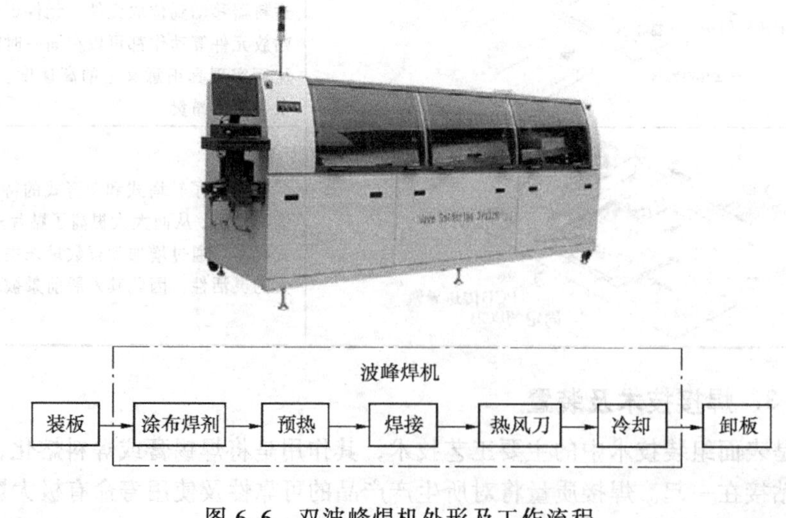

图 6-6　双波峰焊机外形及工作流程

表 6-11　双波峰焊机各工序及功能

工序名称	功　能
涂布焊剂	均匀地涂覆助焊剂，除去 PCB 和元器件焊接表面的氧化层，放置焊接过程中再氧化。助焊剂的涂覆一定要均匀，尽量不产生堆积，否则将导致焊接短路或开路。助焊剂系统主要有喷雾式、喷流式和发泡式等
预热	助焊剂中的溶剂成分在通过预热器时，将会受热挥发，从而避免溶剂成分在经过液面时高温气化造成炸裂的现象发生，最终防止产生锡粒。预热确保焊接在规定的时间内达到温度要求，预热的方法有空气对流加热、红外加热器加热、热空气与辐射相结合的方法加热
焊接	传送方向　SMD　宽平波　窄波峰　PCB　防氧化油层 第一个波峰，窄波峰流速快，使焊料对尺寸小、贴装密度高的 SMD 的焊端有较好的渗透性，有良好的焊接效果 第二个波峰，宽平波流动速度慢，有利于形成充实的焊缝，除去多余钎料，消除毛刺、桥连等不良现象
热风刀	热风刀的高温高压气流吹向 SMA 上尚处于熔融状态的焊点，过热的风可以吹掉多余的焊锡，也可以填补金属化孔内焊锡的不足，对有桥接的焊点可以立即得到修复，同时由于可使焊点的熔化时间得以延长，故原来那些带有气孔的焊点也能得到修复，从而使焊接缺陷大大降低
冷却	适当的冷却有助于增强焊点结合强度的功能，同时更利于炉后操作人员的作业

2. 再流焊

再流焊也叫回流焊，是伴随微型化电子产品的出现而发展起来的焊接技术，主要应用于各类表面组装元器件的焊接。再流焊的核心环节是利用外部热源加热，使焊料熔化而再次流动浸润，完成电路板的焊接过程。它是 SMT 流程中非常关键的一环，再流焊炉的主要厂家有美国的 BTU、Heller，德国的 ERSA、SEHO，荷兰的 SOLTEC 及日本 ANTOM 等公司，国内主要厂家有 SUNEAST、科隆、劲拓、长荣等，常见的再流焊炉如图 6-7 所示。

常见的热分式再流焊的机构包括加热系统、传输系统、控制系统及外形结构等。其中加热区至少有三个体力控制的加热区段，如图 6-8 所示。各温区均采用强制独立循环、独立控制、上下加热方式，使炉膛温度准确、均匀、且热容量大、升温迅速。再流焊炉主要分为预热区、保温区、再流区及冷却区，各温区的功能见表 6-12。

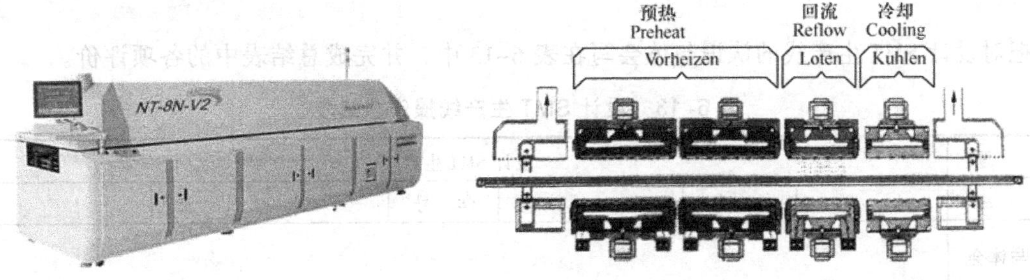

图 6-7　再流焊炉　　　　图 6-8　热分式再流焊的加热区

表 6-12　再流焊温区分布及各温区功能

区域名称	功　能
预热区	目的使 PCB 和元器件预热，以达到平衡，同时除去焊锡膏中的水分、溶剂，以防焊锡膏发生塌落和焊料飞溅

续表

区域名称	功　能
保温区	从 120℃温升到 160℃的区域，保温的目的是使 PCB 上个元件的温度趋于均匀，尽量减少温差，保证在达到再流温度之前焊料能完全干燥，到保温区结束时，焊盘、焊膏球及元件引脚上的氧化物应被去除，整个电路板的温度达到均衡
再流区	这一区域里加热器的温度设置得最高，焊接峰值温度视所用焊膏的不同而不同，一般推荐为焊膏的熔点温度＋（20～40）℃。此时焊锡膏中的焊料开始熔化，再次呈流动状态，替代液态焊剂润湿焊盘和元器件。有时也将该区域分为两个区，即熔融区和再流区
冷却区	以尽可能快的速度进行冷却，将有助于得到明亮的焊点、饱满的外形和低的接触角度。缓慢冷却会导致 PAD 的更多分解物进入锡中，产生灰暗、毛糙的焊点，甚至引起沾锡不亮和弱焊点结合力。再流焊冷却至 75℃左右即可，一般情况下都要用离子风扇进行强制冷却

操作分析

◎想一想：

典型的 SMT 生产线由哪些设备构成？

◎谈一谈：

谈一谈，贴片机有何功能，是整个 SMT 生产中起什么作用？

◎列一列：

设计实际可使用的 SMT 生产线，并列出设备型号清单。

任务总结

把对设计 SMT 生产线的认识与体会写在表 6-13 中，并完成总结表中的各项评价。

表 6-13　设计 SMT 生产线操作总结表

<table>
<tr><td>课　题</td><td colspan="8">设计 SMT 生产线</td></tr>
<tr><td>班　级</td><td></td><td>姓　名</td><td></td><td>学　号</td><td></td><td>日　期</td><td></td><td></td></tr>
<tr><td>收获与体会</td><td colspan="8"></td></tr>
<tr><td rowspan="5">实训评价</td><td>评定人</td><td colspan="5">评　语</td><td>等级</td><td>签名</td></tr>
<tr><td>自　评</td><td colspan="5"></td><td></td><td></td></tr>
<tr><td>互　评</td><td colspan="5"></td><td></td><td></td></tr>
<tr><td>师　评</td><td colspan="5"></td><td></td><td></td></tr>
<tr><td>综合评定等级</td><td colspan="5"></td><td></td><td></td></tr>
</table>

知识拓展

知识拓展1：丝网印刷和点胶技术及装置

丝网印刷是将焊锡膏印在PCB焊盘上。印刷机可分为全自动、半自动和手动三种。在实际生产中，PCB不能通过测试而需要返工的，有60%是由于焊锡膏丝印质量差而造成的，所以印刷焊锡膏是SMT组装制造的关键。

采用丝网印刷技术将焊膏涂敷在PCB上的印刷工艺过程，如图6-9所示。

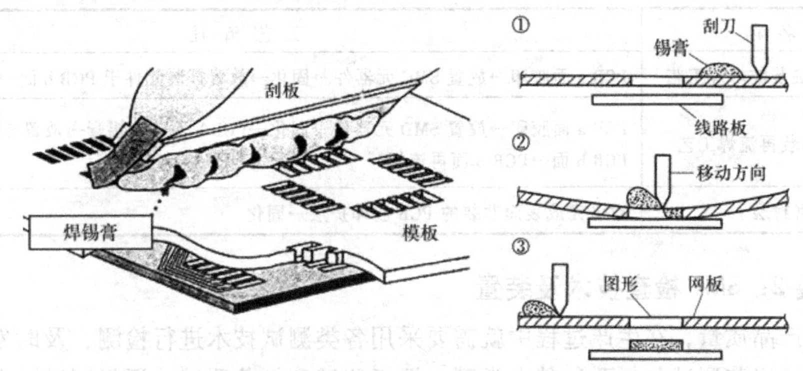

图6-9 丝网印刷过程

大型SMT生产线均采用全自动丝印机，如图6-10所示。它可以自动完成PCB上板、对准、印刷、下板等作业，工艺操作人员的任务主要是设定和调节工艺参数、添加焊膏等。

在片式元件与插装元器件混装采用波峰焊工艺时，需要用贴片胶把片式元件暂时固定在PCB的焊盘位置上，防止在传递过程、插装元器件或波峰焊等工序中元件掉落。在双面再流焊工艺中，为防止已焊好面上的大型器件因焊接受热熔化而掉落，也需要用贴片胶起辅助固定作用。所以，有效地涂布表面贴装胶一般称为点胶，在SMT生产线中变得越来越重要。点胶所用设备为点胶机，位于SMT生产线的最前端或检测设备的后面。

点胶机可分为手动和自动两种方式。试验或小批量生产中基本用手动点胶机。现在很多小工厂都不用点胶机，一般用人工点胶。在大批量生产中一般使用自动点胶机，有些全自动点胶机配有点胶头，高速全自动点胶机如图6-11所示。

图6-10 全自动印刷机

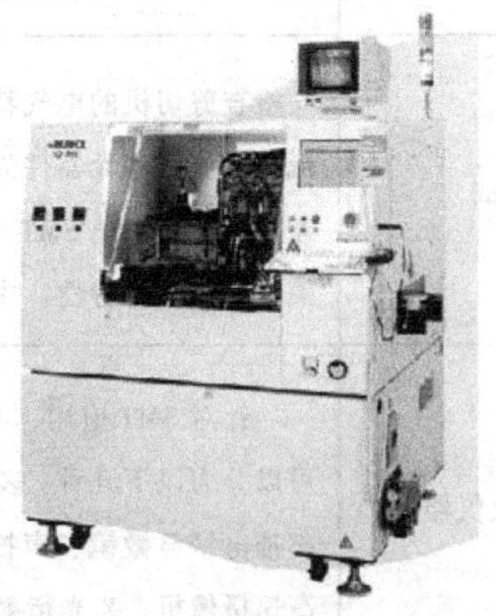

图6-11 高速全自动点胶机

使用丝网印刷机将贴片胶涂布在PCB板上，工作周期不超过30 s，而点胶个数由丝网决定可以是100个也可以是18 000个。而高速点胶机的最高速度为每小时140 000个点，在30 s内不到1200个胶点。不论点的数量、类型和形状，当每块电路板的点数增多时，印刷工艺的优势也就表现出来了。可以很容易地把标准的焊锡膏印刷机改造成贴片胶印刷机，然后需要印刷焊锡膏时再把它改回来，从而节约投资。在实际生产中，胶印技术用于表面贴装技术（SMT）主要有三方面，详见表6-14。

表6-14　胶印技术用于表面贴装技术实例

工艺名称	工艺流程
单面PCB贴装混装波峰焊工艺	PCB a面胶印→放置SMC元器件→固化→放置插装元件于PCB b面→波峰焊
双面PCB全贴装再流焊工艺	PCB a面胶印→放置SMD元器件→固化→PCB b面印刷锡膏→放置SMD元器件于PCB b面→PCB b面再流焊
胶囊密封层	对已完成表面贴装的PCB胶印护层→固化

知识拓展2：SMT检查技术及装置

为了保证产品质量，在生产过程中就需要采用各类测试技术进行检测，及时发现缺陷和故障并修复。电子组装测试包括两种基本类型：裸板测试和加载测试。裸板测试是在完成线路板产生后进行的，主要检查短路、开路、线路的导通性；加载测试在组装工艺完成后进行，它比裸板测试复杂。根据测试方式的不同，测试技术可分为非接触式测试和接触式测试。SMT组装阶段测试包括产生缺陷分析、在线测试（ICT）、自动光学测试、自动X射线检测（AXI）和功能测试，以及三者的组合。根据应用的不同，SMT测试可分为结构工艺测试、电气测试和试验设备及仪器，它们的特点见表6-15，常见的SMT测试设备如图6-12所示。

表6-15　SMT测试种类及特点

测试种类	特点
结构工艺测试	用于检查PCB上的焊点结构和组装测试，无须在PCB上加电，也无须针床、夹具等，可进行检查的典型缺陷有元器件丢失、短路、开路、焊锡膏不足和元器件排列错误。主要有人工光学检查、自动光学检查、自动X射线检查、激光检查系统
电气测试	检查剪切机的电气特征、各类相关的焊点缺陷等，这些缺陷包括元器件丢失、短路、开路、元器件放错和元器件失效；没有针床夹具的制造故障分析设备，多用于原型板测试，但测试速度不足与中速SMT生产线匹配；采用针床结构，主要用于检查开路故障缺陷，可以检测模拟元器件的特性。主要有在线测试（ICT）和功能测试（FCT）
试验设备及仪器	针对SMT应用，相应的实验分析内容都围绕组装质量和材料物质的可靠性进行，大致可以分为以下几种：表面特征、内部结构、应力及拉力、流体特性和环境影响。仪器设备有：扫描电子显微镜、声扫描显微镜、喇曼图像显微镜、傅里叶变换红外分光计、光学显微镜、高速摄像机、X光衍射仪、计算机断层成像X光检查仪、原子显微镜等

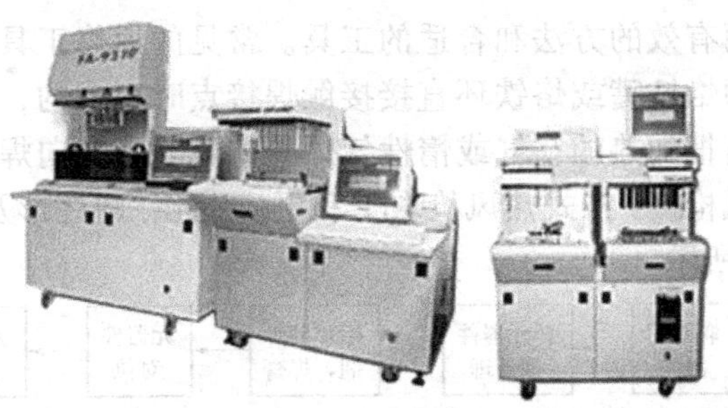

图 6-12　常见的 SMT 检测设备

知识拓展 3：清洗和返修技术及装置

1. 清洗技术及装置

一般情况下，电子组件 SMA 在焊接后，其表面总是存在不同程度的助焊剂的残留物及其他类型的污染物，如堵孔胶、高温胶带的残留胶、手迹和飞尘等，即使使用低固含量的免清洗助焊剂，仍会有或多或少的残留物，因此清洗对于保证电子产品的可靠性有着及其重要的作用。清洗的主要作用是防止电气缺陷（如漏电）产生，清除腐蚀物的危害，使外观清洗，便于检测和修理。常见污染物的类型及来源详见表 6-16。

表 6-16　污染物类型及来源

种　类	污染物名称	来　源	危　害
极性污染物（含离子）	Cl^-，Br^-，H^+	助焊剂中的活化剂，PCB 制造过程中夹带	易造成 PCB 银条组件引脚腐蚀，其危害极大
	手渍 Na^+，Cl^-	人工触摸 PCB	
	金属氧化物 SnO_2，CuO_2，PbO_2	焊料浮渣，组件，PCB 表面氧化物	
非极性污染物	松香（树脂）	助焊剂中的残留物	影响外观
	化学助剂	焊锡膏中的助焊剂	吸附灰尘
	残胶	过程中使用的胶带	影响测试及接插件的可靠性
	油脂类	油脂类	
颗粒污染物	尘埃、烟雾、水蒸气、带电粒子	环境不好	加剧污染危害的程度
	焊料飞珠	焊锡膏变质，工艺不当	

清洗设备可分为溶剂清洗机和水清洗机，从产量上看，又可分为批量式清洗机和连续式清洗机，从清洗手段上可分为超声波清洗机和高压喷洗清洗机，常见的水清洗机如图 6-13 所示。

图 6-13　常见的水清洗机

2. 返修技术及装置

SMA 的返修是为了去除失去功能、损坏引线或排列错误的元器件，重新更换新的元器件。或者使不合格的电路组件恢复成与特定要求相一致的合格的电路组件。返修和修理是两个不同的概念，修理是使损坏的电路组件在一定程度上恢复他的电气机械性能，而不一定与特定要求相一致。

返修必须采用安全而有效的方法和合适的工具。常见的返修工具有接触焊接和热风焊接两种。接触焊接是在加热的烙铁嘴或烙铁环直接接触焊接点时完成的，是传统意义上的电烙铁焊接。热风焊接通过用漏嘴把加热的空气或惰性气体（如氮气）指向焊接点和引脚来完成，手工操作一般选用手持式热风枪，手持式热风枪取下和更换矩形、圆柱形及其他小型元件比较方便。返修基本过程如图 6-14 所示。

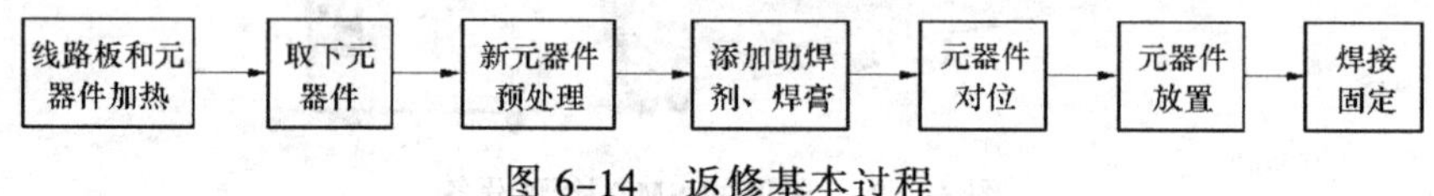

图 6-14　返修基本过程

任务 3　手工安装贴片收音机

情景模拟

一天小忠看见小哲带着耳机低着头匆匆路过，就上前拍了小哲一下，问他周六还去不去体育场踢球。于是小哲从口袋里掏出一只很迷你的收音机，把音量调低回答小忠。小忠看到这个新鲜玩意儿，就向小哲要来玩玩。小哲自豪的对小忠说："这是迷你型的收音机，全贴片的，而且是我亲自打造的。"

同学们，你想知道小哲是如何制作迷你收音机吗？让我们一起来学一学，做一做！

基础知识

知识链接 1：贴片收音机安装

电路的核心是单片收音机集成电路 SC1088。它采用特殊的低中频（70kHz）技术，外围电路省去了中频变压器和陶瓷滤波器，是电路简单可靠，调试方便，该电路的原理图如图 6-15 所示，印制电路板安装如图 6-16 所示。

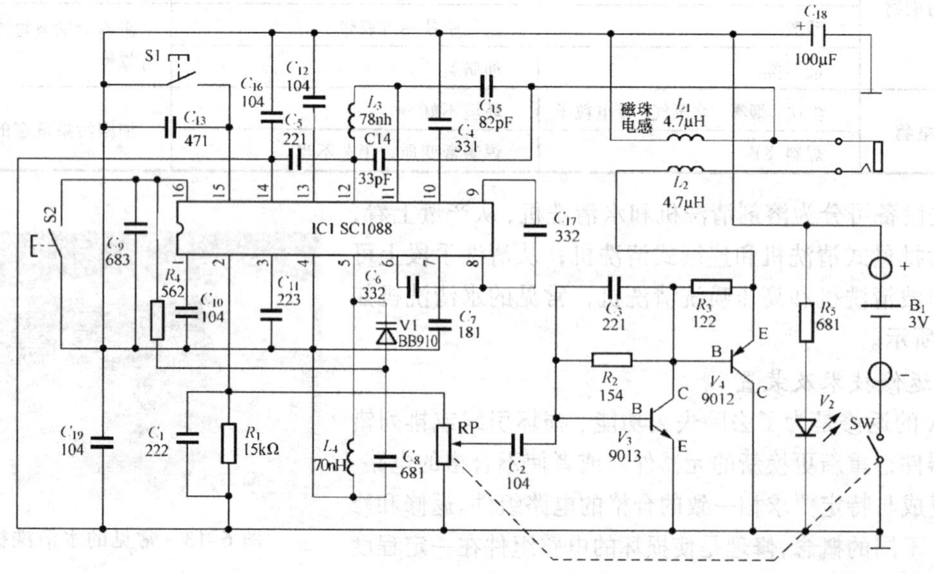

图 6-15　2031 贴片收音机原理图

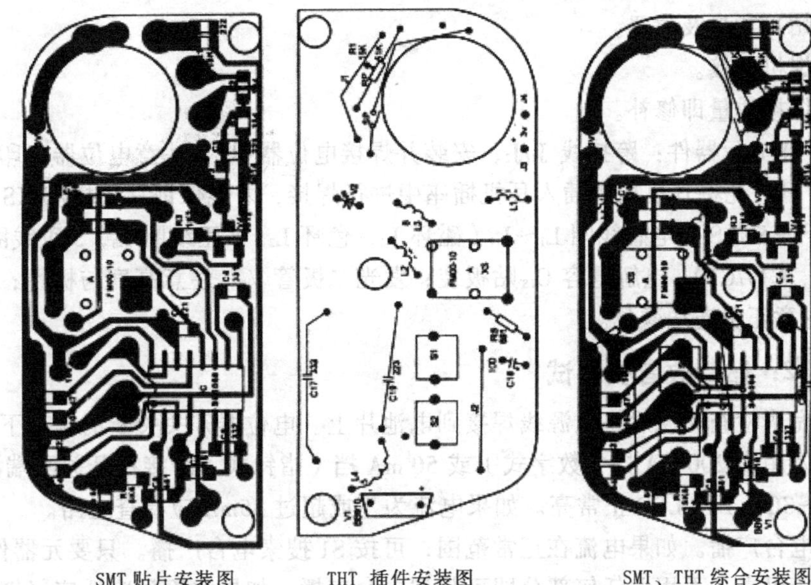

图 6-16　印制电路板安装

2031 贴片收音机安装顺序为：安装前检查（SMB 检查、外壳及结构件、THT 元件检查），丝印焊膏，按工序流程贴片，检查贴片数量及位置、回流焊机焊接，检查焊接质量及返修，安装 THT 元器件。具体安装流程如图 6-17 所示。

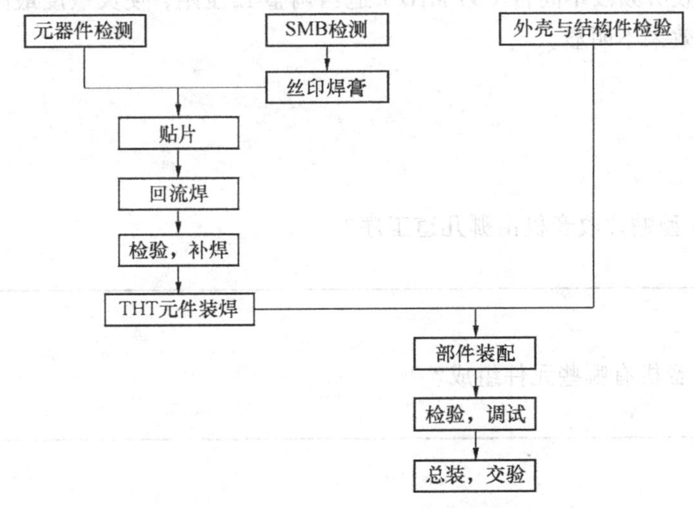

图 6-17　2031 贴片收音机安装流程

由于该收音机电路比较简单也可以通过人工贴片和焊接的方式实现电路组装，具体步骤如下：

（1）丝印焊膏。

（2）按工序流程贴片，顺序：C_1/R_1、C_2/R_2、C_3/V_3、C_4/V_4、C_5/R_3、C_6/SC1088、C_7、C_8/R_4、C_9、C_{10}、C_{11}、C_{12}、C_{13}、C_{14}、C_{15}、C_{16}。

注意：SMC 和 SMD 不得用手拿；用镊子夹持不可夹到引线上；IC1088 标记方向。贴片电容表面没有标志，一定要保持准确及时贴到指定位置。

（3）检查贴片数量及位置。

（4）回流焊机焊接。

（5）检查焊接质量即修补。

（6）安装 THT 元器件：跨接线 J_1/J_2；安装并焊接电位器 RP，注意电位器与印制板平齐；耳机插座 XS（只有先将耳机插头插入耳机插座中进行焊接，才能保证耳机插座 XS 完好，不致损坏）；轻触开关 S_1、S_2；电感线圈 L_1～L_4（磁环 L_1，色环 L_2，8 匝线圈 L_3，5 匝线圈 L_4）；变容二极管 V_1、R_5、C17/C19；电解电容 C_{18}贴板装；发光二极管 V_2，注意高度与极性；焊接电源连接线 J_3、J_4，注意正负连线颜色。

知识链接 2：贴片收音机调试

（1）装配完毕检查无误后将电源线焊接到电池片上。电位器开关关断的状态下装入电池。插入耳机，用万用表 200 mA 挡（数字式）或 50 mA 挡（指针式）跨接在开关两端测电流。正常电流应为 7～30 mA 且 LED 正常亮。如果电流为零或超过 35mA 应检查电路。

（2）搜索电台广播。如果电流在正常范围，可按 S1 搜索电台广播。只要元器件质量完好，安装正确，焊接可靠，不用调任何部分即可收到电台广播。如果收不到广播应仔细检查电路，特别要检查有误虚焊、漏焊等缺陷。

（3）调节收频段。广播的频率范围为 87～108 MHz，调试时可找一个当地频率最低的 FM 电台，适当改变 L_4的匝间距，按 RESET 键后第一次按 SCAN 键可收到这个电台。

（4）调节灵敏度。该收音机灵敏度由电路及元器件决定，一般不可调整，调好覆盖后即可正常收听。也可在收听频段中间台（97 MHz）适当调整 L_4匝距，使灵敏度最高（耳机监听音量最大）。不过实际效果不明显。

操作分析

◎想一想：

工业生产 2031 型贴片收音机由哪几道工序？

____

◎查一查：

2031 型贴片收音机有哪些元件组成？

____

◎做一做：

手工组装并调试 2031 型贴片收音机。

____

任务总结

把对手工组装并调试 2031 型贴片收音机的认识与体会写在表 6-17 中，并完成总结表中的各项评价。

表 6–17　手工组装并调试 2031 型贴片收音机操作总结表

<table>
<tr><td>课　题</td><td colspan="7">手工组装并调试 2031 型贴片收音机</td></tr>
<tr><td>班　级</td><td></td><td>姓　名</td><td></td><td>学　号</td><td></td><td>日　期</td><td></td></tr>
<tr><td>收获与体会</td><td colspan="7"></td></tr>
<tr><td rowspan="6">实训评价</td><td>评定人</td><td colspan="4">评　语</td><td>等级</td><td>签名</td></tr>
<tr><td>自　评</td><td colspan="4"></td><td></td><td></td></tr>
<tr><td>互　评</td><td colspan="4"></td><td></td><td></td></tr>
<tr><td>师　评</td><td colspan="4"></td><td></td><td></td></tr>
<tr><td>综合评定等级</td><td colspan="4"></td><td></td><td></td></tr>
</table>

知识拓展

知识拓展 1：贴片收音机总装

（1）调试完成后将适量的泡沫塑料填入线圈 L_4（注意不要改变线圈形状及匝距），滴入适量蜡使线圈固定。

（2）固定 SMB/装外壳，如图 6–18 所示。

图 6–18　2031 贴片收音机的结构

（3）检查。总装完毕，装入电池，插入耳机进行检查，要求：

① 电源开关手感良好；

② 音量正常可调；

③ 收听正常；

④ 表面无损伤。

知识拓展 2：贴片元器件拆装

在高档电子产品中，大量采用贴片元件，维修时贴片元件拆卸须借助扁平元件热风拆焊器，即我们常说的热风枪。热风枪由电热装置及气泵两都分构成，面板上设有湿度调节和风力调节旋钮。使用热风枪时，应根据拆焊的器件选择混度及风力调节挡，具体选择见后面的拆卸与焊接操作。目前，850 型热风枪较为流行，其温度控制范围为 100～500℃，如图 6-19 所示。一般情况下，温度应调在 300～350℃，不宜过高，风量不宜超过 5 挡。

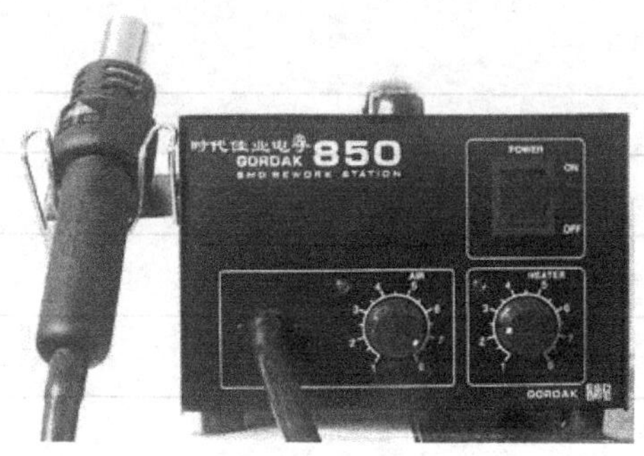

图 6-19　850 型热风枪

1. 用热风枪拆卸贴片元件

若用热风枪拆卸，其操作方法如下：在所拆元件焊接端加上一定的松香或焊油，开始对元件加热，见焊盘焊锡已熔化就用镊子取下元件即可。由于此时所拆件附近的元件焊盘锡已全部熔化，所以取时不可碰到其他元件。另外，热风枪吹的时间不能太长，否则易导致电路板及元件变形损坏。

2. 用热风枪焊接贴片元件

焊接前，先清理元件焊接端及焊盘，加足松香或焊油。如果焊盘焊锡较少难以焊接，可在烙铁头上粘点焊锡，先焊住一头，再用镊子压住焊接另一头。

用热风枪来进行焊接前，风量宜调在 1 挡，热量调在 3 挡。若风量太大，易将其他小元件吹走。实际操作时，为防止其他元件被吹走，可用不干胶贴住被拆元件四周的小无件。

思考与练习

一、填空题

1. 表面组装技术的主要特征是元器件是________，元器件主体与________均处在印制电路板的同一侧面。

2. 用 SMT 组装的电子产品具有________的优势，故 SMT 作为新一代电子装联技术。

3. SMT 的组装方式大体上可将 SMA 分成________、________和________3 种类型共 6 种组装方式。

4. SMT 生产线主要由________设备等设备组成。

5. 再流焊接装置将________熔化，使表面组装元器件与 PCB 牢固地粘接在一起。

6. 在 SMT 中的焊接技术主要有________和________。

7. 试验或小批量生产中基本用________；在大批量生产中一般使用________。

8. 维修时贴片元件拆卸需借助扁平元件热风拆焊器，即我们常说的________。

二、判断题

1. 贴片元件的体积和重量只有传统插装元件的1/2左右，一般采用SMT之后，电子产品体积缩小40%～60%，重量减轻60%～80%。（ ）

2. 与元器件相匹配的印制电路板从早期的双面板发展为多层板，最多可达50层，板面上线宽已从0.2～0.3 mm，缩小到0.15 mm甚至到0.05 mm。（ ）

3. 单面混合组装特点是SMC/SMD和THC可混合分布在PCB的同一面，同时SMC/SMD也可分布在PCB的双面。（ ）

4. 印刷机是将焊锡膏或贴片胶漏印到PCB的焊盘上，为元器件的焊接做准备。（ ）

5. 常见的热分式再流焊的机构包括加热系统、传输系统、控制系统及外形结构等。（ ）

6. 在片式元件与插装元器件混装采用波峰焊工艺时，需要用贴片胶把片式元件暂时固定在PCB的焊盘位置上，防止在传递过程、插装元器件或波峰焊等工序中元件掉落。（ ）

7. SMA的返修是为了去除失去功能、损坏引线的元器件，重新更换新的元器件。（ ）

8. 热风枪吹的时间可以稍微长，否则易导致电路板及元件变形损坏。（ ）

三、简答题

1. 表面组装技术SMT的特点有哪些？

2. 简述典型的SMT生产线设备名称及功能。

3. 工业化生产2031贴片收音机安装顺序是什么？

项目 7

电子产品实训课题

加强学生操作技能的训练，在动手实践中掌握过硬的本领，缩短由学生到劳动者之间的距离，是提高职业学校教育水平的关键。因此考前实训中，要理论联系实际，教学做合一，磨炼手头功夫，使学生知其然并知其所以然，从而提高对工艺规程必然性的认识，以巩固其操作技能，顺利通过技术考核，取得相应的等级证书。

本项目结合教学与考核实际，给出识读、操练和考核实训课题，供教师和学生选用。

项目目标

- 掌握电子元件组装的一般步骤，铆钉板、印制电路板元件插装和引线成型的基本要求；
- 熟悉典型常用电子线路的工作原理；
- 熟悉常用电子元器件的检测方法和电子线路的安装方法；
- 会正确使用仪表测试常用电子元件的质量；
- 会合理设计电路安装图；
- 会正确安装和调试常用电子线路。

任务 1　光声电线路训练 1

技能训练 1：闪光灯电路

闪光灯电路原理图如图 7-1 所示。

技能训练要求如下：

（1）技能训练时间：90 min。

（2）按图 7-1 所示电路元器件将所需元器件配齐并进行检查。

（3）在规定时间内按要求将所有元器件熟练地安装。

（4）装接图设计合理，连线要求导线水平垂直、工整，走线合理。

（5）元器件装配要牢固可靠，符合工艺要求。

（6）线路装接完成后，要求进行规范的通电测试，使电路正常工作。

（7）熟练并正确使用工具仪表。
（8）文明规范操作，注意安全事项。

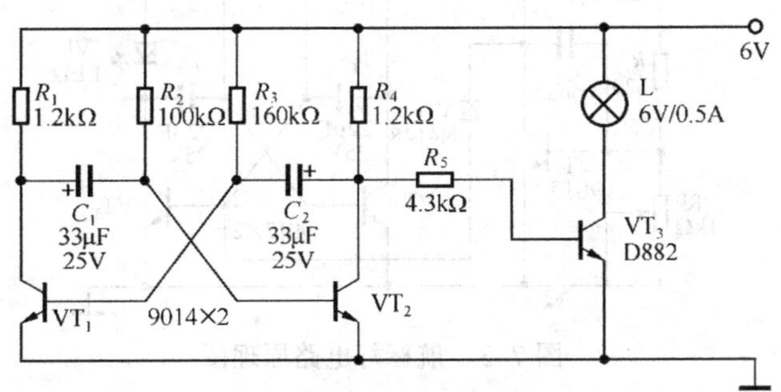

图 7–1　闪光灯电路原理图

技能训练 2：光控线路

光控线路电路原理图如图 7–2 所示。

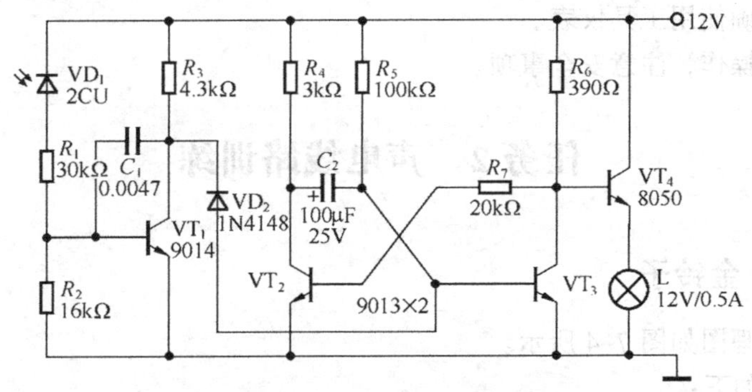

图 7–2　光控线路电路原理图

技能训练要求如下：
（1）技能训练时间：90 min。
（2）按图 7–2 所示电路元器件将所需元器件配齐并进行检查。
（3）在规定时间内按要求将所有元器件熟练地安装。
（4）装接图设计合理，连线要求导线水平垂直、工整，走线合理。
（5）元器件装配要牢固可靠，符合工艺要求。
（6）线路装接完成后，要求进行规范的通电测试，使电路正常工作。
（7）熟练并正确使用工具仪表。
（8）文明规范操作，注意安全事项。

技能训练 3：航标灯

航标灯电路原理图如图 7–3 所示。
技能训练要求如下：
（1）技能训练时间：90 min。
（2）按图 7–3 所示电路元器件将所需元器件配齐并进行检查。

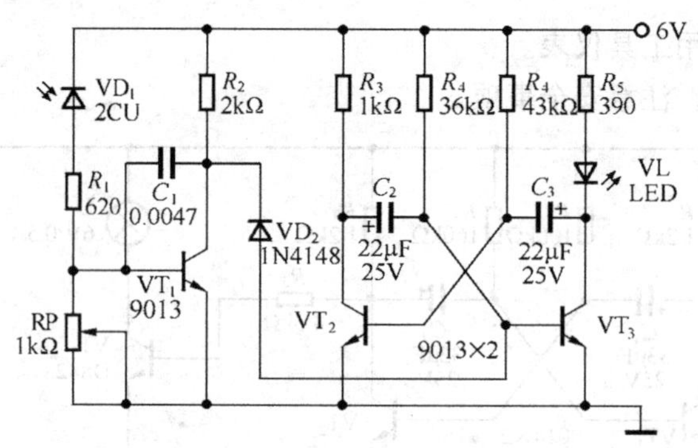

图 7-3　航标灯电路原理图

（3）在规定时间内按要求将所有元器件熟练地安装。

（4）装接图设计合理，连线要求导线水平垂直、工整，走线合理。

（5）元器件装配要牢固可靠，符合工艺要求。

（6）线路装接完成后，要求进行规范的通电测试，使电路正常工作。

（7）熟练并正确使用工具仪表。

（8）文明规范操作，注意安全事项。

任务 2　声电线路训练

技能训练 1：金铃子

金铃子电路原理图如图 7-4 所示。

技能训练要求如下：

（1）技能训练时间：90 min。

（2）按图 7-4 所示电路元器件将所需元器件配齐并进行检查。

（3）在规定时间内按要求将所有元器件熟练地安装。

（4）装接图设计合理，连线要求导线水平垂直、工整，走线合理。

（5）元器件装配要牢固可靠，符合工艺要求。

（6）线路装接完成后，要求进行规范的通电测试，使电路正常工作。

（7）熟练并正确使用工具仪表。

（8）文明规范操作，注意安全事项。

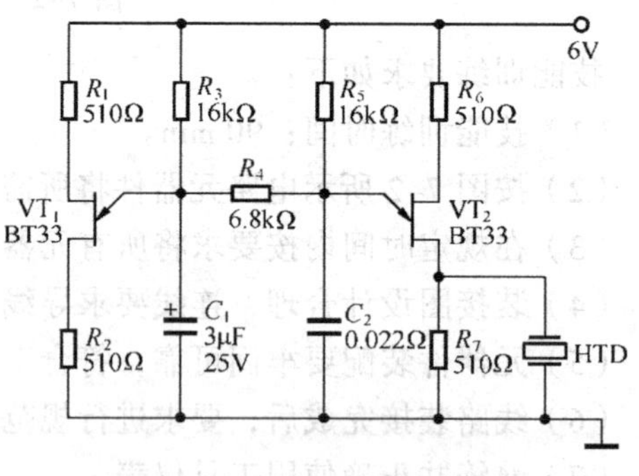

图 7-4　金铃子电路原理图

技能训练 2：断线报警器

断线报警器电路原理图如图 7-5 所示。

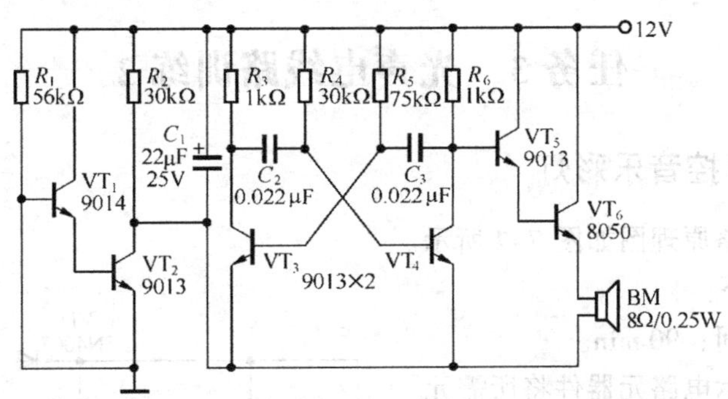

图 7-5 断线报警器电路原理图

技能训练要求如下。

（1）技能训练时间：120 min。

（2）按图 7-5 所示电路元器件将所需元器件配齐并进行检查。

（3）在规定时间内按要求将所有元器件熟练地安装。

（4）装接图设计合理，连线要求导线水平垂直、工整，走线合理。

（5）元器件装配要牢固可靠，符合工艺要求。

（6）线路装接完成后，要求进行规范的通电测试，使电路正常工作。

（7）熟练并正确使用工具仪表。

（8）文明规范操作，注意安全事项。

技能训练 3：警声线路

警声线路电路原理图如图 7-6 所示。

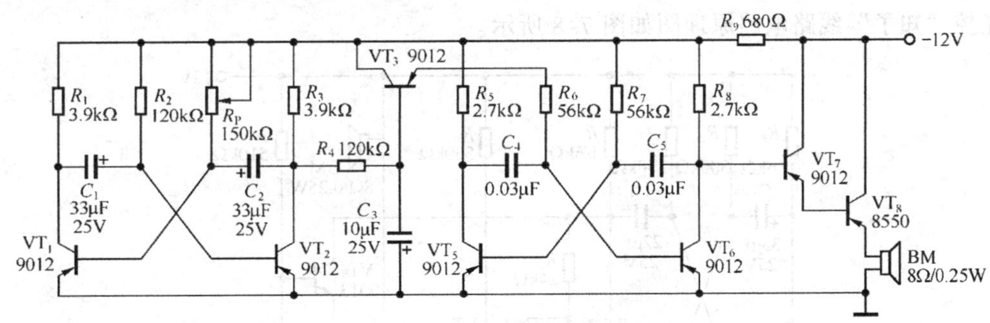

图 7-6 警声线路电路原理图

技能训练要求如下。

（1）技能训练时间：150 min。

（2）按图 7-6 所示电路元器件将所需元器件配齐并进行检查。

（3）在规定时间内按要求将所有元器件熟练地安装。

（4）装接图设计合理，连线要求导线水平垂直、工整，走线合理。

（5）元器件装配要牢固可靠，符合工艺要求。

（6）线路装接完成后，要求进行规范的通电测试，使电路正常工作。

（7）熟练并正确使用工具仪表。

（8）文明规范操作，注意安全事项。

任务 3　光声电线路训练 2

技能训练 1：声控音乐彩灯

声控音乐彩灯电路原理图如图 7–7 所示。

技能训练要求如下。

（1）技能训练时间：90 min。

（2）按图 7–7 所示电路元器件将所需元器件配齐并进行检查。

（3）在规定时间内按要求将所有元器件熟练地安装。

（4）装接图设计合理，连线要求导线水平垂直、工整，走线合理。

（5）元器件装配要牢固可靠，符合工艺要求。

（6）线路装接完成后，要求进行规范的通电测试，使电路正常工作。

（7）熟练并正确使用工具仪表。

（8）文明规范操作，注意安全事项。

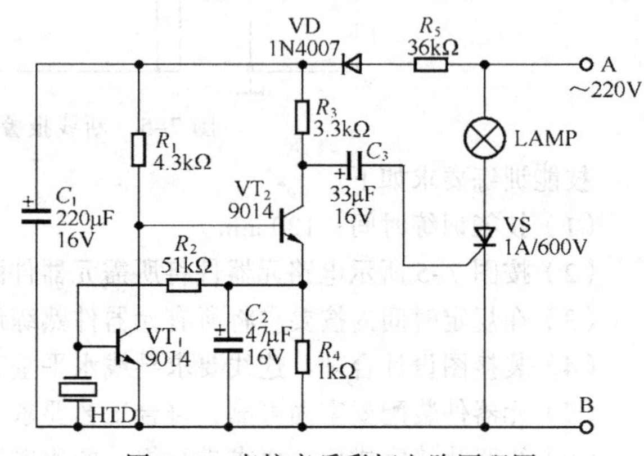

图 7–7　声控音乐彩灯电路原理图

技能训练 2：光控“知了”线路

光控“知了”线路电路原理图如图 7–8 所示。

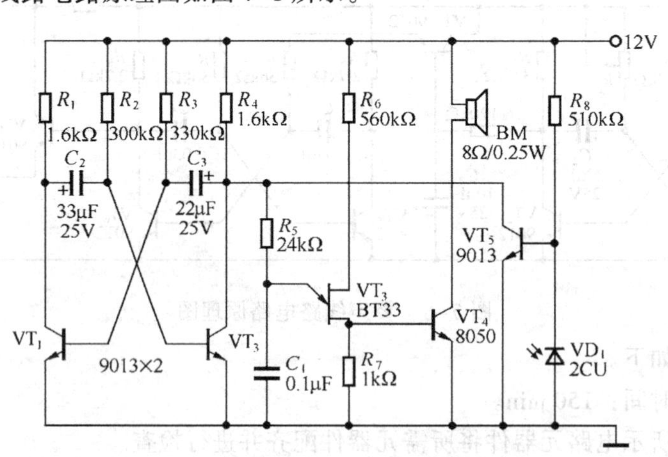

图 7–8　光控“知了”线路电路原理图

技能训练要求如下：

（1）技能训练时间：120 min。

（2）按图 7–8 所示电路元器件将所需元器件配齐并进行检查。

（3）在规定时间内按要求将所有元器件熟练地安装。

（4）装接图设计合理，连线要求导线水平垂直、工整，走线合理。

（5）元器件装配要牢固可靠，符合工艺要求。

（6）线路装接完成后，要求进行规范的通电测试，使电路正常工作。

（7）熟练并正确使用工具仪表。

（8）文明规范操作，注意安全事项。

技能训练 3：声光电报警器

声光电报警器电路原理图如图 7–9 所示。

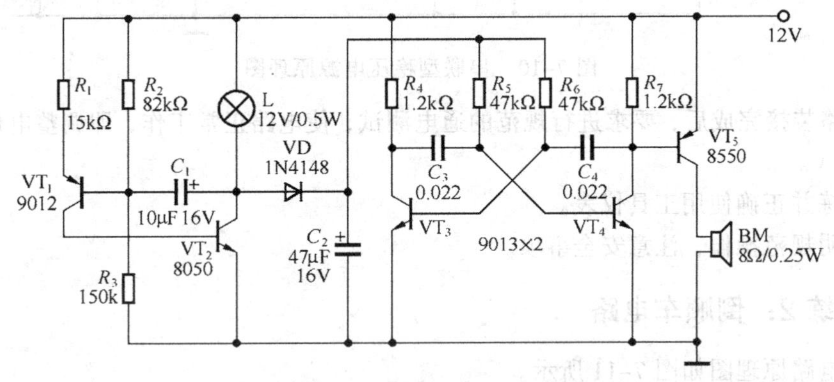

图 7–9　声光电报警器电路原理图

技能训练要求如下：

（1）技能训练时间：150 min。

（2）按图 7–9 所示电路元器件将所需元器件配齐并进行检查。

（3）在规定时间内按要求将所有元器件熟练地安装。

（4）装接图设计合理，连线要求导线水平垂直、工整，走线合理。

（5）元器件装配要牢固可靠，符合工艺要求。

（6）线路装接完成后，要求进行规范的通电测试，使电路正常工作。

（7）熟练并正确使用工具仪表。

（8）文明规范操作，注意安全事项。

任务 4　电源及其他线路训练

技能训练 1：串联型稳压电源

串联型稳压电源原理图如图 7–10 所示。

技能训练要求如下：

（1）技能训练时间：120 min。

（2）按图 7–10 所示电路元器件将所需元器件配齐并进行检查。

（3）在规定时间内按要求将所有元器件熟练地安装。

（4）装接图设计合理，连线要求导线水平垂直、工整，走线合理。

（5）元器件装配要牢固可靠，符合工艺要求。

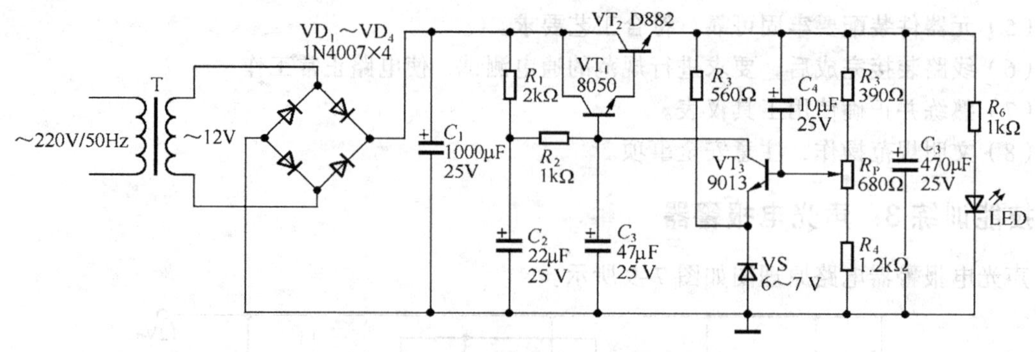

图 7-10　串联型稳压电源原理图

（6）线路装接完成后，要求进行规范的通电测试，使电路正常工作，即调整电位器 R_P 使输出电压至 12 V。

（7）熟练并正确使用工具仪表。

（8）文明规范操作，注意安全事项。

技能训练 2：倒顺车电路

倒顺车电路原理图如图 7-11 所示。

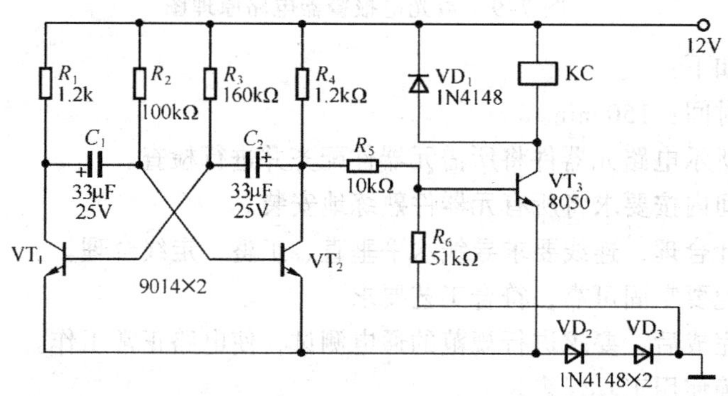

图 7-11　倒顺车电路原理图

技能训练要求如下。

（1）技能训练时间：90 min。

（2）按图 7-11 所示电路元器件将所需元器件配齐并进行检查。

（3）在规定时间内按要求将所有元器件熟练地安装。

（4）装接图设计合理，连线要求导线水平垂直、工整，走线合理。

（5）元器件装配要牢固可靠，符合工艺要求。

（6）线路装接完成后，要求进行规范的通电测试，使电路正常工作。

（7）熟练并正确使用工具仪表。

（8）文明规范操作，注意安全事项。

技能训练 3：延时灯

延时灯电路原理图如图 7-12 所示。

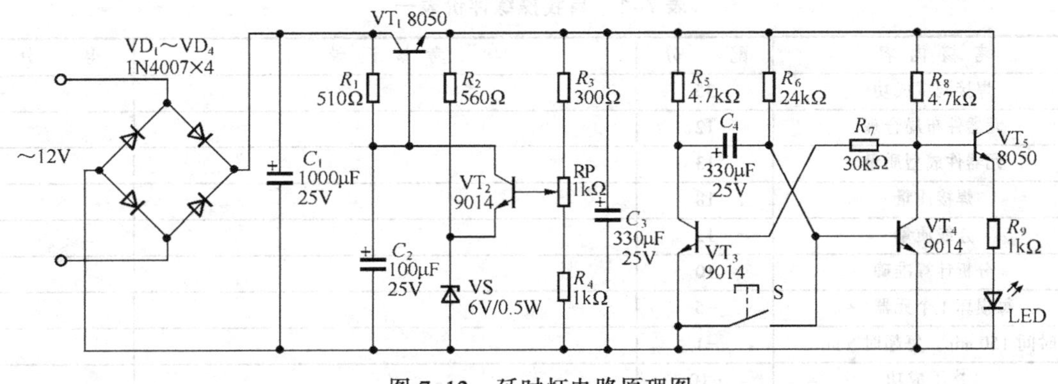

图 7-12　延时灯电路原理图

技能训练要求如下。

（1）技能训练时间：120 min。

（2）按图 7-12 所示电路元器件将所需元器件配齐并进行检查。

（3）在规定时间内按要求将所有元器件熟练地安装。

（4）装接图设计合理，连线要求导线水平垂直、工整，走线合理。

（5）元器件装配要牢固可靠，符合工艺要求。

（6）线路装接完成后，要求进行规范的通电测试，使电路正常工作。

（7）熟练并正确使用工具仪表。

（8）文明规范操作，注意安全事项。

任务 5　自我操练

技能训练 1：自我操练课题一

要求：（1）根据给出的电路原理图（见图 7-13），列元器件清单；

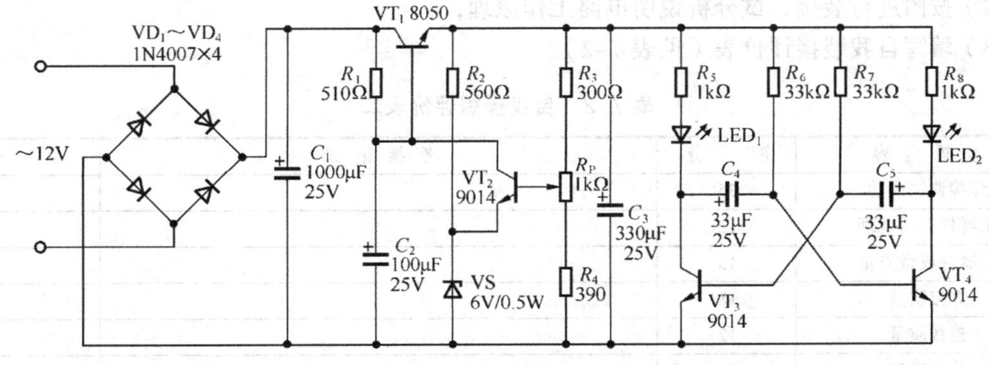

图 7-13　自我操练课题一电路原理图

（2）按图进行装接，并计算发光二极管 LED 闪烁时间；

（3）填写自我装接评价表（见表 7-1）。

表 7-1　自我操练评价表一

考核内容	配　分	考核记录	得　分
焊接调试成功	35		
元器件布局合理	12		
元器件成型质量	13		
焊接质量	18		
连线质量	12		
分析计算准确	10		
每损坏 1 个元器件	−5		
时间 150 min，每超时 5 min	−1		
1 次不成功	−10		

技能训练 2：自我操练课题二

要求：（1）根据给出的电路原理图（见图 7-14），列元器件清单；

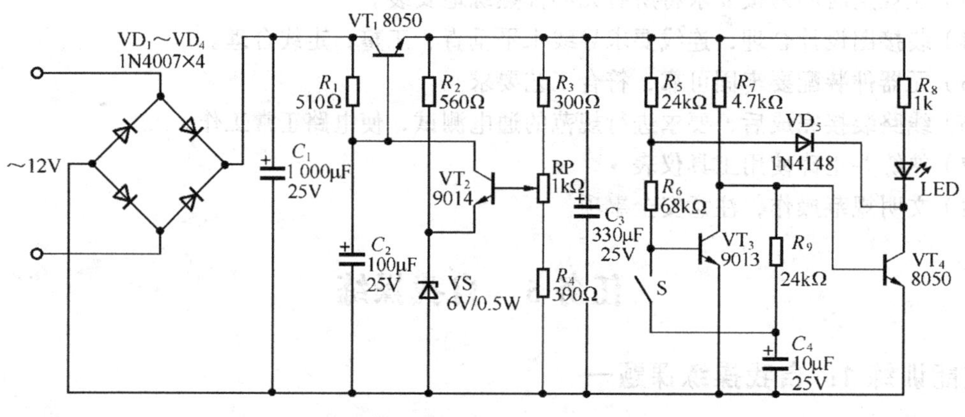

图 7-14　自我操练课题二电路原理图

（2）按图进行装接，试分析说明电路工作原理；

（3）填写自我装接评价表（见表 7-2）。

表 7-2　自我操练评价表二

考核内容	配　分	考核记录	得　分
焊接调试成功	35		
元器件布局合理	12		
元器件成型质量	13		
焊接质量	18		
连线质量	12		
分析准确	10		
每损坏 1 个元器件	−5		
时间 150 min，每超时 5 min	−1		
1 次不成功	−10		

技能训练3：自我操练课题三

要求：（1）根据给出的电路原理图（图7-15），列元器件清单；

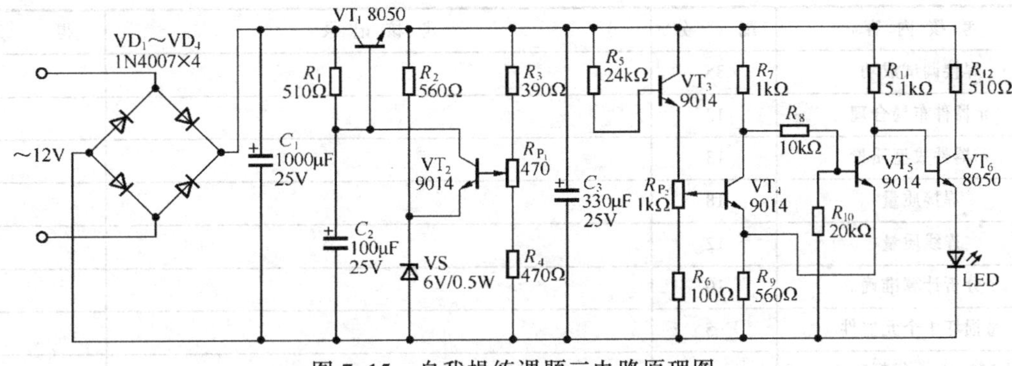

图7-15　自我操练课题三电路原理图

（2）按图进行装接，试分析说明电路工作原理；

（3）填写自我装接评价表（见表7-3）。

表7-3　自我操练评价表三

考核内容	配分	考核记录	得分
焊接调试成功	35		
元器件布局合理	12		
元器件成型质量	13		
焊接质量	18		
连线质量	12		
分析计算准确	10		
每损坏1个元器件	−5		
时间150min，每超时5min	−1		
1次不成功	−10		

技能训练4：自我操练课题四

要求：（1）根据给出的电路原理图（图7-16），列元器件清单；

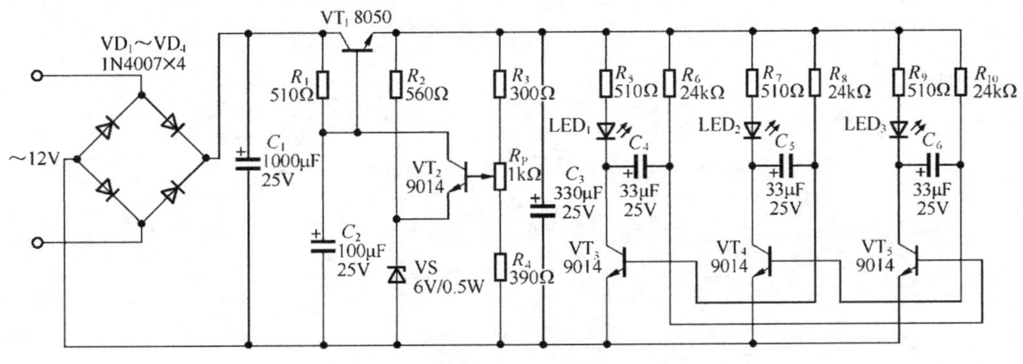

图7-16　自我操练课题四电路原理图

（2）按图进行装接，试分析说明电路工作原理；

（3）填写自我装接评价表（见表 7–4）。

表 7–4　自我操练评价表四

考核内容	配分	考核记录	得分
焊接调试成功	35		
元器件布局合理	12		
元器件成型质量	13		
焊接质量	18		
连线质量	12		
分析计算准确	10		
每损坏 1 个元器件	–5		
时间 150 min，每超时 5 min	–1		
1 次不成功	–10		

附录A

模拟考核试题

（一）模拟考核题（初级）

模拟考核试题 1

班级________ 姓名________ 学号________ 成绩________

（时间：150 min）

1. 元器件清单

变压器：12 V。二极管：1N4007×4、1N4148×1。

电解电容器：1000 μF/25V，330 μF/25 V×2。

电阻器：510 Ω、560 Ω、300 Ω、390 Ω、24 kΩ×2、68 kΩ、4.7 kΩ、30 kΩ、1 kΩ。

电位器：1 kΩ。发光二极管：ϕ5 红。稳压管：6V/0.5W。

三极管：9014×2，8050×2。

2. 原理图（如图 A-1 所示）

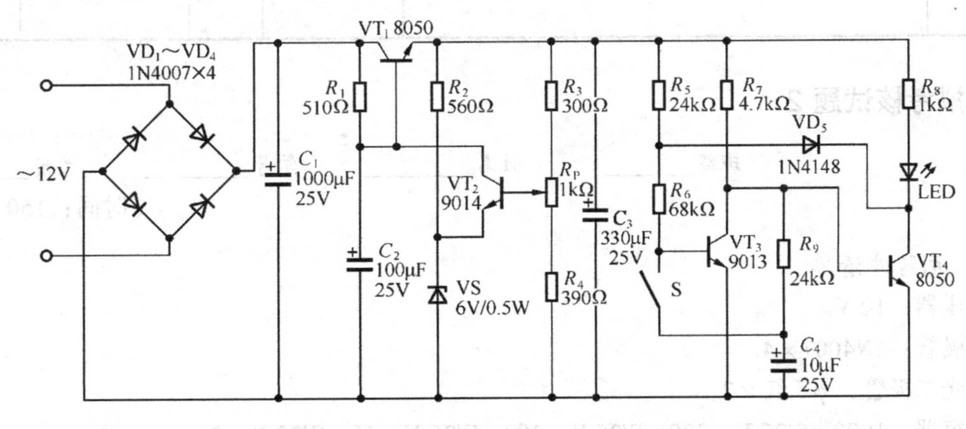

图 A-1　模拟考核（试）题 1 原理图

3. 考核要求

按图装接，稳压输出调试到 12 V，并闭合开关 S 触发发光二极管 LED 点亮。

4．考核评分表（见表 A-1）

表 A-1　模拟考核试题 1 考核评分表

<table>
<tr><td>准考证号</td><td></td><td>姓名</td><td></td><td>时限</td><td>150 min</td><td>鉴定比重</td><td>100%</td><td>实用工时</td><td></td><td rowspan="2">备注</td></tr>
<tr><td>给分要素</td><td colspan="2">技术要求</td><td>配分</td><td colspan="4">评分细则</td><td>扣分</td><td>得分</td></tr>
<tr><td>电子线路安装工艺</td><td colspan="2">1. 检测元器件
2. 元件布局合理，整齐规范
3. 焊点光亮，圆滑无毛刺，锡量适中
4. 连线平直，无交叉</td><td>30</td><td colspan="4">1. 元器件检测错误，每件扣 2 分
2. 电路排版不合理，插件不规范，不整齐扣 5～10 分
3. 焊接不好每处扣 1 分，最高限扣 15 分
4. 连线不平直，交叉扣 2～5 分</td><td></td><td></td><td></td></tr>
<tr><td>安装正确性</td><td colspan="2">1. 按图装接正确
2. 电路功能完整</td><td>40</td><td colspan="4">1. 未按图装接扣 10～20 分
2. 电路功能不完整扣 20 分
3. 在额定时限内允许返修一次，扣 15 分</td><td></td><td></td><td></td></tr>
<tr><td>电压测量现象</td><td colspan="2">1. 正确使用仪表
2. 测量并记录各点电压；
3. 表述现象完整</td><td>20</td><td colspan="4">1. 仪表使用不规范扣 5 分
2. 测量电位有错误每处扣 2 分
3. 对可能产生原因分析思路不对每处扣 5～10 分</td><td></td><td></td><td></td></tr>
<tr><td>安全文明生产</td><td colspan="2">1. 遵守用电操作规范
2. 不损坏器材、仪表</td><td>10</td><td colspan="4">1. 通电操作违规扣 5～10 分，严重违规扣总分的 20～40 分
2. 损坏设备、仪表扣单项得分 10～30 分</td><td></td><td></td><td></td></tr>
<tr><td rowspan="2">评分记录</td><td colspan="5" rowspan="2"></td><td rowspan="2">总分</td><td rowspan="2"></td><td colspan="2">考评员</td><td rowspan="2"></td></tr>
<tr><td colspan="2">主　考</td></tr>
</table>

模拟考核试题 2

班级________　姓名________　学号________　成绩________

（时间：150 min）

1．元器件清单

变压器：12 V。

二极管：1N4007 × 4。

发光二极管：ϕ5 红 × 2。

电容器：1000 μF/25 V、330 μF/25 V、100 μF/25 V、10 μF/25 V × 2。

电阻器：510Ω、560Ω、300Ω、390Ω、1kΩ × 2、33kΩ × 2。

电位器：1kΩ。

稳压管：6 V/0.5 W。

三极管：9014、8050、9013×2。

2. 原理图（见图 A-2）

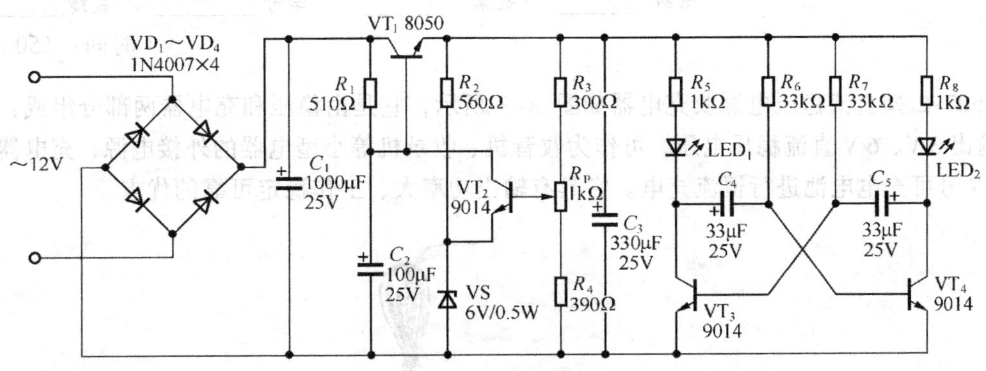

图 A-2 模拟考核（试）题 2 原理图

3. 考核要求

（1）按图装接，直流稳压电源稳压输出调整到 12 V，两只发光二极管应能轮流发光。

（2）分析 LED 轮流闪光的工作过程，并作简要说明。

（3）根据参数计算 LED 闪烁周期。

4. 考核评分表（见表 A-2）

表 A-2 模拟考核试题 2 考核评分表

<table>
<tr><td>准考证号</td><td></td><td>姓名</td><td colspan="2"></td><td>时限</td><td>150 min</td><td>鉴定比重</td><td>100%</td><td>实用工时</td><td></td><td rowspan="2">备注</td></tr>
<tr><td>给分要素</td><td colspan="3">技术要求</td><td>配分</td><td colspan="4">评分细则</td><td>扣分</td><td>得分</td></tr>
<tr><td>电子线路安装工艺</td><td colspan="3">1. 检测元器件
2. 元件布局合理，整齐规范
3. 焊点光亮，圆滑无毛刺，锡量适中
4. 连线平直，无交叉</td><td>30</td><td colspan="4">1. 元器件检测错误，每件扣 2 分
2. 电路排版不合理，插件不规范，不整齐扣 5～10 分
3. 焊接不好每处扣 1 分，最高限扣 15 分
4. 连线不平直、交叉扣 2～5 分</td><td></td><td></td><td></td></tr>
<tr><td>安装正确性</td><td colspan="3">1. 按图装接正确
2. 电路功能完整</td><td>40</td><td colspan="4">1. 未按图装接扣 10～20 分
2. 电路功能不完整扣 20 分
3. 在额定时限内允许返修一次，扣 15 分</td><td></td><td></td><td></td></tr>
<tr><td>电压测量现象</td><td colspan="3">1. 正确使用仪表
2. 测量并记录各点电压
3. 表述现象完整</td><td>20</td><td colspan="4">1. 仪表使用不规范扣 5 分
2. 测量电位有错误每处扣 2 分
3. 对可能产生原因分析思路不对每处扣 5～10 分</td><td></td><td></td><td></td></tr>
<tr><td>安全文明生产</td><td colspan="3">1. 遵守用电操作规范
2. 不损坏器材、仪表</td><td>10</td><td colspan="4">1. 通电操作违规扣 5～10 分，严重违规扣总分 20～40 分
2. 损坏设备、仪表扣单项得分 10～30 分</td><td></td><td></td><td></td></tr>
<tr><td rowspan="2">评分记录</td><td colspan="6" rowspan="2"></td><td colspan="2" rowspan="2">总分</td><td colspan="2">考评员</td><td rowspan="2"></td></tr>
<tr><td colspan="2">主考</td></tr>
</table>

模拟考核试题 3

班级________ 姓名________ 学号________ 成绩________

（时间：150 min）

DS07-2 型直流稳压电源及充电器如图 A-3 所示，它是由稳压和充电器两部分组成：稳压电源输出 3 V、6 V 直流稳压电压，可作为收音机、收录机等小型电器的外接电源；充电器可对 5 号、7 号可充电电池进行恒流充电。它具有输出功率大、工作稳定可靠的优点。

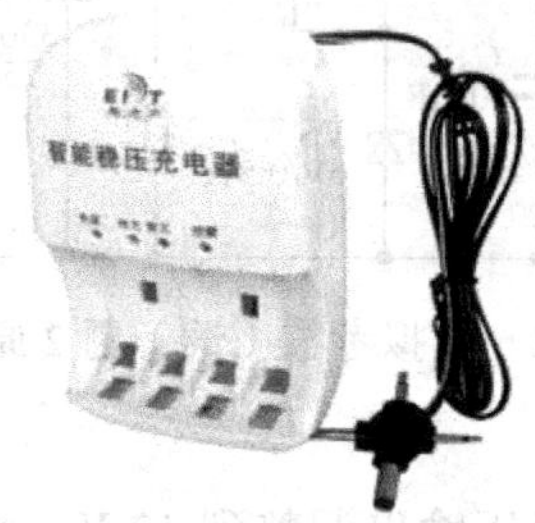

图 A-3 DS07-2 型直流稳压电源及充电器

1. 元器件清单（见表 A-3）

表 A-3 模拟考核试题 3 元器件清单

名 称	型 号	数 量	位 号	名 称	型 号	数 量	位 号
电阻器	2Ω、560Ω、220Ω、12kΩ、43kΩ	各 2 只	R_2、R_{12}、R_{14}、R_{17}、R_7、R_{13}、R_{15}、R_{18}、R_8、R_{10}	三极管	C8050	2 只	VT_4、VT_5
电阻器	100Ω、330Ω、470Ω、1kΩ、4.7kΩ	各 1 只	R_5、R_4、R_6、R_3、R_1	三极管	C9013	3 只	VT_2、VT_3、VT_6
电阻器	56Ω	3 只	R_{11}、R_{16}、R_{19}	三极管	C2328A	1 只	VT_1
电解电容器	2.2μF/10V、100μF/10V、470μF/16V	各 1 只	C_2、C_3、C_1	稳压源	TL431	2 只	VT_7、VT_8
二极管	1N4001	4 只	VD_1、VD_2、VD_3、VD_4	跳线		3 只	J1、J2、J3
变压器	220V/9V 5W	1 只		直脚开关	1×2 2×2	各 1 只	S_1、S_2
正极片		4 个		印制电路板		1 块	
负极片		8		十字插头输出线	0.8 m	1 根	
发光二极管	ϕ3 绿色	1 只	LED_2	外壳上下盖		1 套	
发光二极管	ϕ3 红色高亮	3 只	LED_1、LED_3、LED_4	自攻螺钉	PA3×12	3 粒	

2. 爱迪特牌 DS07-2 型直流稳压电源原理图及印制板电路图（见图 A-4、图 A-5）

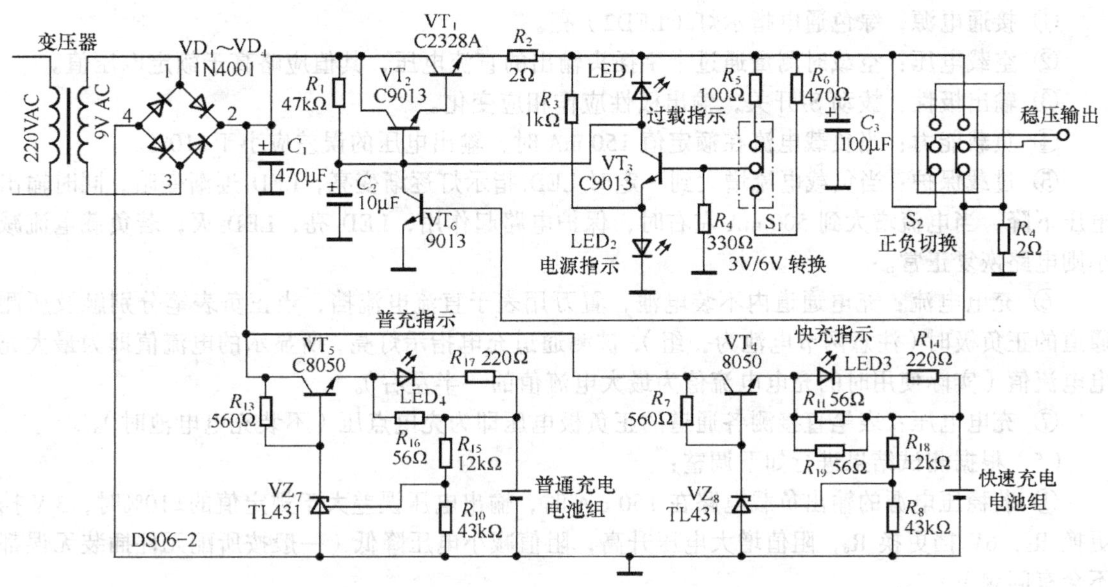

图 A-4　爱迪特牌 DS07-2 型直流稳压电源及充电器原理图

3．装配和调试说明

（1）注意所有与面板孔嵌装元件的配合（如发光二极管的圆顶部位与面板孔相平，面板与拨动开关 S_1、S_2 是否灵活到位）。

（2）VT_1、VT_2、VT_3 采用横装，焊接时引脚稍微留长一些，由于空间不够，C_1、C_2、C_3 卧装。

（3）从变压器及印制板上焊出的引线长度应适当，导线剥头时不可伤及铜芯，多股芯线剥头后有松散现象，须捻紧以便烫锡、插孔、焊装。

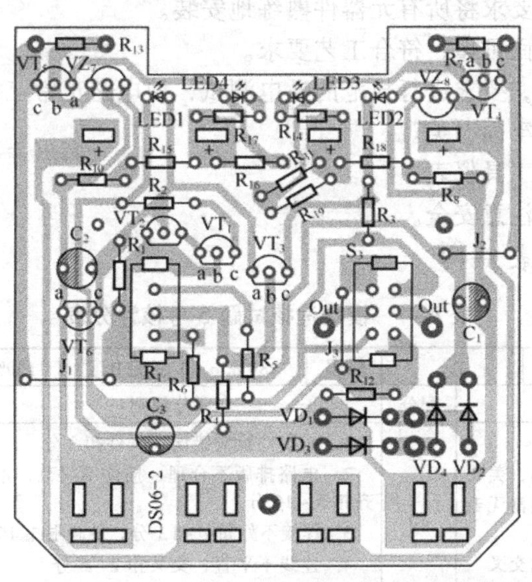

图 A-5　爱迪特牌 DS07-2 型直流稳压电源及充电器印制电路板图

（4）安装完毕检查无误后，用万用表欧姆挡测得电源插头两引脚间的电阻大于 500 Ω 即可通电检测。测试过程如下：

① 接通电源，绿色通电指示灯（LED2）亮。

② 空载电压：空载时测量通过十字插头输出的直流电压，其值应略高于额定电压值。

③ 输出极性：拨动 S_2开关，输出极性应作相应变化。

④ 负载能力：当负载电流在额定值 150 mA 时，输出电压的误差应小于±10%。

⑤ 过载保护：当负载电流增大到一定时 LED_1指示灯逐渐变亮，LED_2逐渐变暗，同时输出电压下降，当电流增大到 500 mA 左右时，保护电路起作用，LED_1亮，LED_2灭；若负载电流减小则电路恢复正常。

⑥ 充电电流：充电通道内不装电池，置万用表于直流电流挡，当正负表笔分别触及所测通道的正负极时（注意两节电池为一组），被测通道充电指示灯亮，所显示的电流值即为最大充电电流值（实际使用时的充电电流值为最大电流值的一半左右）。

⑦ 充电电压：表笔直接测各通道的正负极电压即为充电点压（不装充电电池时）。

（5）根据测试结果进行如下调整：

① 若稳压电源的输出负载电路在 150 mA 时，输出电压误差大于规定值的±10%时，3 V 挡更换 R_5，6V 挡更换 R_6，阻值增大电压升高，阻值减小电压降低（一般按所配元件插装无误都不会有问题）；

② 更换 R_4阻值可适当调整负载电流值，减小电阻值即增大负载电流，但不得小于 1.5 Ω，否则调整管 V_1容易烧坏；

③若要改变充电电流值，可更换 R_{16}、R_{11}、R_{19}，阻值增大，充电电流减小，阻值减小，充电电流增大。

4. 考核要求

（1）时间：180 min。

（2）按元器件清单整理所需材料，并对元器件进行检查。

（3）在规定时间内按要求将所有元器件熟练地安装。

（4）元器件装配要牢固可靠，符合工艺要求。

（5）线路装接完成后，要求进行规范的通电测试，使电路正常工作。

（6）总装合理，产品牢固、美观。

（7）熟练并正确使用工具仪表。

（8）文明规范操作，注意安全。

5. 考核评分表（见表 A-4）

表 A-4 模拟考核试题 3 考核评分表

准考证号		姓名		时限	180 min	鉴定比重	100%	实用工时		备注
给分要素	技术要求		配分	评分细则				扣分	得分	
电子安装工艺	1. 检测元器件 2. 元件安装正确，美观 3. 焊点光亮，圆滑无毛刺，锡量适中 4. 连线平直，无交叉 5. 总装合理、美观		30	1. 元器件检测错误，每件扣 2 分 2. 电路排版不合理，插件不规范，不整齐扣 5～10 分 3. 焊接不好每处扣 1 分，最高限扣 15 分 4. 连线不平直，交叉扣 2～5 分 5. 总装不完全，每少一项扣 2 分						
安装正确性	1. 按图装接正确 2. 电路功能完整		40	1. 未按图装接扣 10～20 分 2. 电路功能不完整扣 20 分 3. 在额定时限内允许返修一次，扣 15 分						

续表

<table>
<tr><td>准考证号</td><td></td><td>姓名</td><td colspan="2"></td><td>时限</td><td>180 min</td><td>鉴定比重</td><td>100%</td><td>实用工时</td><td></td><td rowspan="2">备注</td></tr>
<tr><td>给分要素</td><td colspan="3">技术要求</td><td>配分</td><td colspan="4">评分细则</td><td>扣分</td><td>得分</td></tr>
<tr><td>测量调试</td><td colspan="3">1. 正确使用仪表
2. 测量并记录各点电压
3. 表述现象完整</td><td>20</td><td colspan="4">1. 仪表使用不规范扣 5 分
2. 测量电位有错误每处扣 2 分
3. 对可能产生原因分析思路不对每处扣 5～10 分</td><td></td><td></td><td></td></tr>
<tr><td>安全文明生产</td><td colspan="3">1. 遵守用电操作规范
2. 不损坏器材、仪表</td><td>10</td><td colspan="4">1. 通电操作违规扣 5～10 分，严重违规扣总分 20～40 分
2. 损坏设备、仪表扣单项得分 10～30 分</td><td></td><td></td><td></td></tr>
<tr><td rowspan="2">评分记录</td><td colspan="6" rowspan="2"></td><td rowspan="2">总分</td><td rowspan="2"></td><td>考评员</td><td colspan="2"></td></tr>
<tr><td>主考</td><td colspan="2"></td></tr>
</table>

模拟考核试题 4

班级________　姓名________　学号________　成绩________

（时间：150 min）

可编程定时器电路由分钟脉冲发生器、可预置计数器、分频器、驱动器及报警电路组成，如图 A-6 所示。定时范围为 1～99 min 内任意预设。

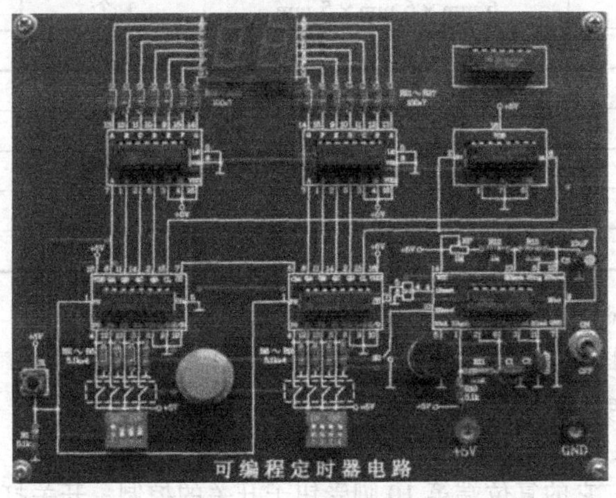

图 A-6　可编程定时器

1. 元器件清单（见表 A-5）

表 A-5　模拟考核试题 4 元器件清单

序号	名　称	型 号 与 规 格	数　量	位　号
1	线路板	THDAF120.PCB	1 块	
2	电阻	RJ-0.25W-100Ω ± 1Ω	14 个	R_{14} ~ R_{27}
3		RJ-0.25W-5.1kΩ ± 51Ω	11 个	R_1 ~ R_{11}
4		RJ-0.25W-1MΩ ± 10kΩ	1 个	R_{12}
5		RT-0.25W-3.3MΩ ± 33kΩ	1 个	R_{13}

续表

序号	名　称	型 号 与 规 格	数　量	位　　号
6	CBB 电容	0.01 μF	1 个	C_2
7		0.1 μF	1 个	C_1
8	电解电容	10 μF /50 V	1 个	C_3
9	蜂鸣器（有源）	5 V	1 个	
10	数码管	5011AS	2 个	共阴极
11	钮子开关	KN61	1 个	
12	碳膜电位器	1MΩ	1 个	R_P
13	电位器帽	KYP16-16-4J	1 个	
14	4 位红开关		2 个	
15	集成芯片	CD4029	2 个	U_5、U_6
16		CD4518	1 个	U_4
17		NE556	1 个	U_7
18		74LS02	1 个	U_1
19		CD4511	2 个	U_2、U_3
20	集成插座	16P	5 个	
21		14P	2 个	
22	微动按钮	6 mm × 6 mm × 5 mm	1 个	S_1
23	防转柱	10 mm	2 个	红、黑各 1 个
24	不锈钢螺钉	M3 × 8	4 个	
25	平垫	$\phi 3$	4 个	
26	弹垫	$\phi 3$	4 个	
27	支架	23 长	4 个	
28	软线	红色	10 cm	12 芯

2. 可编程定时器电路原理图及印制板电路图

可编程定时器原理图及印制板电路图如图 A-7、图 A-8 所示。

3. 装配和调试说明

由 NE556 的一半及 R_P、R_{12}、R_{13}、C_3 组成分钟脉冲发生器，$T=0.7(R_P+R_{12}+2R_{13})C_3$，调节 R_P，使脉冲周期为 60 s，它的复位端第 10 脚受钮子开关的控制，开关打在开的位置时，定时器开始计数，开关打在关的位置时，定时器停止计数。NE556 的另一半及 R_{10}、R_{11}、C_1 组成多谐振荡器，用于蜂鸣器报警，频率 $f=1.44/(R_{10}+2\times R_{11})C_1$，约为 1kHz。CD4518 为十进制计数器，和其外围电路组成十分频器，分频时钟由分钟脉冲发生器提供，第 6 脚输出 10 分钟的脉冲。CD4029 采用四位可预置可逆计数器，接成十进制减法计数器的形式，组成十进制的两位编程器。只有当 U5 的输出全减为 0 时，C_0 的输出由高变低，U_6 才开始计数，当 U_6 的输出全减为 0 时，C_0 的输出由高变低,经 74LS02 后变成高电平提供给 NE556 的第 4 脚，第 5 脚有振荡波形输出，使蜂鸣器输出报警提示，计时结束。拨码开关用于预设定时时间，采用 8421 码显示，开关设好以后，按 S_1 按钮，则数码管上会显示所预设的时间，同时计数开始。由于分钟脉冲发生器的复位端只受钮子开关的控制，所以分钟脉冲发生器一直在计数，这样就导致定时结束后，蜂鸣器进行报警，而后又开始计时，所以当一次定时结束后，钮子开关要打在关的位置或进行第二次定时。

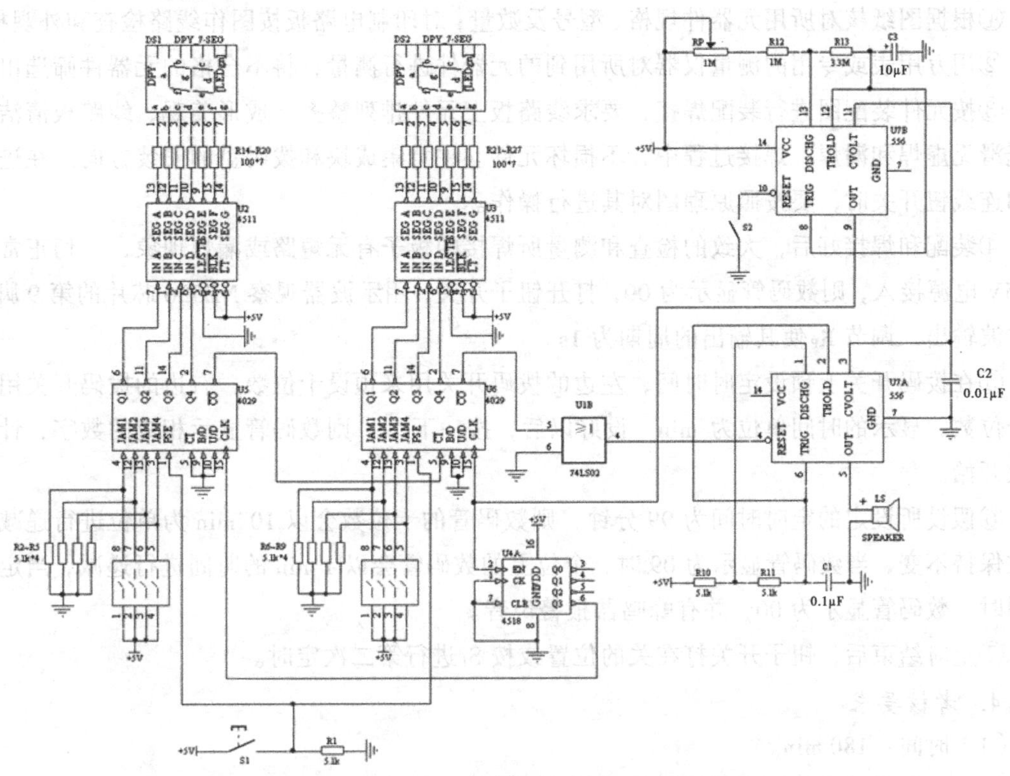

图 A-7　可编程定时器电路原理图

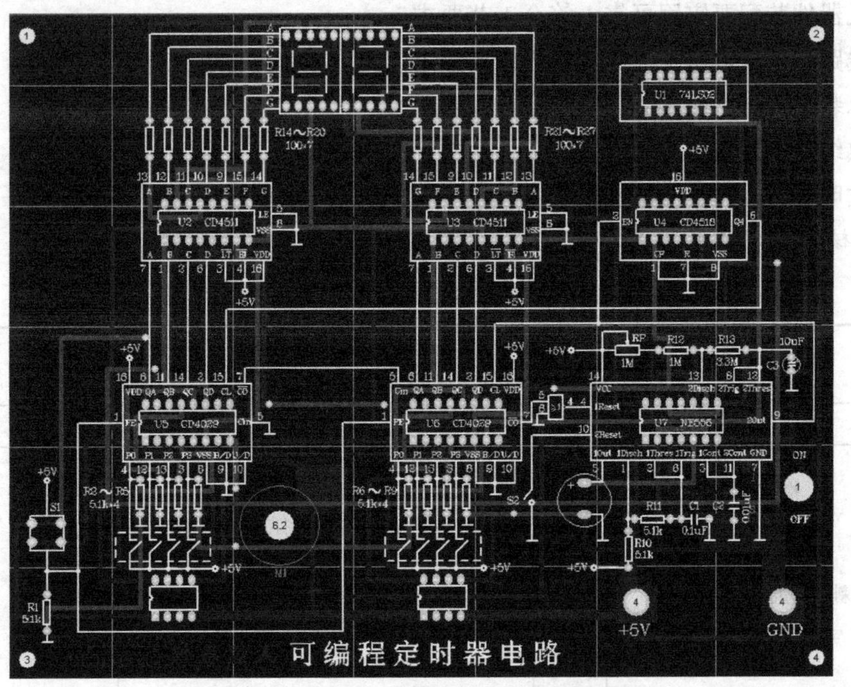

图 A-8　可编程定时器电路印制板电路图

①根据图纸核对所用元器件规格、型号及数量；对印制电路板按图作线路检查和外观检查。

②用万用表或专用的测量仪器对所用到的元器件进行测量，将不合格的元器件筛选出来。

③按元件装配图进行装配焊接，要求线路板上元件排列整齐、成形美观、线路板清洁；焊点光滑无虚焊和漏焊；焊接过程中，不损坏元件。注意集成块和拨码盘的安装方向。在进行装配和连线钮开关时，要按照原理图对其进行操作。

④装配和焊接好后，大致的检查和测量所焊接的板子有无短路或漏焊现象，一切正常后，将+5V 电源接入，则数码管显示为 00，打开钮子开关，用示波器观察 NE556 芯片的第 9 脚，会有方波输出，调节 R_P 使其输出的周期为 1s。

⑤在拨码开关上预设定时时间，左边的拨码开关用来预设十位数，右边的拨码开关用来预设个位数，显示的时间单位为 min。设好以后，按一下 S_1，则数码管显示相应的数字，计时器计数开始。

⑥假设所设定的定时时间为 99 分钟，则数码管的十位数会以 10 min 为单位进行递减，个位数保持不变，当数码管显示为 09 时，个位上的数码管会以 1 min 的时间进行递减，当定时时间到时，数码管显示为 00，并有蜂鸣器报警声音。

⑦定时结束后，钮子开关打在关的位置或按 S_1 进行第二次定时。

4. 考核要求

（1）时间：180 min。

（2）按元器件清单整理所需材料，并对元器件进行检查。

（3）在规定时间内按要求将所有元器件熟练地安装。

（4）元器件装配要牢固可靠，符合工艺要求。

（5）线路装接完成后，要求进行规范的通电测试，使电路正常工作。

（6）总装合理，产品牢固、美观。

（7）熟练并正确使用工具仪表。

（8）文明规范操作，注意安全。

5. 考核评分表（见表 A-6）

表 A-6 模拟考核试题 4 考核评分表

<table>
<tr><td>准考证号</td><td></td><td>姓名</td><td></td><td>时限</td><td>180min</td><td>鉴定比重</td><td>100%</td><td>实用工时</td><td></td><td rowspan="2">备注</td></tr>
<tr><td>给分要素</td><td colspan="3">技术要求</td><td>配分</td><td colspan="3">评分细则</td><td>扣分</td><td>得分</td></tr>
<tr><td>电子安装工艺</td><td colspan="3">1. 检测元器件
2. 元件安装正确，美观
3. 焊点光亮，圆滑无毛刺，锡量适中
4. 连线平直，无交叉
5. 总装合理、美观</td><td>30</td><td colspan="3">1. 元器件检测错误，每件扣 2 分
2. 电路排版不合理，插件不规范，不整齐扣 5～10 分
3. 焊接不好每处扣 1 分，最高限扣 15 分
4. 连线不平直，交叉扣 2～5 分
5. 总装不完全，每少一项扣 2 分</td><td></td><td></td><td></td></tr>
</table>

续表

准考证号		姓名		时限	180min	鉴定比重	100%	实用工时		备注
给分要素	技术要求		配分	评分细则				扣分	得分	
安装正确性	1. 按图装接正确 2. 电路功能完整		40	1. 未按图装接扣10～20分 2. 电路功能不完整扣20分 3. 在额定时限内允许返修一次，扣15分						
测量调试	1. 正确使用仪表 2. 测量并记录各点电压 3. 表述现象完整		20	1. 仪表使用不规范扣5分 2. 测量电位有错误每处扣2分 3. 对可能产生原因分析思路不对，每处扣5～10分						
安全文明生产	1. 遵守用电操作规范 2. 不损坏器材、仪表		10	1. 通电操作违规扣5～10分，严重违规扣总分20～40分 2. 损坏设备、仪表扣单项得分10～30分						
评分记录					总分			考评员		

（二）模拟考核试题（中级）

模拟考核试题1

班级________ 姓名________ 学号________ 成绩________

（时间：180 min）

1．元器件清单

变压器：12 V。

二极管：1N4007×4。

发光二极管：ϕ5 红×3。

电容器：1 000 μF/25 V、330 μF/25 V、100 μF/25 V、33 μF/25 V×3。

电阻器：510 Ω×4、560 Ω×2、300 Ω，390 Ω、24k Ω×4、1 kΩ。

电位器：1 kΩ。

稳压管：6 V/0.5 W。

三极管：8050×2，9014×4。

2．原理图（见图A-9）

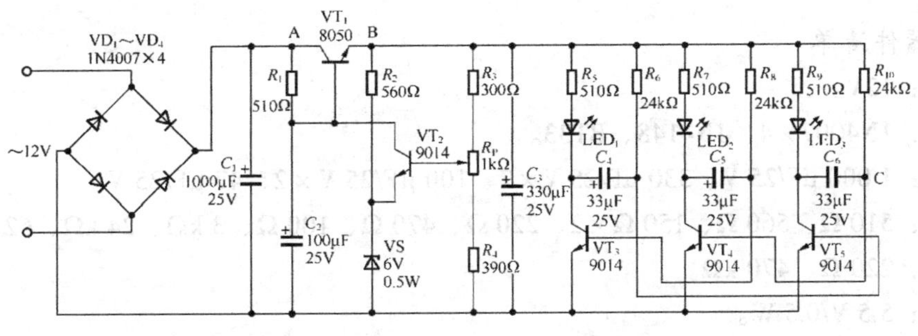

图A-9　模拟考核（试）题1原理图

3. 考核要求

（1）按图装接，将直流稳压电源稳压输出调整到 12V，此时 3 只发光二极管应轮流闪亮。

（2）正确使用万用表测量 A、B、C 三点的电位。

（3）根据参数计算 LED 闪烁周期。

4. 考核评分表（见表 A-7）

表 A-7 模拟考核试题 1 考核评分表

准考证号		姓名	时限	180 min	鉴定比重	100%	实用工时		备注
给分要素	技术要求		配分	评分细则			扣分	得分	
电子线路安装工艺	1. 检测元器件 2. 元件布局合理，整齐规范 3. 焊点光亮，圆滑无毛刺，锡量适中 4. 连线平直，无交叉		30	1. 元器件检测错误，每件扣 2 分 2. 电路排版不合理，插件不规范，不整齐扣 5～10 分 3. 焊接不好每处扣 1 分，最高限扣 15 分 4. 连线不平直，交叉扣 2～5 分					
安装正确性	1. 按图装接正确 2. 电路功能完整		40	1. 未按图装接扣 10～20 分 2. 电路功能不完整扣 20 分 3. 在额定时限内允许返修一次，扣 15 分					
电压测量现象	1. 正确使用仪表 2. 测量并记录各点电压 3. 表述现象完整		20	1. 仪表使用不规范扣 5 分 2. 测量电位有错误每处扣 2 分 3. 对可能产生原因分析思路不对，每处扣 5～10 分					
安全文明生产	1. 遵守用电操作规范 2. 不损坏器材、仪表		10	1. 通电操作违规扣 5～10 分，严重违规扣总分 20～40 分 2. 损坏设备、仪表扣单项得分 10～30 分					
评分记录					总分		考评员		
							主考		

模拟考核试题 2

班级________ 姓名________ 学号________ 成绩________

（时间：180 min）

1. 元器件清单

变压器：12V。

二极管：1N4007×4、1N4148、BT33。

电容器：1 000 μF/25 V、330 μF/25 V×2、100 μF/25 V×2、47 μF/25 V。

电阻器：510 Ω、560 Ω、150 Ω×2、220 Ω、470 Ω、100 Ω、3 kΩ、24 kΩ、62 kΩ。

电位器：220 Ω、470 kΩ。

稳压管：5.5 V/0.5 W。

三极管：8050、9013×2，9014×2。

2. 原理图（如图 A-10 所示）

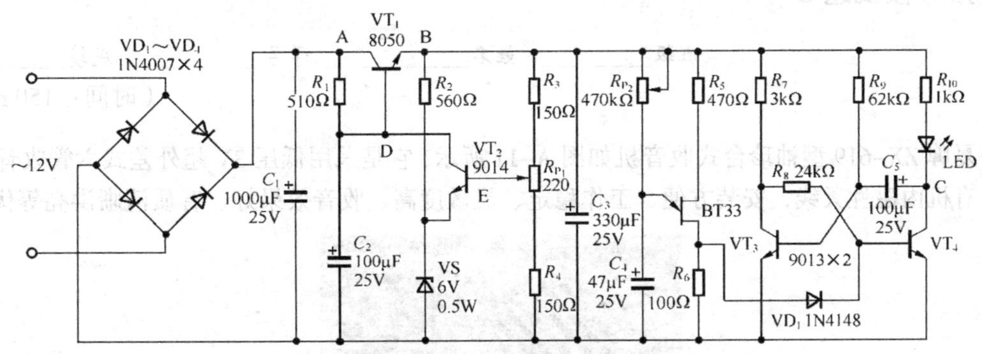

图 A-10　模拟考核试题 2 原理图

3. 考核要求

（1）按图装接，将直流稳压电源稳压输出调试到 12V，调节 R_{P_2} 使发光二极管 LED 闪烁。

（2）正确使用示波器，测出 C 点的波形，并绘制波形图。

（3）正确使用万用表测量 A、B、D、E 四点的电位。

4. 考核评分表（见表 A-8）

表 A-8　模拟考核试题 2 考核评分表

<table>
<tr><td>准考证号</td><td></td><td>姓　名</td><td colspan="2"></td><td>时限</td><td>180 min</td><td>鉴定比重</td><td>100%</td><td>实用工时</td><td></td><td rowspan="2">备　注</td></tr>
<tr><td>给分要素</td><td colspan="3">技术要求</td><td>配分</td><td colspan="4">评分细则</td><td>扣分</td><td>得分</td></tr>
<tr><td>电子线路安装工艺</td><td colspan="3">1. 检测元器件
2. 元件布局合理，整齐规范
3. 焊点光亮，圆滑无毛刺，锡量适中
4. 连线平直、无交叉</td><td>30</td><td colspan="4">1. 元器件检测错误，每件扣 2 分
2. 电路排版不合理，插件不规范、不整齐扣 5～10 分
3. 焊接不好每处扣 1 分，最高限扣 15 分
4. 连线不平直，交叉扣 2～5 分</td><td></td><td></td><td></td></tr>
<tr><td>安装正确性</td><td colspan="3">1. 按图装接正确
2. 电路功能完整</td><td>40</td><td colspan="4">1. 未按图装接扣 10～20 分
2. 电路功能不完整扣 20 分
3. 在额定时限内允许返修一次，扣 15 分</td><td></td><td></td><td></td></tr>
<tr><td>测量调试</td><td colspan="3">1. 正确使用仪表
2. 测量并记录各点电压
3. 表述现象完整</td><td>20</td><td colspan="4">1. 仪表使用不规范扣 5 分
2. 测量电位有错误每处扣 2 分
3. 对可能产生原因分析思路不对每处扣 5～10 分</td><td></td><td></td><td></td></tr>
<tr><td>安全文明生产</td><td colspan="3">1. 遵守用电操作规范
2. 不损坏器材、仪表</td><td>10</td><td colspan="4">1. 通电操作违规扣 5～10 分，严重违规扣总分 20～40 分
2. 损坏设备、仪表扣单项得分 10～30 分</td><td></td><td></td><td></td></tr>
<tr><td rowspan="2">评分记录</td><td rowspan="2" colspan="6"></td><td rowspan="2">总分</td><td rowspan="2"></td><td colspan="3">考评员</td></tr>
<tr><td colspan="3">主考</td></tr>
</table>

模拟考核试题 3

班级________ 姓名________ 学号________ 成绩________

（时间：150 min）

中夏牌 ZX-619 型袖珍台式收音机如图 A-11 所示，它是采用低压 3V 超外差式六管收音机电路，具有机内磁性天线，安装方便、工作稳定、灵敏度高、收音效果好、音质清晰洪亮等优点。

图 A-11　ZX-619 型袖珍台式收音机

1. 元器件清单（见表 A-9）

表 A-9　模拟考核试题 3 元器件清单

名　称	型　号	数　量	名　称	型　号	数　量
三极管	9013	2 只	双联电容器	CBM-223P	1 只
三极管	9014 或 DG201	1 只	线路板		1 块
三极管	9018	3 只	弹簧极片	正负极片	1 套
二极管	1N4148	1 只	导线		4 根
发光二极管	ϕ3 红	1 只	平机螺钉	$\phi 2.5\times4$	3 粒
磁棒及线圈	5 mm × 13 mm × 55 mm	1 只	自攻螺钉	$\phi 3\times6$	4 粒
中周	红、白、黑	3 只	平头螺钉	$\phi 4\times10$	1 粒
输入变压器	蓝或绿	1 只	元机螺钉	$\phi 1.6\times5$	1 粒
输出变压器	红或黄	1 只	喇叭压板		2 个
扬声器	ϕ66	1 只	装配说明		1 份
电阻器	150 Ω、1k Ω、2.7 kΩ、33 kΩ	各 1 只	刻度板		1 块
电阻器	330 Ω、62 kΩ、120 kΩ	各 2 只	收音机前盖		1 个
电位器	5 kΩ	1 只	收音机后盖		1 个
瓷片电容器	181	1 只	电池盖		1 个
瓷片电容器	103	2 只	双联拨盘		1 个
瓷片电容器	223	3 只	电位器拨盘		1 个
电解电容器	1 μF、100 μF、220 μF	各 1 只	磁棒支架		1 个
电解电容器	4.7 μF	2 只	立柱螺钉		1 个

2. 中夏牌 ZX-619 型袖珍台式收音机原理图及印制板电路图（如图 A-12、图 A-13 所示）

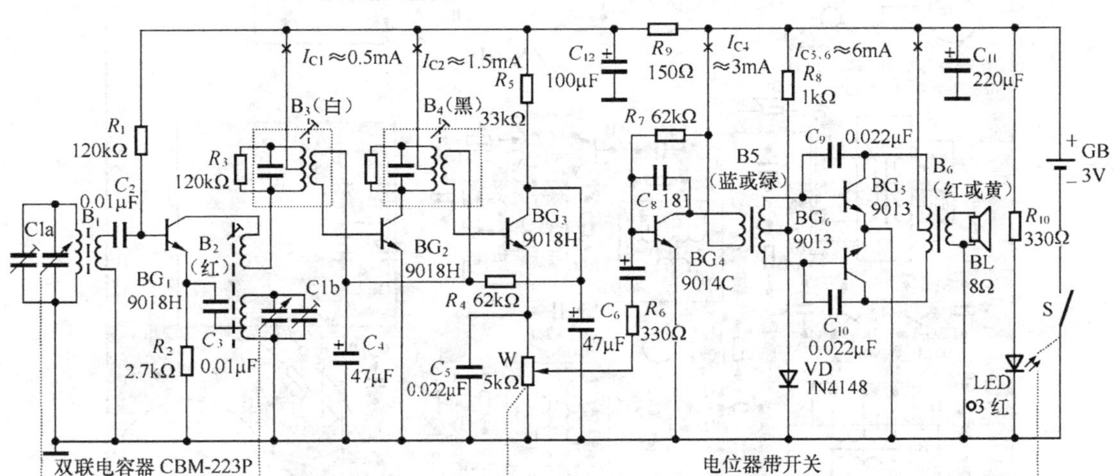

图 A-12　中夏牌 ZX-619 型袖珍台式收音机原理图

3. 装配和调试说明

（1）中频变压器 3 只为一套，B2 为振荡线圈（红色），B3 为第一中频（白色），B4 为第二中频（黑色），3 只中频变压器在出厂前均已调到所需的频率上，装好调试时只须左右微调一下甚至可以不调，请勿乱调（中频变压器外壳必须接地，它不但起屏蔽作用还起导电作用）。

（2）B5 为音频输入变压器（蓝色或红色）；B6 为输出变压器（红色或黄色），焊接时请分清输入和输出不要装错（输入变压器的直流电阻一般比输出变压器的直流电阻大一些）。

（3）BG5、BG6 为 9013 不得与 BG1～BG3 的 9018、BG4 的 9014 弄混。

（4）安装时，首先对照元件明细表认清元件，然后用$\phi 2.5\times 4$ 的螺钉把可变电容器拧在线路板上。

（5）建议安装顺序：把 3 只中频变压器和 2 只音频变压器对照印制电路板电路安装在线路板上，这样一来线路板就被安装上的元件分隔成几块，然后再找出每一块中需要安装的元件，一一对号装上，这样不容易出错，也比较容易，安装过程中注意二极管、三极管及电解电容器的极性不要装错。

（6）安装完毕后，须进行直流测量：线路板上留有 4 个测量电流的口，用万用表测量各点的三极管静态电流，I_{C1}≈0.5mA；I_{C2}≈1.5mA；I_{C4}≈3mA；I_{C5}、I_{C6}≈6mA，（电流有偏差是正常现象，只要音量大且不失真为准）测量合适后用焊锡将缺口接通，这时收音机就响了，如果遇到哪一级电流太大或太小时重点检查该三极管的极性是否装错，周围元件是否有虚假错焊和短路等现象。

（7）频率调整：首先将调谐拨盘转到 530 kHz 处音量打到最大，用学生信号源给出 465 kHz 的调幅信号（可用成品机对比调试），让收音机靠近信号源，即可收到调制信号叫声，这时分别微调中频变压器 B3 和 B4 的磁帽，使声音最大；其次，把信号源的频率改为 530 kHz，调振荡线圈 B2 的磁帽，收到调制信号的叫声，再移动磁棒线圈的位置使声音最大，用蜡封住线圈；然后把调谐拨盘转到 1600 kHz 处让信号输出 1600 kHz 调幅信号微调 C1b 收到调制信号即停，最后调整微调 C_{1a} 使声音最大即可调整完毕。

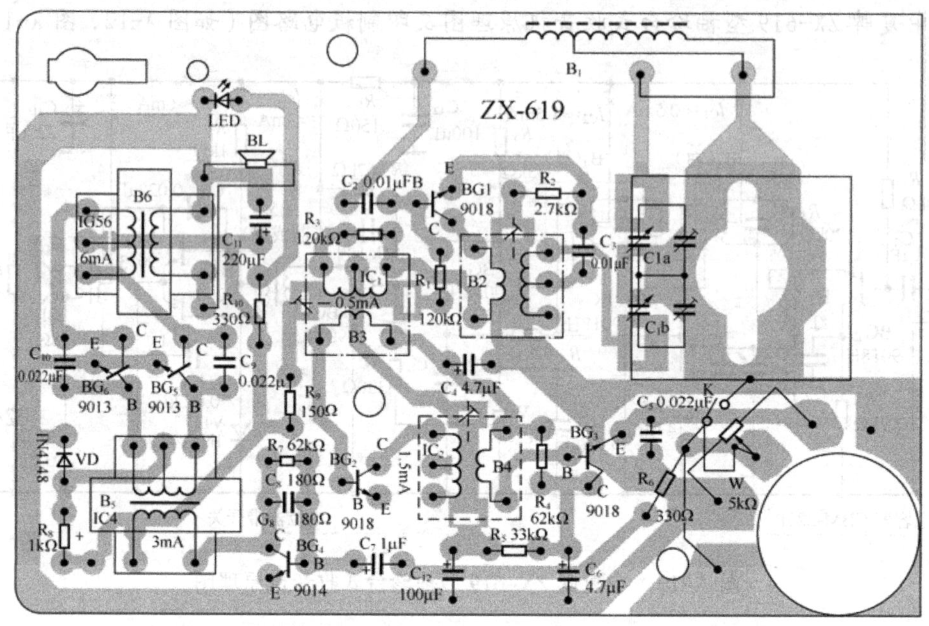

图 A-13　中夏牌 ZX-619 型袖珍台式收音机印制板电路图

4. 考核要求

（1）时间：180 min。

（2）按元器件清单整理所需材料，并对元器件进行检查。

（3）在规定时间内按要求将所有元器件熟练地安装。

（4）总装合理，产品牢固、美观。

（5）元器件装配要牢固可靠，符合工艺要求。

（6）线路装接完成后，要求进行规范的通电测试，使电路正常工作。

（7）熟练并正确使用工具仪表。

（8）文明规范操作，注意安全。

5. 考核评分表（见表 A-10）

表 A-10　模拟考核试题 3 考核评分表

<table>
<tr><td>准考证号</td><td>姓名</td><td colspan="2"></td><td>时限</td><td>180 min</td><td>鉴定比重</td><td>100%</td><td>实用工时</td><td></td><td rowspan="2">备注</td></tr>
<tr><td>给分要素</td><td colspan="2">技术要求</td><td>配分</td><td colspan="4">评分细则</td><td>扣分</td><td>得分</td></tr>
<tr><td>电子安装工艺</td><td colspan="2">1. 检测元器件
2. 元件安装正确，美观
3. 焊点光亮，圆滑无毛刺，锡量适中
4. 连线平直、无交叉
5. 总装合理，美观</td><td>30</td><td colspan="4">1. 元器件检测错误，每件扣 2 分
2. 电路排版不合理，插件不规范、不整齐扣 5～10 分
3. 焊接不好每处扣 1 分，最高限扣 15 分
4. 连线不平直、交叉扣 2 ~ 5 分
5. 总装不完全，每少一项扣 2 分</td><td></td><td></td><td></td></tr>
<tr><td>安装正确性</td><td colspan="2">1. 按图装接正确
2. 通电，喇叭有沙沙声
3. 电路功能完整</td><td>40</td><td colspan="4">1. 未按图装接扣 10～20 分
2. 电路功能不完整扣 20 分
3. 在额定时限内允许返修一次，扣 15 分</td><td></td><td></td><td></td></tr>
</table>

续表

<table>
<tr><td>准考证号</td><td></td><td>姓名</td><td></td><td>时限</td><td>180 min</td><td>鉴定比重</td><td>100%</td><td>实用工时</td><td></td><td rowspan="2">备注</td></tr>
<tr><td>给分要素</td><td colspan="3">技术要求</td><td>配分</td><td colspan="3">评分细则</td><td>扣分</td><td>得分</td></tr>
<tr><td>检测
调试</td><td colspan="3">1. 正确使用仪表
2. 测量并记录各测试点电流、电压
3. 正确调试收音机，并能收听多个电台</td><td>20</td><td colspan="3">1. 仪表使用不规范扣 5 分
2. 测量电压、电流有错误每处扣 2 分
3. 不能正确调试收音机，每处扣 10 分
4. 对可能产生原因分析思路不对，每处扣 5～10 分</td><td></td><td></td><td></td></tr>
<tr><td>安全
文明
生产</td><td colspan="3">1. 遵守用电操作规范
2. 不损坏器材、仪表</td><td>10</td><td colspan="3">1. 通电操作违规扣 5～10 分，严重违规扣总分 20～40 分
2. 损坏设备、仪表扣单项得分 10～30 分</td><td></td><td></td><td></td></tr>
<tr><td rowspan="2">评分
记录</td><td rowspan="2" colspan="5"></td><td rowspan="2">总分</td><td rowspan="2"></td><td colspan="2">考评员</td><td></td></tr>
<tr><td colspan="2">主考</td><td></td></tr>
</table>

模拟考核试题 4

班级________ 姓名________ 学号________ 成绩________

（时间：150 min）

数字钟是一种用数字电路技术实现时、分、秒计时的装置，与机械式时钟相比具有更高的准确性和直观性，且无机械装置，具有更长的使用寿命，因此得到了广泛的使用。LED 数字电子钟如图 A-14 所示。

图 A-14 LED 数字电子钟

1. 元器件清单（见表 A-11）

表 A-11 模拟考核试题 4 元器件清单

序号	名　　称	型号与规格	数量	备　　注
1	线路板	THDAF141.PCB	1 块	
2	电阻	RJ-0.25W-100Ω ± 1Ω	44 个	R_1～R_{44}
3		RJ-0.25W-1kΩ ± 10Ω	1 个	R_{53}
4		RJ-0.25W-10kΩ ± 100Ω	4 个	R_{45}、R_{46}、R_{49}、R_{50}
5		RJ-0.25W-1MΩ ± 10kΩ	4 个	R_{47}、R_{48}、R_{51}、R_{52}
6		RJ-0.25W-10MΩ ± 100kΩ	1 个	R_{54}

续表

序号	名　称	型号与规格	数　量	备　注
7	独石电容	33 pF	2个	C_1、C_2
8	发光二极管	ϕ5，红色	4个	D_1～D_4
9	二极管	1N4148	6个	D_5～D_{10}
10	三极管	9012	1个	VT1
11	数码管	5011AS	6个	共阴极
12	集成芯片	CD4511	6个	U_1～U_6
13		CD4518	3个	U_7～U_9
14		CD4060	1个	U_{10}
15		CD4040	1个	U_{11}
16	集成插座	16P	11个	
17	微动按钮	6 mm×6 mm×5 mm	4个	S_1～S_4
18	晶振	32.768kHz	1个	
19	防转柱	10 mm	2个	红、黑各1个
20	不锈钢螺钉	M3×8	4个	
21	平垫	ϕ3	4个	
22	弹垫	ϕ3	4个	
23	支架	23长	4个	

2. LED数字电子钟原理图及印制板电路图（见图A-15、图A-16）

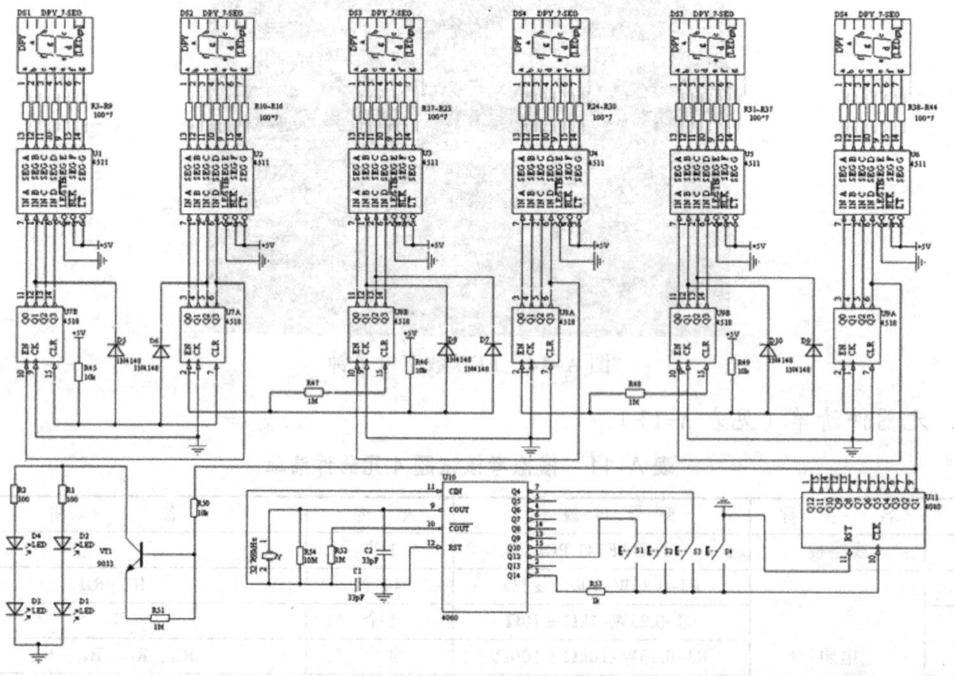

图A-15　LED数字电子钟原理图

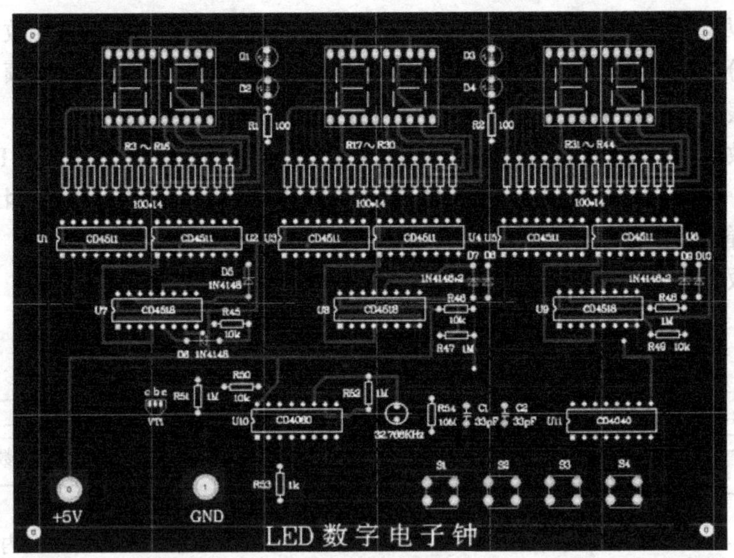

图 A-16 LED 数字电子钟印制板电路图

3. 装配和调试说明

(1)晶体振荡器电路

晶体振荡器是构成数字式时钟的核心，它保证了时钟的走时准确及稳定。

一般输出为方波的数字式晶体振荡器电路通常有两类，一类是用 TTL 门电路构成；另一类是通过 CMOS 非门构成的电路（如图 A-17 所示），从图上可以看出其结构非常简单。该电路广泛使用于各种需要频率稳定及准确的数字电路，如数字钟、电子计算机、数字通信电路等。

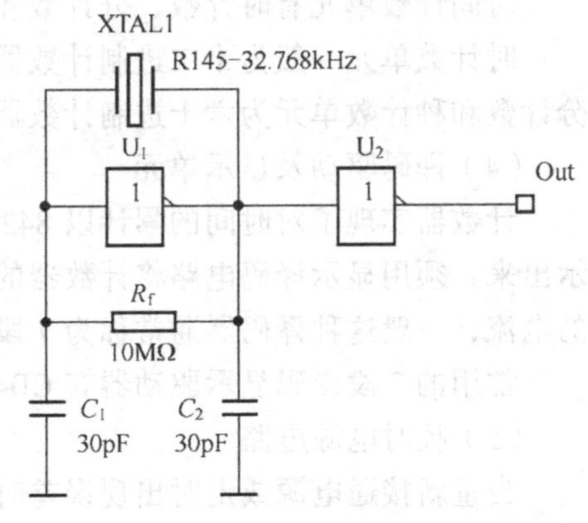

图 A-17 CMOS 晶体振荡器

图 A-17 所示电路中，CMOS 非门 U_1 与晶体、电容器和电阻器构成晶体振荡器电路，U_2 实现整形功能，将振荡器输出的近似于正弦波的波形转换为较理想的方波。输出反馈电阻 R_f 为非门提供偏置，使电路工作于放大区域，即非门的功能近似于一个高增益的反相放大器。电容 C_1、C_2 与晶体构成一个谐振型网络，完成对振荡频率的控制功能，同时提供了一个 180°相移，从而和非门构成一个正反馈网络，实现了振荡器的功能。由于晶体具有较高的频率稳定性及准确性，从而保证了输出频率的稳定和准确。

(2)分频器电路

通常，数字钟的晶体振荡器输出频率较高，为了得到 1Hz 的秒信号输入，需要对振荡器的输出信号进行分频。

通常实现分频器的电路是计数器电路，一般采用多级二进制计数器来实现。例如，将 32 768 Hz 的振荡信号分频为 1Hz 的分频倍数为 32 768（2^{15}），即实现该分频功能的计数器相当于 15 级二进制计数器。常用的二进制计数器有 74HC393 等。

实际上，从尽量减少元器件数量的角度来考虑，这里可选多极二进制计数电路 CD4060 和 CD4040 来构成分频电路。CD4060 和 CD4040 在数字集成电路中可实现的分频次数最高，而且 CD4060 还包含振荡电路所需的非门，使用更为方便。

CD4060 计数为 14 级二进制计数器，可以将 3 2768 Hz 的信号分频为 2 Hz，其内部框图如图 A–18 所示，从图中可以看出，CD4060 的时钟输入端两个串接的非门，因此可以直接实现振荡和分频的功能。

CD4040 计数器的计数模数为 4 096（2^{12}），其逻辑框图如图 A–19 所示。

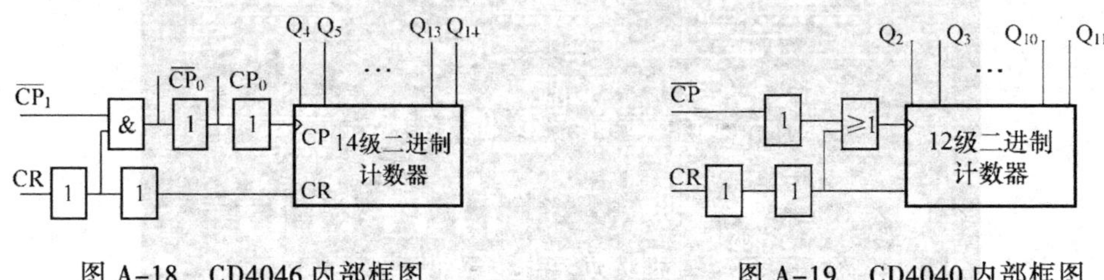

图 A–18　CD4046 内部框图　　　　图 A–19　CD4040 内部框图

如将 32 768 Hz 信号分频为 1 Hz，则须外加一个 8 分频计数器，故一般较少使用 CD4040 来实现分频。

综上所述，可选择 CD4060 同时构成振荡电路和分频电路。在 $\overline{CP_0}$ 和 CP_0 之间接入振荡器外接元件可实现振荡，并利用时计数电路中多一个 2 分频器（后述）可实现 15 级 2 分频，即可得 1 Hz 信号。

（3）时间计数单元

时间计数单元有时计数、分计数和秒计数等几个部分。

时计数单元一般为十二进制计数器或二十四进制计数器，其输出为两位 8421 BCD 码形式；分计数和秒计数单元为六十进制计数器，其输出也为 8421BCD 码。

（4）译码驱动及显示单元

计数器实现了对时间的累计以 8421 BCD 码形式输出，为了将计数器输出的 8421 BCD 码显示出来，须用显示译码电路将计数器的输出数码转换为数码显示器件所需要的输出逻辑和一定的电流，一般这种译码器通常称为 7 段译码显示驱动器。

常用的 7 段译码显示驱动器有 CD4511。

（5）校时电源电路

当重新接通电源或走时出现误差时都需要对时间进行校正。通常，校正时间的方法是：首先截断正常的计数通路，然后再进行人工触发计数或将频率较高的方波信号加到需要校正的计数单元的输入端，校正好后，再转入正常计时状态即可。

（6）安装与调试

① 根据图样核对所用元器件规格、型号及数量；对印制板按图作线路检查和外观检查。

② 用万用表或专用的测量仪器对所用到的元器件进行测量，将不合格的元器件筛选出来。

③按元件装配图进行装配焊接，要求线路板上元件排列整齐、成形美观、线路板清洁；焊点光滑无虚焊和漏焊；焊接过程中，不损坏元件。注意集成块和二极管的方向。

④装配和焊接好后，大致检查和测量所焊接的板子有无短路或漏焊现象。一切正常后，接入+5V 电源，观察电子钟的功能是否正常，芯片是否有发烫现象。其中 D_1～D_4 四个发光二极管

的闪烁频率为 1 s.

⑤其中 S_1 为校秒按钮，S_2 为校分按钮，S_3 为校时按钮，S_4 为暂停按钮。需要校准时间时，只须按下相应的按钮即可。

⑥数字电子钟功能正常后，可以用万用表和双踪示波器来观察电阻 R_{53} 上的信号。

4. 考核要求

（1）时间：180 min。

（2）按元器件清单整理所需材料，并对元器件进行检查。

（3）在规定时间内按要求将所有元器件熟练地安装。

（4）总装合理，产品牢固、美观。

（5）元器件装配要牢固可靠，符合工艺要求。

（6）线路装接完成后，要求进行规范的通电测试，使电路正常工作。

（7）熟练并正确使用工具仪表。

（8）文明规范操作，注意安全。

5. 考核评分表（见表 A-12）

表 A-12　模拟考核试题 3 考核评分表

准考证号		姓名		时限	180 min	鉴定比重	100%	实用工时		备注
给分要素	技术要求		配分	评分细则				扣分	得分	
电子安装工艺	1. 检测元器件 2. 元件安装正确，美观 3. 焊点光亮，圆滑无毛刺，锡量适中 4. 连线平直，无交叉 5. 总装合理，美观		30	1. 元器件检测错误，每件扣 2 分 2. 电路排版不合理，插件不规范，不整齐扣 5～10 分 3. 焊接不好每处扣 1 分，最高限扣 15 分 4. 连线不平直，交叉扣 2～5 分 5. 总装不完全，每少一项扣 2 分						
安装正确性	1. 按图装接正确 2. 通电，喇叭有沙沙声 3. 电路功能完整		40	1. 未按图装接扣 10～20 分 2. 电路功能不完整扣 20 分 3. 在额定时限内允许返修一次，扣 15 分						
检测调试	1. 正确使用仪表 2. 测量并记录各测试点电流、电压 3. 正确调试收音机，并能收听多个电台		20	1. 仪表使用不规范扣 5 分 2. 测量电压、电流有错误每处扣 2 分 3. 不能正确调试收音机，每处扣 10 分 4. 对可能产生原因分析思路不对每处扣 5～10 分						
安全文明生产	1. 遵守用电操作规范 2. 不损坏器材、仪表		10	1. 通电操作违规扣 5～10 分，严重违规扣总分 20～40 分 2. 损坏设备、仪表扣单项得分 10～30 分						
评分记录						总分		考评员 主考		

附录 B

部分常用元器件的图形和文字符号

部分常用元器件的图形和文字符号如表 B-1 所示。

表 B-1 部分常用元器件的图形和文字符号

元器件名称	文字符号	图形符号	说明
电阻器 电位器	R		电阻器，一般符号 R
			可调电阻器（RP）
		U	压敏电阻器
		t°	热敏电阻器
			滑动触点电位器（RP）
			预调电位器
			带开关的电位器
电容器	C		电容器的一般符号
		+	极性电容器
			可调电容器
			预调电容器
			双联可调电容器

续表

元器件名称	文字符号	图形符号	说明
电容器	C	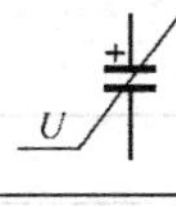	压敏极性电容器
			穿心电容器
电感器	L		电感器、线圈、绕组、扼流圈
		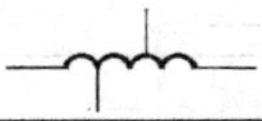	带抽头的线圈
			带铁心的电感线圈
			磁心有间隙的电感线圈
			磁心连续可调电感线圈
指示灯	H		灯或信号灯的一般符号
		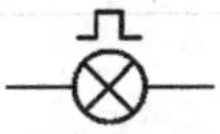	闪光型信号灯
蜂鸣器	H	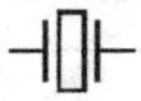	压电蜂鸣器（HTD）
熔断器	FU		一般符号
磁头	B		消磁磁头
			写入磁头
		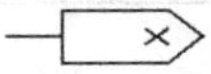	消抹头
传声器（送话器）	B		传声器一般符号
			喉头送话器
			压电式传声器
受话器	B	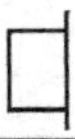	一般符号
扬声器	B		一般符号（B）
		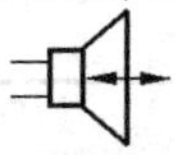	扬声-传声器

续表

元器件名称	文字符号	图形符号	说明
连接器件	X		插座
			插头
			插头和插座 同轴的插头和插座
		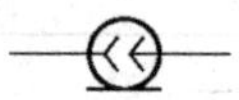	同轴插接器
变压器	T		带铁心的双绕组变压器
单极开关	S	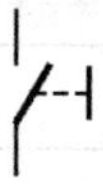	手动开关
		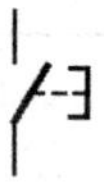	按钮开关
		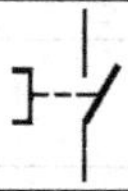	拉拨开关
		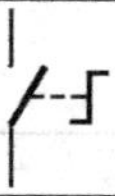	旋钮开关
半导体管	V	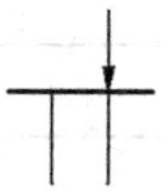	N 型沟道结型场效应管
		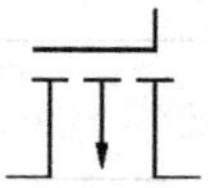	增强型单栅 N 型沟道绝缘栅场效应管
		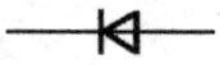	二极管（VD、D）
			发光二极管（VL）
		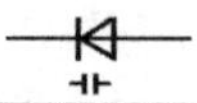	变容二极管（VC）
		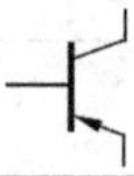	PNP 型三极管（VT）
		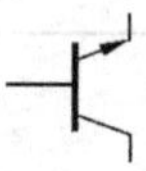	NPN 型三极管（VT）
			稳压二极管（VS）
			晶闸管（VT）

附录 C

THETDY-3 型电子工艺实训考核装置

本书中电子电路搭建实训有两种实训方案：

（1）用铆钉板或印制电路板将元器件按图连接好电路进行实验；

（2）采用浙江天煌科技实业有限公司提供的“THETDY-3 型电子工艺实训考核装置”实训平台插接好电路进行实训，见图 C-1，其特点是效果明显、节省学时。学校可根据自身条件确定实训方案。

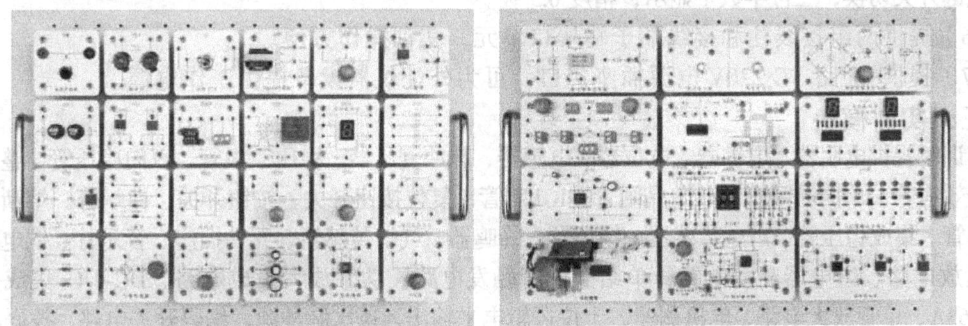

（a） 透明元件盒模块

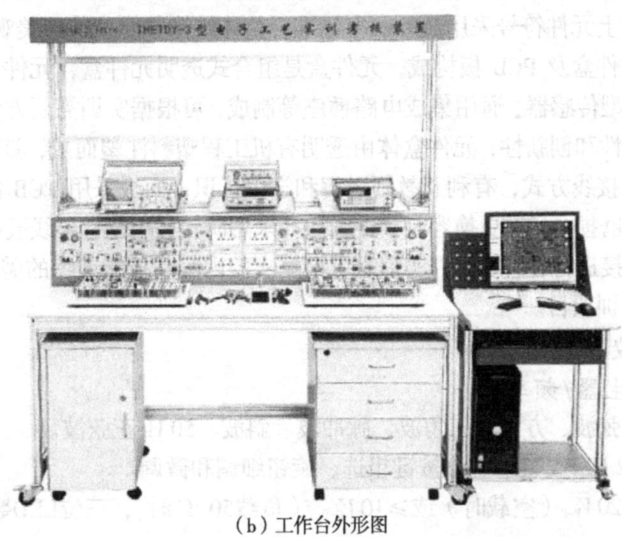

（b）工作台外形图

图 C-1　THETDY-3 型 电子工艺实训考核装置

THETDY-3 型电子工艺实训考核装置主要功能如下：

一、电源输入

实训台左侧的电源线接入 ~ 220 V 的电源电压后，左右面板上的红色指示灯亮，表示实训台已接入电源，空气开关合上后，绿色指示灯亮，表示实训台已进入工作状态。

二、电源输出

电源输出主要由电源控制屏实现，有 2 组低压交流电源、直流可调稳压电源、直流开关稳压电源、各种测试仪表等组成，可同时满足 2 人完成不同的实训内容。具体功能如下：

（1）直流可调稳压电源（两路）。0 ~ 30 V/0 ~ 2 A 连续可调，具有过载、短路软保护功能，设有两个三位半数显指示，分别指示当前输出的电压值和电流值。

（2）直流开关稳压电源（两路）。± 12 V/2 A、± 5 V/2 A 固定输出，具有短路、过流保护及自动恢复功能。

（3）低压交流电源（两路）。3 ~ 24 V 低压交流电源输出，分为 3 V、6 V、9 V、12 V、15 V、20 V、24 V 七挡可调，输出端具有短路保护、过载保护及自动复位功能。

（4）直流数显电压表（两只）。测量范围 0 ~ 200 V，分为 200 mV、2 V、20 V、200 V 四挡，直键开关切换，三位半数字显示，输入阻抗 10MΩ，精度 0.5 级。

（5）直流数显毫安表（两只）。测量范围 0 ~ 2 000 mA，分 2 mA、20 mA、200 mA、2 000 mA 四挡，直键开关切换，三位半数字显示，精度 0.5 级。

（6）提供两组接线柱和接线端子转接口单元，实训操作方便。

（7）提供 12 路 AC 220V 电源插座接口，可为外配仪器设备提供工作电源。

三、实训模块

实训时提供电阻器、电容器、电位器、电感器、脉冲变压器、稳压二极管、双向稳压管、整流二极管、场效应管、单向晶闸管、双向晶闸管、IGBT 管、复位按钮开关、按钮开关、白炽灯、熔断器、共阴数码管、集成稳压管、声电传感器、扬声器、蜂鸣器、气敏传感器、元件插座、音乐片、铜电阻温度计、运放电路、继电器驱动电路、单结晶体管触发电路、功率放大集成电路、DC–DC 集成变换器 MC34063A、单管放大电路、电机测速、十位逻辑电平输出、单次脉冲源、编码开关电路、拨码盘、CP 时钟脉冲源、十位逻辑电平显示、共阴数码管驱动电路、交通灯电路等 110 种实训模块。实训模块采用 PCB 板制作而成，面板上元件符号采用最新国家标准，整体结构紧凑、外形美观大方、安装简便。

实训模块由透明元件盒及 PCB 板构成，元件盒是组合式透明元件盒，元件盒单元组采用多元件、典型实训单元电路、典型传感器、通用集成电路插座等制成，可根据实训需要方便地组合成不同的电子线路；使实训具有开放性和创新性，元件盒体由透明有机工程塑料注塑而成，具有示教功能，使使用者能够观察到元件形状和接线方式，有利于教师讲解和学生认识；面板采用 PCB 制作而成，表面整洁，符号线路清晰，表面耐磨损，元件更换容易。导线插孔采用防转柱引出，导线装有弹性插头可在模块上面插接，以保证可靠连接进行各种实训；实训时可根据实验内容和技能训练的需要，方便任意组合实训线路，以完成不同的实训项目。

四、实训仪器仪表

1. 函数信号发生器/频率计

- 输出波形：正弦波、方波、三角波、脉冲波、斜波、50 Hz正弦波。
- 频率范围：0.2 Hz～2 MHz，分按键粗选、旋钮细调和微调。
- 输出幅度：≥20 V_{P-P}（空载时）或≥10 V_{P-P} （负载50 Ω时），三位LED数码管显示。
- 输出衰减：20 dB、40 dB、60 dB，由两个“衰减”按键切换选择。

➢ 占空比调节：20%～80%。

➢ 功率输出:≥10W。

➢ 频率计：六位LED显示，既可作为输出信号的频率指示，也可测量外接信号的频率。外测频范围：1 Hz～50 MHz，外测频灵敏度为100 mV。

2. 交流数字毫伏表

➢ 交流电压测试范围：0.2 mV～600 V（有效值），分20 mV、200 mV、2 V、20 V、200 V、600 V六个量程，用按键切换。

➢ 电压测试基本精度：±1%；三位半显示。

➢ 频率范围：10 Hz～2 MHz。

3. 等精度频率计

➢ 测量范围：0.1 Hz～150 MHz。

➢ 灵敏度：<40 mV。

➢ 稳定度：10^{-6}（室温）。

➢ 8位数码显示（等精度）。

➢ 阻抗：1 MΩ/40 pF。

➢ 衰减器：X20。

➢ 低通滤波器。

➢ 485接口（波特率1 200～19 200 Bd）

五、实训项目

1. 模拟电子技术实训项目

（1）常用二极管的性能测试及应用。

（2）双极晶体管及场效应管输出特性的测定。

（3）单管放大电路的研究。

（4）两级放大电路及负反馈放大电路的研究。

（5）助听器电路的调试。

（6）恒流充电器的调试。

（7）三极管放大电路故障排除。

（8）整流、滤波及稳压电路的研究。

（9）直流稳压正、负电源电路的研究。

（10）典型复合互补OTL功率放大电路调试。

（11）OTL功率放大电路的故障排除。

（12）LM386集成音响功率放大电路及其应用。

（13）运算放大器基本运算电路。

（14）RC正弦波振荡器的制作与调试。

（15）电容三点式LC正弦波发生器。

（16）有源滤波电路的研究。

（17）恒温控制电路的制作与调试。

（18）对由运算放大器组成的积分运算电路、微分运算电路的研究。
（19）对由运算放大器组成的电压比较器传输特性的研究。
（20）用气敏传感器和电压比较器制作烟雾报警器。
（21）方波、三角波和锯齿波发生器电路的研究与测试。
（22）三角波、方波及正弦波发生器的制作竞赛。
（23）专用直流-直流集成电压变换电路的应用与调试。

2. 数字电子技术实训项目

（1）基本逻辑门电路功能测试。
（2）优先编码器功能测试。
（3）二进制译码器和数据选择器功能测试。
（4）全加器和超前进位全加器功能测试。
（5）数值比较器功能测试。
（6）7段码锁存/译码/驱动器功能测试。
（7）各类触发器功能测试。
（8）双向移位寄存器功能测试。
（9）二-五-十进制计数器功能测试。
（10）2位十进制计数/译码/驱动/显示电路。
（11）可逆十进制计数电路功能测试。
（12）*N*进制计数电路功能测试。
（13）555定时器基本应用电路。
（14）微分型单稳态触发器。
（15）集成单稳态触发器及其应用。
（16）集成施密特触发器及其应用。

3. 综合应用实训项目

（1）声光控制节能路灯电路。
（2）8线数据传输电路。
（3）4位环形计数节拍发生器。
（4）秒脉冲信号发生器。
（5）伺服电动机测速与时钟脉冲测频电路。
（6）救护车/消防车声响报警电路。
（7）数控变频三角波-方波发生器。
（8）移位寄存器彩灯显示电路。
（9）8位优先编码器抢答电路。
（10）触摸式密码电子锁电路。
（11）数字钟电路。
（12）2位十进制计数符合电路。
（13）交通灯控制电路。
（14）升/降阶梯波形信号发生器。
（15）光电转换加/减计数电路。
（16）D/A转换器将数码转换成单极性、双极性模拟电压。

参 考 文 献

[1] 鲁晓阳.电子技能实训：综合篇[M].北京:人民邮电出版社，2009.
[2] 金国砥.电子技术与实训[M].北京：机械工业出版社，2007.
[3] 金国砥.无线电装调工入门[M].杭州:浙江科学出版社，2003.
[4] 浙江天煌科技实业有限公司.THETDY-3 型实训装置使用说明书.